电子技术基础
（第2版）

主编 刘 鹏 李 进
　　　刘 旭 赵红利

北京理工大学出版社
BEIJING INSTITUTE OF TECHNOLOGY PRESS

内 容 简 介

为适应计算机的普及和通信技术的广泛应用，满足对高等职业院校学生的知识结构要求，作者结合多年的教学改革实践编写了这本《电子技术基础》。本书是在第1版的基础上，多方征求意见进行修订的。本书在编写的过程中按照"保证基础知识，突出基本概念，注重技能训练，强调理论联系实际，加强实践性教学环节"的原则，力求避免复杂的数学推导和计算。全书包括两部分：第一部分模拟电子技术，介绍半导体器件基础知识、基本放大电路、集成运算放大器的基本概念、集成运算放大器的应用、负反馈放大电路和直流稳压电源；第二部分数字电子技术，介绍数字逻辑基础、逻辑门电路、组合逻辑电路应用、触发器、时序逻辑电路、555定时电路、数/模和模/数转换。

本书所选内容与现代科技的发展相结合，突出新技术、新器件。概念阐述准确、语言简明扼要，且避免繁复的公式推导，适合作为高等职业院校电子信息类专业或相近专业的教材，也可供有关专业的工程技术人员参考。

版权专有 侵权必究

图书在版编目（CIP）数据

电子技术基础/刘鹏等主编. —2版. —北京：北京理工大学出版社，2019.8（2025.9重印）
ISBN 978-7-5682-7493-7

Ⅰ. ①电… Ⅱ. ①刘… Ⅲ. ①电子技术 Ⅳ. ①TN

中国版本图书馆CIP数据核字（2019）第189215号

出版发行 /	北京理工大学出版社有限责任公司
社　　址 /	北京市海淀区中关村南大街5号
邮　　编 /	100081
电　　话 /	（010）68914775（总编室）
	（010）82562903（教材售后服务热线）
	（010）68948351（其他图书服务热线）
网　　址 /	http：//www.bitpress.com.cn
经　　销 /	全国各地新华书店
印　　刷 /	廊坊市印艺阁数字科技有限公司
开　　本 /	787毫米×1092毫米　1/16
印　　张 /	15
字　　数 /	350千字
版　　次 /	2019年8月第2版　2025年9月第5次印刷
定　　价 /	39.00元

责任编辑 / 王艳丽
文案编辑 / 王艳丽
责任校对 / 周瑞红
责任印制 / 施胜娟

图书出现印装质量问题，请拨打售后服务热线，本社负责调换

前　言

高职高专教育培养的人才是面向生产、管理第一线的技术型人才，基础课程的教学应以必需、够用为原则，以掌握概念、强化应用为教学重点，注重岗位能力的培养。本书在编写的过程中按照"保证基础知识，突出基本概念，注重技能训练，强调理论联系实际，加强实践性教学环节"的原则，力求避免复杂的数学推导和计算。本书是在第1版的基础上，多方征求意见进行修订的。

全书共13章，分"模拟电子技术"和"数字电子技术"两大部分。模拟电子技术部分包括半导体器件基础知识、基本放大电路、集成运算放大器的基本概念、集成运算放大器的应用、负反馈放大电路、直流稳压电源；数字电子技术部分包括数字逻辑基础、逻辑门电路、组合逻辑电路应用、触发器、时序逻辑电路、555定时电路、数/模和模/数转换。并配有习题和自我检测。

本书有如下特点。

（1）在内容的安排上，为使学生用较短的时间、较快地掌握这门课程的基本原理和主要内容，本书在编写过程中力求便于学生自学，尽力做到精选内容，叙述简明，突出基本原理和方法，多举典型例题，以帮助学生巩固和加深对基本内容的理解和掌握，同时还能培养和训练学生分析问题和解决问题的能力。

（2）在知识的讲解上，力求用简练的语言循序渐进，深入浅出地让学生理解并掌握基本概念，熟悉各种典型的单元电路。对电子器件着重介绍其外部特性和参数，重点放在使用方法和实际应用上；对典型电路进行分析时，不做过于繁杂的理论推导；对集成电路内部不做重点仔细分析，而着重其外特性和逻辑功能以及它们的应用。

（3）在实践性教学方面，增加电子元件、集成器件的选用、识别、测试方法等内容的介绍；选择一些基本特色实用电路作为例子介绍，以开拓学生的电路视野；安排一些具体的实例作为读图练习的内容，培养学生理论联系实际，电子电路读图能力；相关章节安排的实用资料速查，具有一定的先进性和实用性，为学生的学习和知识拓展提供了方便。

（4）为了方便学生自学和复习，书中每章均选编了一定数量和难度适中的练习题，以便于学生自检和自测。

本书的编者都是高职高专院校的老师，长期从事电子技术课程的教学工作，积累了丰富的教学经验，对高职高专学生的知识接受能力有着深刻的了解，所以在编写本书时做到了内容取舍得当，难易适中，突出技术性、应用性的特点，力求突出问题的物理实质，避免烦琐的数学推导。真正反映了教育部关于高职高专课程改革意见的精神。

本书可作为高职高专、职业技术学院电子信息类专业学生的教材，也可作大专函授、电子技术培训班的教材，还适合于开有"电子技术基础"课程的其他专业学生使用。

本书教学参考课时为80学时。书中带有＊号的内容，不同的专业可根据课时安排及需要选讲，或安排课外学习。教学过程中，可另外安排18课时的实训。教学课程结束后，可安排两周的电子技术课程设计。

本书由重庆电子工程职业学院刘鹏、李进、刘旭和赵红利老师担任主编。具体安排如下：刘鹏编写第二章、第三章、第五章和附录四，李进编写第一章、第四章、第六章和附录一、附录二，刘旭编写第九章、第十章、第十二章和第十三章，赵红利编写第七章、第八章、第十一章和附录三。

在本书编写的过程中，重庆工商大学赵志华教授对本书提出了许多宝贵的意见和建议，在此表示衷心的感谢。

尽管我们做出了很多的努力，但鉴于编者水平有限，书中的错误和不足在所难免，不当之处，敬请专家和读者批评指正。

编　者

目 录

第一章 半导体器件基础知识 ... 1

第一节 半导体的基础知识 ... 1
一、半导体的概念 ... 1
二、半导体的特性 ... 1
三、本征半导体 ... 1
四、N 型和 P 型半导体 ... 2
五、PN 结 ... 3

第二节 半导体二极管 ... 4
一、二极管的结构 ... 4
二、二极管的类型 ... 4
三、二极管的伏安特性 ... 5
四、二极管的主要参数 ... 6
五、特殊二极管 ... 7

第三节 半导体三极管 ... 9
一、三极管的结构和分类 ... 9
二、三极管的电流放大作用及其放大的基本条件 ... 10
三、三极管的伏安特性 ... 11
四、三极管的主要参数 ... 13

*第四节 场效应管 ... 15
一、N 沟道增强型绝缘栅场效应管 MOSFET ... 15
二、耗尽型绝缘栅场效应管的结构及其工作原理 ... 18
三、结型场应管简介 ... 19
四、场效应管的主要参数 ... 20

习题一 ... 21

第二章 基本放大电路 ... 24

第一节 放大的概念和放大电路的主要性能指标 ... 24

一、放大的概念 ··· 24
　　二、放大电路的主要性能指标 ··· 25
　　三、直流通路与交流通路 ·· 25
　第二节　放大电路的分析方法 ·· 27
　　一、估算法 ·· 27
　　二、图解法 ·· 27
　　三、微变等效电路分析法 ·· 29
　第三节　固定偏置共射极放大电路 ·· 30
　　一、组成及各元器件的作用 ··· 30
　　二、固定偏置共射极放大电路的分析 ······································· 31
　第四节　分压式偏置电路共射极放大电路 ····································· 33
　　一、温度对静态工作点的影响 ·· 33
　　二、分压式偏置电路共射极放大电路的组成 ······························ 33
　　三、分压式偏置电路共射极放大电路的工作原理 ······················· 34
　　四、分压式偏置电路共射极放大电路的分析 ······························ 35
　第五节　共集电极放大电路与共基极放大电路 ······························ 36
　　一、共集电极放大电路 ··· 36
　　二、共基极放大电路 ··· 38
*第六节　场效应管放大电路 ··· 40
　　一、场效应管偏置电路及静态分析 ·· 40
　　二、场效应管放大电路的微变等效电路分析 ······························ 41
　第七节　多级放大电路 ·· 44
　　一、级间耦合方式 ··· 44
　　二、多级放大电路的主要性能指标 ·· 46
　习题二 ··· 46

第三章　集成运算放大器的基本概念 ·· 52

　第一节　集成运算放大器的基本组成 ··· 52
　第二节　差分放大电路 ·· 53
　　一、基本差分放大电路 ··· 53
　　二、典型差分放大电路 ··· 54
　第三节　集成运算放大器的分类及主要参数 ·································· 57
　　一、集成运算放大器的分类 ··· 57
　　二、集成运算放大器的主要参数 ··· 58
　　三、理想运放的概念 ··· 59
　习题三 ··· 59

第四章　集成运算放大器的应用 ··· 64

　第一节　理想运算放大器 ··· 64

一、理想运算放大器工作在线性区的特点 ·· 64
　　二、理想运算放大器工作在非线性区的特点 ·· 65
第二节　集成运算放大器的线性应用 ·· 65
　　一、比例运算电路 ··· 65
　　二、加、减运算电路 ·· 69
　　三、微分和积分运算电路 ·· 73
第三节　集成运算放大器的非线性应用——电压比较器 ··· 75
*第四节　集成运算放大器应用时的注意事项 ··· 77
　　一、使用时应注意的问题 ·· 77
　　二、运放的使用技巧 ·· 78
习题四 ··· 79

第五章　负反馈放大电路 ··· 83

第一节　反馈的基本概念 ··· 83
　　一、反馈与反馈支路 ·· 83
　　二、反馈放大电路的组成 ·· 83
第二节　反馈电路的类型与判别 ··· 85
　　一、负反馈放大电路的基本类型 ··· 85
　　二、反馈极性的判别 ·· 86
　　三、直流负反馈与交流负反馈 ·· 86
　　四、电压反馈和电流反馈的判别 ··· 87
　　五、串联反馈和并联反馈的判别 ··· 88
第三节　负反馈对放大电路性能的影响 ·· 88
　　一、提高放大倍数的稳定性 ··· 89
　　二、减小非线性失真 ·· 89
　　三、展宽通频带 ·· 90
　　四、改变输入、输出电阻 ·· 91
习题五 ··· 92

第六章　直流稳压电源 ··· 94

第一节　直流电源的结构及各部分的作用 ··· 94
　　一、直流稳压电源的组成 ·· 94
　　二、直流稳压电源工作过程 ··· 94
第二节　二极管整流电路 ··· 95
　　一、单相半波整流电路 ··· 95
　　二、单相全波整流电路 ··· 96
　　三、单相桥式整流电路 ··· 97
第三节　滤波电路 ·· 99
　　一、电容滤波 ··· 99

二、电感滤波 ·· 100
　　三、复式滤波 ·· 100
　第四节　稳压电路 ·· 101
　　一、稳压电路的工作原理 ·· 101
　　二、硅稳压管稳压电路参数的选择 ·· 102
　第五节　集成稳压器 ·· 103
　　一、固定式三端集成稳压器 ··· 104
　　二、可调式三端集成稳压器 ··· 105
　习题六 ··· 106

第七章　数字逻辑基础 ··· 109

　第一节　数制与编码 ·· 109
　　一、数制 ··· 109
　　二、数制的转换 ·· 110
　　三、编码 ··· 111
　第二节　逻辑函数的表示方法 ·· 113
　　一、三种基本逻辑运算 ·· 113
　　二、复合逻辑运算 ·· 115
　　三、逻辑函数及其表示方法 ··· 117
　第三节　逻辑代数的基本定律及规则 ··· 119
　　一、基本公式 ·· 119
　　二、基本定律 ·· 120
　　三、基本规则 ·· 120
　第四节　逻辑函数的标准表达式及其化简 ··· 122
　　一、逻辑函数的常见形式 ··· 122
　　二、逻辑函数的化简 ··· 122
　习题七 ··· 124

第八章　逻辑门电路 ·· 126

　第一节　基本逻辑门 ··· 126
　　一、逻辑电路基本知识 ·· 126
　　二、基本逻辑门电路 ··· 127
　第二节　数字逻辑电路系列 ·· 129
　　一、TTL 数字集成系列 ··· 130
　　*二、CMOS 数字集成系列 ·· 131
　　*三、TTL 与 CMOS 集成电路性能比较 ·· 133
　习题八 ··· 134

第九章　组合逻辑电路应用 ··· 138

　第一节　组合逻辑电路的分析和设计方法 ··· 138

一、组合逻辑电路的分析 ··· 139
　　二、组合逻辑电路的设计 ··· 140
第二节　编码器 ·· 142
　　一、二进制编码器 ··· 142
　　二、二-十进制编码器 ·· 143
　　三、优先编码器 ··· 144
　　四、编码器的应用 ··· 145
第三节　译码器 ·· 146
　　一、变量译码器 ··· 147
　　二、显示译码器 ··· 149
第四节　数据选择器和数据分配器 ··· 152
　　一、4 选 1 数据选择器 ·· 153
　　二、8 选 1 数据选择器 ·· 154
　　三、数据选择器的应用 ··· 155
　　四、数据分配器 ··· 155
习题九 ·· 156

第十章　触发器 ·· 159

第一节　基本 RS 触发器 ·· 159
　　一、电路组成 ··· 159
　　二、功能分析 ··· 159
第二节　同步触发器 ·· 161
　　一、同步 RS 触发器 ·· 161
　　二、同步 D 触发器 ·· 163
　　三、同步 JK 触发器 ·· 164
　　四、同步触发器存在的问题 ··· 165
第三节　边沿触发器 ·· 165
　　一、维持阻塞 D 触发器 ·· 165
　　二、边沿 JK 触发器 ·· 167
　　三、T 和 T′触发器 ·· 168
第四节　不同类型触发器之间的转换 ··· 168
　　一、转换方法与步骤 ··· 168
　　二、JK 触发器转换为 D、T 触发器 ·· 169
　　三、D 触发器转换为 T、T′触发器 ·· 169
习题十 ·· 169

第十一章　时序逻辑电路 ·· 171

第一节　时序逻辑电路的分析 ··· 171
　　一、一般分析方法 ··· 171

二、分析实例 …………………………………………………………………………… 172
　第二节　计数器 ……………………………………………………………………………… 173
　　一、概念及分类 ………………………………………………………………………… 173
　　二、异步二进制计数器的分析 ………………………………………………………… 174
　　三、集成异步计数器 74LS290 ………………………………………………………… 176
　　四、同步二进制计数器 ………………………………………………………………… 178
　　五、同步非二进制计数器 ……………………………………………………………… 180
　　六、集成同步二进制计数器 …………………………………………………………… 181
　　七、集成十进制同步计数器 …………………………………………………………… 186
　　八、利用计数器的异步置数功能获得 N 进制计数器 ………………………………… 188
　　九、利用计数器的级联获得大容量 N 进制计数器 …………………………………… 189
　第三节　寄存器 ……………………………………………………………………………… 191
　　一、单向移位寄存器 …………………………………………………………………… 191
　　二、双向移位寄存器 …………………………………………………………………… 192
　习题十一 ……………………………………………………………………………………… 194

第十二章　555 定时电路 …………………………………………………………………… 196

　第一节　555 定时器 ………………………………………………………………………… 196
　　一、555 定时器分类 …………………………………………………………………… 196
　　二、555 定时器的电路组成 …………………………………………………………… 196
　　三、555 定时器的功能 ………………………………………………………………… 197
　　四、555 定时器的主要参数 …………………………………………………………… 198
　第二节　555 定时器的应用 ………………………………………………………………… 199
　　一、由 555 定时器构成的施密特触发器 ……………………………………………… 199
　　二、由 555 定时器构成的单稳态触发器 ……………………………………………… 201
　　三、由 555 定时器构成的多谐振荡器 ………………………………………………… 202
　习题十二 ……………………………………………………………………………………… 204

第十三章　数/模和模/数转换 ……………………………………………………………… 207

　第一节　数/模转换 ………………………………………………………………………… 207
　　一、DAC 的基本原理 …………………………………………………………………… 207
　　二、DAC 的主要技术指标 ……………………………………………………………… 208
　　三、集成 DAC 举例 ……………………………………………………………………… 208
　第二节　模/数转换 ………………………………………………………………………… 210
　　一、A/D 转换的基本原理 ……………………………………………………………… 210
　　二、ADC 的主要技术指标 ……………………………………………………………… 210
　　三、集成 ADC 举例 ……………………………………………………………………… 211
　习题十三 ……………………………………………………………………………………… 214

附录一　常用符号说明 ·· 215

附录二　半导体器件型号命名方法 ·· 218

附录三　常用数字集成电路一览表 ·· 219

附录四　自我检测题 ·· 223

参考文献 ·· 226

第一章 半导体器件基础知识

半导体器件是电子电路中使用最为广泛的器件,也是构成集成电路的基本单元。只有掌握半导体器件的结构性能、工作原理和特点,才能正确分析电子电路的工作原理,正确选择和合理使用半导体器件。本章主要介绍二极管、三极管和场效应管的结构、性能、主要参数以及各器件的选用原则。

第一节 半导体的基础知识

一、半导体的概念

导电性能介于导体与绝缘体之间的物质称半导体。常用的半导体材料有硅(Si)、锗(Ge)、硒(Se)和砷化镓(GaAs)及其他金属氧化物和硫化物等,半导体一般呈晶体结构。

二、半导体的特性

半导体之所以引起人们注意并得到广泛应用,其主要原因并不在于它的导电能力介于导体和绝缘体之间,而在于它有如下几个特点。

1. 掺杂性

在半导体中掺入微量杂质,可改变其电阻率和导电类型。

2. 温度敏感性

半导体的电阻率随温度变化很敏感,并随掺杂浓度不同,具有正或负的电阻温度系数。

3. 光敏感性

光照能改变半导体的电阻率。

根据半导体的以上特点,可将半导体做成各种热敏元件、光敏元件、二极管、三极管及场效应管等半导体器件。

三、本征半导体

纯净的不含任何杂质、晶体结构排列整齐的半导体称为本征半导体。本征半导体的最外层电子（称为价电子）除受到原子核吸引外还受到共价键束缚，因而它的导电能力差。半导体的导电能力随外界条件改变而改变。它具有热敏特性和光敏特性，即温度升高或受到光照后半导体材料的导电能力会增强。这是由于价电子从外界获得能量，挣脱共价键的束缚而成为自由电子。这时，在共价键结构中留下相同数量的空位，每次原子失去价电子后，变成正电荷的离子，从等效观点看，每个空位相当于带一个基本电荷量的正电荷，成为空穴。在半导体中，空穴也参与导电，其导电实质是在电场作用下，相邻共价键中的价电子填补了空穴而产生新的空穴，而新的空穴又被其相邻的价电子填补，这个过程持续下去，就相当于带正电荷的空穴在移动。共价键结构与空穴产生示意图如图 1-1 所示。

图 1-1　共价键结构与空穴产生示意图

四、N 型和 P 型半导体

本征半导体的导电能力差，但是在本征半导体中掺入某种微量元素（杂质）后，它的导电能力可增加几十万甚至几百万倍。

1. N 型半导体

用特殊工艺在本征半导体掺入微量五价元素，如磷或砷，这种元素在和半导体原子组成共价键时，就多出一个电子。这个多出来的电子不受共价键的束缚，很容易成为自由电子而导电。这种掺入五价元素，电子为多数载流子，空穴为少数载流子的半导体叫电子型半导体，简称 N 型半导体。如图 1-2（a）所示。

2. P 型半导体

在半导体硅或锗中掺入少量三价元素，如硼元素，和外层电子数是 4 个的硅或锗原子组成共价键时，就自然形成一个空穴，这就使半导体中的空穴载流子增多，导电能力增强，这种掺入三价元素，空穴为多数载流子，而自由电子为少数载流子的半导体叫空穴型半导体，简称 P 型半导体。如图 1-2（b）所示。

(a)　　　　　　　　　　　　　　　(b)

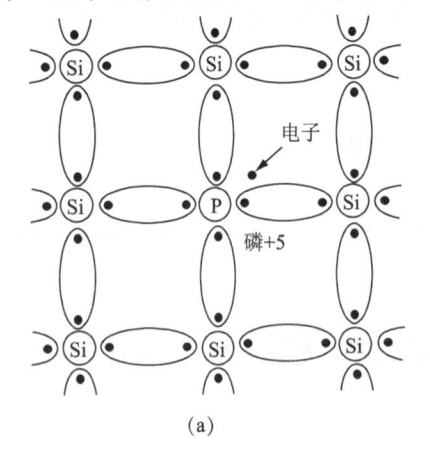

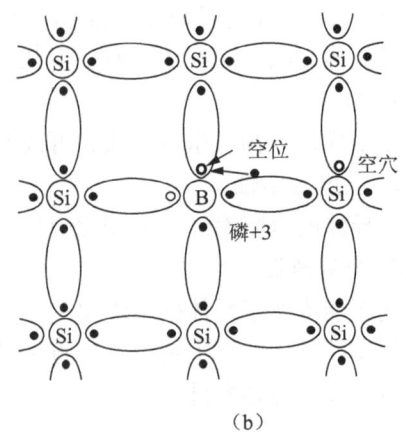

图 1-2　掺杂半导体共价键结构示意图

（a）N 型半导体；（b）P 型半导体

五、PN 结

P 型或 N 型半导体的导电能力虽然大大增强，但并不能直接用来制造半导体器件。通常是在一块纯净的半导体晶片上，采取一定的工艺措施，在两边掺入不同的杂质，分别形成 P 型半导体和 N 型半导体，它们的交界面就形成了 PN 结。PN 结是构成各种半导体器件的基础。

1. PN 结的形成

在一块纯净的半导体晶体上，采用特殊掺杂工艺，在两侧分别掺入三价元素和五价元素。一侧形成 P 型半导体，另一侧形成 N 型半导体，如图 1-3 所示。

P 区的空穴浓度大，会向 N 区扩散，N 区的电子浓度大则向 P 区扩散。这种在浓度差作用下多数载流子的运动称为扩散运动。空穴带正电，电子带负电，这两种载流子在扩散到对方区域后复合而消失，但在 P 型半导体和 N 型半导体交界面的两侧分别留下了不能移动的正负离子，呈现出一个空间电荷区，这个空间电荷区就称为 PN 结。PN 结的形成会产生一个由 N 区指向 P 区的内电场，内电场的产生对 P 区和 N 区间多数载流子的相互扩散运动起阻碍作用。同时，在内电场的作用下，P 区中的少数载流子电子、N 区中的少数载流子空穴会越过交界面向对方区域运动。这种在内电场作用下少数载流子的运动称漂移运动。漂移运动和扩散运动最终会达到动态平衡，使 PN 结的宽度保持一定。

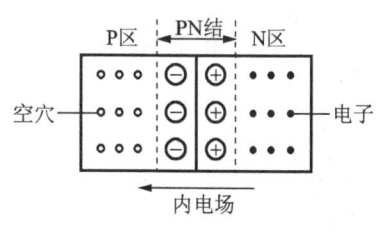

图 1-3 PN 结的形成

2. PN 结的单向导电性

当 PN 结的两端加上正向电压，即 P 区接电源的正极，N 区接电源的负极，称为 PN 结正偏，如图 1-4（a）所示。

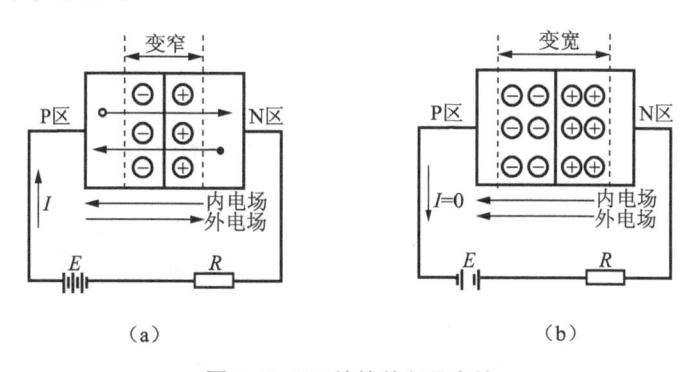

图 1-4 PN 结的单向导电性
（a）PN 结正偏；（b）PN 结反偏

外加电压在 PN 上所形成的外电场与 PN 结内电场的方向相反，削弱了内电场的作用，破坏了原有的动态平衡，使 PN 结变窄，加强了多数载流子的扩散运动，形成较大的正向电流，如图 1-4（a）所示。这时称 PN 结为正向导通状态。

如果给 PN 外加反向电压，即 P 区接电源的负极，N 区接电源的正极，称为 PN 结反偏，如图 1-4（b）所示。外加电压在 PN 上所形成的外电场与 PN 结内电场的方向相同，增强了内电场的作用，破坏了原有的动态平衡，使 PN 结变厚，加强了少数载流子的漂移运动，由于少数载流子的数量很少，所以只有很小的反向电流，一般情况下可以忽略不计。这时称 PN 结为反向截止状态。

综上所述，PN 结正偏时导通，反偏时截止，因此它具有单向导电性，这也是 PN 结的重要特性。

第二节　半导体二极管

一、二极管的结构

在 PN 结的两端各引出一根电极引线，然后用外壳封装起来就构成了半导体二极管，简称二极管，如图 1-5（a）所示，其图形符号如图 1-5（b）所示。由 P 区引出的电极称正极（或阳极），由 N 区引出的电极称负极（或阴极），电路符号中的箭头方向表示正向电流的流通方向。

二、二极管的类型

二极管的种类很多，按制造材料分类，主要有硅二极管和锗二极管；按用途分类，主要有整流二极管、检波二极管、稳压二极管、开关二极管等；按接触的面积大小分类，可分为点接触型和面接触型两类。其中点接触型二极管是一根很细的金属触丝（如三价元素铝）和一块 N 型半导体（如锗）的表面接触，然后在正方向通过很大的瞬时电流，使触丝和半导体牢固接在一起，三价金属与锗结合构成 PN 结，如图 1-5（c）所示。由于点接触型二

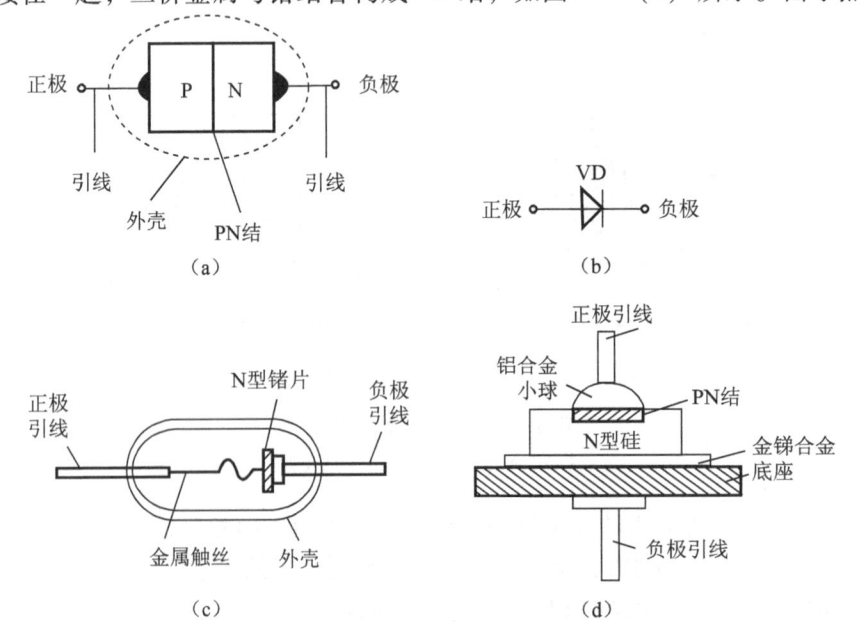

图 1-5　半导体二极管的结构和符号

（a）二极管的结构；（b）二极管的符号；（c）点接触型二极管的结构；（d）面接触型二极管的结构；

正极　　负极
引线　　引线

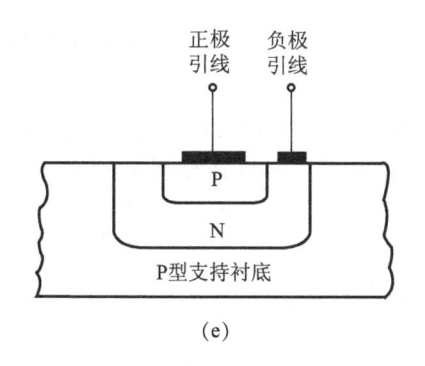

P

N

P型支持衬底

（e）

图 1-5　半导体二极管的结构和符号（续）

（e）硅工艺面型二极管的结构

极管金属触丝很细，形成的 PN 结很小，所以它不能承受大的电流和高的反向电压。由于极间电容很小，所以这类管子适用于高频电路。

面接触型或称面结型二极管的 PN 结是用合金法或扩散法做成的，其结构如图 1-5（d）所示。由于这种二极管的 PN 结面积大，可承受较大的电流。但极间电容较大，这类器件适用于低频电路，主要用于整流电路。

如图 1-5（e）所示是硅工艺面型二极管结构图，它是集成电路中常见的一种形式。

三、二极管的伏安特性

二极管的伏安特性是指二极管两端的端电压（伏特）与流过二极管的电流（安培）之间的关系。二极管的伏安特性可以通过实验数据来说明。表 1-1 和表 1-2 分别给出了二极管 2CP31 加正向电压和反向电压时，实验所得的该二极管两端电压 U 和流过电流 I 的一组数据。

表 1-1　二极管 2CP31 加正向电压的实验数据

电压/mV	0	100	500	550	600	650	700	750	800
电流/mA	0	0	0	10	60	85	100	180	300

表 1-2　二极管 2CP31 加反向电压的实验数据

电压/mV	0	−10	−20	−60	−90	−115	−120	−125	−135
电流/mA	0	−10	−10	−10	−10	−25	−40	−150	−300

将实验数据绘成曲线，可得到二极管的伏安特性曲线，如图 1-6 所示。

1. 正向特性

二极管外加正向电压时，电流和电压的关系称为二极管的正向特性。如图 1-6 所示，当二极管所加正向电压比较小时（$0<U<U_{th}$），二极管上流经的电流为 0，管子仍截止，此区域称为死区，U_{th} 称为死区电压（门槛电压）。硅二极管的死区电压约为 0.5 V，锗二极管的死区电压约为 0.1 V。

当二极管所加正向电压大于死区电压时，正向电流增加，管子导通，电流随电压的增大而上升，这时二极管呈现的电阻很小，认为二极管处于正向导通状态。

硅二极管的正向导通压降约为 0.7 V，锗二极管的正向导通压降约为 0.3 V。

2. 反向特性

二极管外加反向电压时，电流和电压的关系称为二极管的反向特性。由图 1-6 可见，二极管外加反向电压时，反向电流很小，而且在相当宽的反向电压范围内，反向电流几乎不变，因此，称此电流值为二极管的反向饱和电流。这时二极管呈现的电阻很大，认为管子处于截止状态。

一般硅二极管的反向电流比锗二极管小很多。

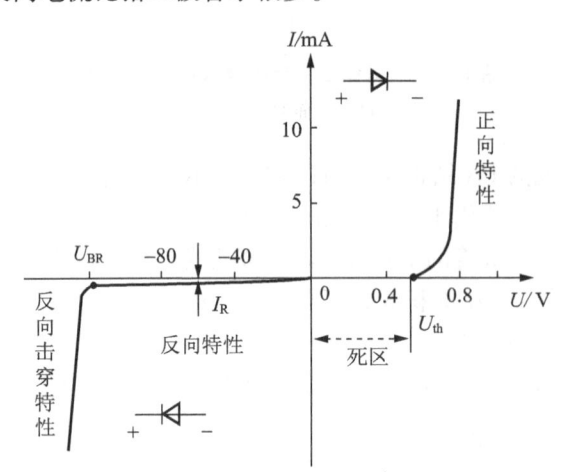

图 1-6 半导体二极管的伏安特性曲线

3. 反向击穿特性

从图 1-6 可见，当反向电压的值增大到 U_{BR} 时，反向电压值稍有增大，反向电流会急剧增大，称此现象为反向击穿，U_{BR} 为反向击穿电压。利用二极管的反向击穿特性，可以做成稳压二极管，但一般的二极管不允许工作在反向击穿区。

四、二极管的主要参数

电子元器件参数是国家标准或制造厂家对生产的元器件应达到技术指标所提供的数据要求，也是合理选择和正确使用器件的依据。二极管的参数可从手册上查到，下面对二极管的几种常用参数做简要介绍。

1. 最大整流电流 I_{FM}

I_{FM} 是指二极管长期运行时允许通过的最大正向直流电流。I_{FM} 与 PN 结的材料、面积及散热条件有关。大功率二极管使用时，一般要加散热片。在实际使用时，流过二极管最大平均电流不能超过 I_{FM}，否则二极管会因过热而损坏。

2. 最高反向工作电压 U_{RM}（反向峰值电压）

U_{RM} 是指二极管在使用时允许外加的最大反向电压，其值通常取二极管反向击穿电压的一半左右。在实际使用时，二极管所承受的最大反向电压值不应超过 U_{RM}，以免二极管发生反向击穿。

3. 反向电流 I_R 与最大反向电流 I_{RM}

I_R 是指在室温下，二极管未击穿时的反向电流值。I_{RM} 是指二极管在常温下承受最高反向工

作电压 U_{RM} 时的反向漏电流，一般很小，但其受温度影响很大。当温度升高时，I_{RM} 显著增大。

4. 最高工作频率 f_M

二极管的工作频率若超过一定值，就可能失去单向导电性，这一频率称为最高工作频率。

它主要由 PN 结结电容的大小来决定。点接触型二极管结电容较小，f_M 可达几百兆赫兹。面接触型二极管结电容较大，f_M 只能达到几十兆赫兹。

必须注意的是，手册上给出的参数是在一定测试条件下测得的数值。如果条件发生变化，相应参数也会发生变化。因此，在选择使用二极管时应注意留有余量。

五、特殊二极管

1. 发光二极管

发光二极管（LED）是一种将电能转换成光能的特殊二极管，它的外形和符号如图 1-7 所示。在 LED 的管头上一般都加装了玻璃透镜。

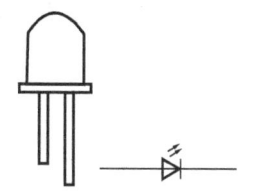

图 1-7 发光二极管的外形和符号

通常制成 LED 的半导体中的掺杂浓度很高，当向管子施加正向电压时，大量的电子和空穴在空间电荷区复合时释放出的能量大部分转换为光能，从而使 LED 发光。

LED 常用半导体砷、磷、镓及其化合物制成，它的发光颜色主要取决于所用的半导体材料，通电后不仅能发出红、绿、黄等可见光，也可以发出看不见的红外光。使用时必须正向偏置。它工作时只需 1.5~3 V 的正向电压和几毫安的电流就能正常发光，由于 LED 允许的工作电流小，使用时应串联限流电阻。

2. 光电二极管

光电二极管又称光敏二极管，是一种将光信号转换为电信号的特殊二极管（受光器件）。与普通二极管一样，其基本结构也是一个 PN 结，它的管壳上开有一个嵌着玻璃的窗口，以便光线的射入。光电二极管的外形及符号如图 1-8 所示。

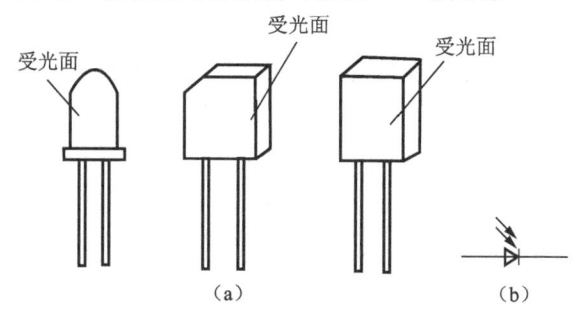

图 1-8 光电二极管的外形及符号
（a）外形；（b）符号

光电二极管工作在反向偏置下，无光照时，流过光电二极管的电流（称暗电流）很小；受光照时，产生电子-空穴对（称光生载流子），在反向电压作用下，流过光电二极管的电流（称光电流）明显增强。利用光电二极管可以制成光电传感器，把光信号转变为电信号，从而实现控制或测量等。

如果把发光二极管和光电二极管组合并封装在一起，则构成二极管型光电耦合器件，光电耦合器可以实现输入和输出电路的电气隔离和实现信号的单方向传递。它常用在数/模电路或计算机控制系统中做接口电路。

3. 稳压二极管

稳压二极管是一种在规定反向电流范围内可以重复击穿的硅平面二极管。它的伏安特性曲线、图形符号及稳压管电路如图 1-9 所示。它的正向伏安特性与普通二极管相同，它的反向伏安特性非常陡直。用电阻 R 将流过稳压二极管的反向击穿电流 I_Z 限制在 $I_{Zmin} \sim I_{Zmax}$ 之间时，稳压管两端的电压 U_Z 几乎不变。利用稳压管的这种特性，就能达到稳压的目的。如图 1-9（c）所示就是稳压管的稳压电路。稳压管 VZ 与负载 R_L 并联，属并联稳压电路。显然，负载两端的输出电压 u_o 等于稳压管稳定电压 U_Z。

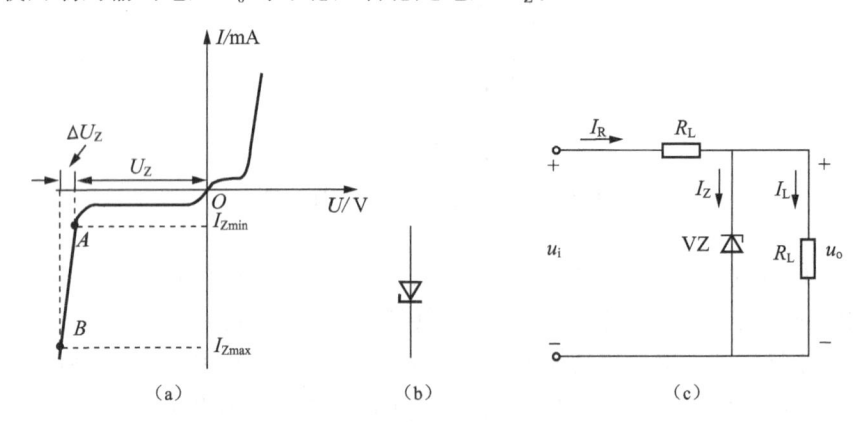

图 1-9　稳压二极管的伏安特性曲线、图形符号及稳压管电路
（a）伏安特性曲线；（b）图形符号；（c）稳压管电路

稳压管主要参数如下。

（1）稳定电压 U_Z。U_Z 是稳压管反向击穿稳定工作的电压。型号不同，U_Z 值就不同，应根据需要查手册确定。

（2）稳定电流 I_Z。I_Z 是指稳压管工作的最小电流值。如果电流小于 I_Z，则稳压性能差，甚至失去稳压作用。

（3）动态电阻 r_Z。r_Z 是稳压管在反向击穿工作区，电压的变化量与对应的电流变化量的比值，即

$$r_Z = \frac{\Delta U_Z}{\Delta I_Z} \tag{1-1}$$

r_Z 越小，稳压性能越好。

第三节 半导体三极管

三极管是电子电路中基本的电子器件之一,在模拟电子电路中其主要作用是构成放大电路。

一、三极管的结构和分类

根据不同的掺杂方式,在同一个硅片上制造出三个掺杂区域,并形成两个 PN 结,三个区引出三个电极,就构成三极管。采用平面工艺制成的 NPN 型硅材料三极管的结构示意图如图 1-10(a)所示。位于中间的 P 区称为基区,它很薄且掺杂浓度很低,位于上层的 N 区是发射区,掺杂浓度最高;位于下层的 N 区是集电区,因而集电结面积很大。显然,集电区和发射区虽然属于同一类型的掺杂半导体,但不能调换使用。如图 1-10(b)所示是 NPN 型管的结构示意图,基区与集电区相连接的 PN 结称集电结,基区与发射区相连接的 PN 结称发射结。由三个区引出的三个电极分别称集电极 c、基极 b 和发射极 e。

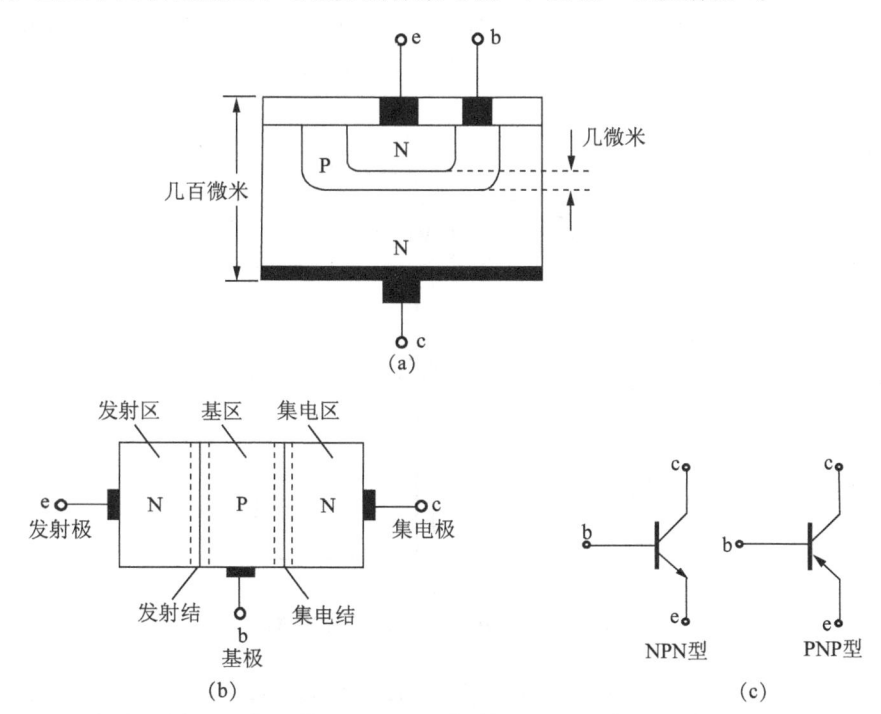

图 1-10 三极管的结构示意图
(a) NPN 型硅材料三极管结构示意图;(b) NPN 型管的结构示意图;(c) NPN 型和 PNP 型管的符号

按三个区的组成形式,三极管可分为 NPN 型和 PNP 型,如图 1-10(c)所示。从符号上区分,NPN 型发射极箭头向外,PNP 型发射极箭头向里。发射极的箭头方向除了用来区分类型之外,更重要的是表示三极管工作时,发射极的箭头方向就是电流的流动方向。

三极管按所用的半导体材料可分为硅管和锗管;按功率可分为大、中、小功率管;按频率可分为低频管和高频管等。常见三极管的类型如图 1-11 所示。

图 1-11 常见三极管的类型

二、三极管的电流放大作用及其放大的基本条件

三极管具有电流放大作用。下面从实验来分析它的放大原理。

用 NPN 型三极管构成的电流分配实验电路如图 1-12 所示。电路中，用三只电流表分别测量三极管的集电极电流 I_C、基极电流 I_B 和发射极电流 I_E，它们的方向如图 1-12 中箭头所示。基极电源 U_{BB} 通过基极电阻 R_B 和电位器 R_P 给发射结提供正偏压 U_{BE}；集电极电源 U_{CC} 通过集电极电阻 R_C 给集电极与发射极之间提供电压 U_{CE}。

调节电位器 R_P，可以改变基极上的偏置电压 U_{BE} 和相应的基极电流 I_B。而 I_B 的变化又将引起 I_C 和 I_E 的变化。每产生一个 I_B 值，就有一组 I_C 和 I_E 值与之对应，该实验所得数据见表 1-3。

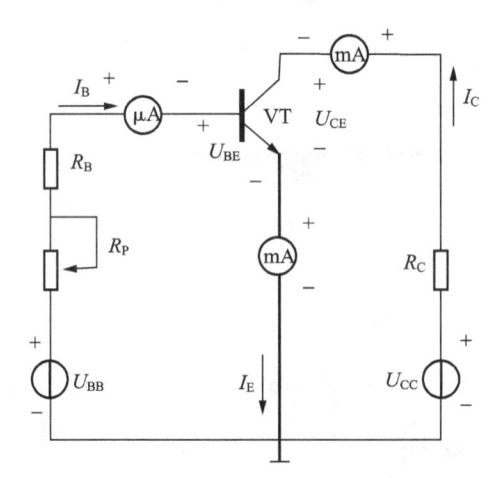

图 1-12 三极管电流分配实验电路

表 1-3 三极管三个电极上的电流分配

I_B/mA	0	0.01	0.02	0.03	0.04	0.05
I_C/ mA	0.01	0.56	1.14	1.74	2.33	2.91
I_E/ mA	0.01	0.57	1.16	1.77	2.37	2.96

表 1-3 所列的每一列数据，都具有如下关系：

$$I_E = I_B + I_C \tag{1-2}$$

式（1-2）表明，发射极电流等于基极电流与集电极电流之和。

1. 三极管的电流放大作用

从表 1-3 可以看到，当基极电流 I_B 从 0.02 mA 变化到 0.03 mA，即变化了 0.01 mA 时，集电极电流 I_C 随之从 1.14 mA 变化到了 1.74 mA，即变化了 0.6 mA，这两个变化量相比为（1.74-1.14）/（0.03-0.02）= 60，说明此时三极管集电极电流 I_C 的变化量为基极电流 I_B 变化量的 60 倍。

可见，基极电流 I_B 的微小变化，将使集电极电流 I_C 发生大的变化，即基极电流 I_B 的微小变化控制了集电极电流 I_C 较大变化，这就是三极管的电流放大作用。值得注意的是，在三极管放大作用中，被放大的集电极电流 I_C 是电源 U_{CC} 提供的，并不是三极管自身生成的能量，它实际体现了用小信号控制大信号的一种能量控制作用。三极管是一种电流控制器件。

2. 三极管放大的基本条件

要使三极管具有放大作用，必须要有合适的偏置条件，即发射结正向偏置，集电结反向偏置。对于 NPN 型三极管，必须保证集电极电位高于基极电位，基极电位又高于发射极电位，即 $U_C>U_B>U_E$；而对于 PNP 型三极管，则与之相反，即 $U_C<U_B<U_E$。

三、三极管的伏安特性

三极管的各个电极上电压和电流之间的关系曲线称为三极管的伏安特性曲线或特性曲线。它是三极管的外部表现，是分析由三极管组成的放大电路和选择管子参数的重要依据。常用的是输入特性曲线和输出特性曲线。

三极管在电路中的连接方式（组态）不同，其特性曲线也不同。用 NPN 型管组成测试电路如图 1-13 所示。该电路信号由基极输入，集电极输出，发射极为输入输出回路的公共端，故称为共发射极电路，简称共射电路。所测得特性曲线称为共射特性曲线。

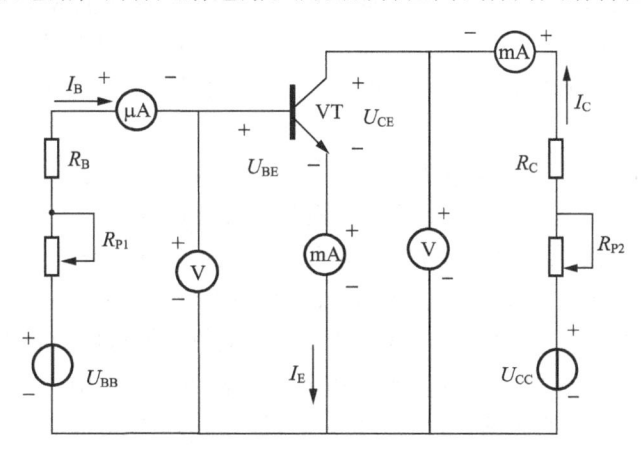

图 1-13 三极管共射特性曲线测试电路

1. 输入特性曲线

三极管的共射输入特性曲线表示当管子的输出电压 u_{CE} 为常数时，输入电流 i_B 与输入电压 u_{BE} 之间的关系曲线，即

$$i_B = f(u_{BE}) \big|_{u_{CE}=常数} \tag{1-3}$$

测试时，先固定 u_{CE} 为某一数值，调节电路中的 R_{P1}，可得到与之对应的 i_B 和 u_{BE} 值，在

以 u_BE 为横轴、i_B 为纵轴的直角坐标系中按所取数据描点，得到一条 i_B 与 u_BE 的关系曲线；再改变 u_CE 为另一固定值，又得到一条 i_B 与 u_BE 的关系曲线。如图 1-14 所示。

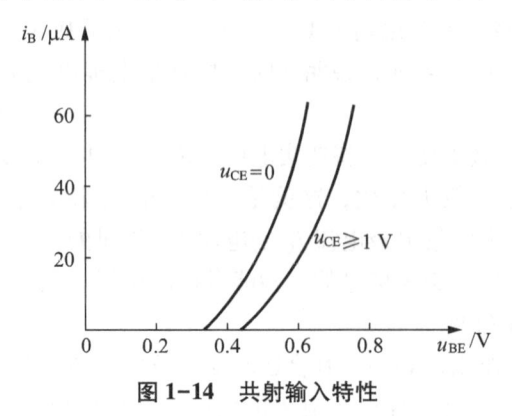

图 1-14 共射输入特性

（1）$u_\text{CE}=0$ 时，集电极与发射电极相连，三极管相当于两个二极管并联，加在发射结上的电压即为加在并联二极管上的电压，所以三极管的输入特性曲线与二极管伏安特性曲线的正向特性相似，u_BE 与 i_B 也为非线性关系，同样存在着死区；这个死区电压（或阈值电压 U_th）的大小与三极管材料有关，硅管约为 0.5 V，锗管约为 0.1 V。

（2）当 $u_\text{CE}=1$ V 时，三极管的输入特性曲线向右移动了一段距离，这时由于 $u_\text{CE}=1$ V 时，集电结加了反偏电压，管子处于放大状态，i_C 增大，对应于相同的 u_BE，基极电流 i_B 比原来 $u_\text{CE}=0$ 时减小，特性曲线也相应向右移动。

$u_\text{CE}>1$ V 以后的输入特性曲线与 $u_\text{CE}=1$ V 时的特性曲线非常接近，近乎重合，由于管子实际放大时，u_CE 总是大于 1 V 以上，通常就用 $u_\text{CE}=1$ V 这条曲线来代表输入特性曲线。$u_\text{CE}>1$ V 时，加在发射结上的正偏电压 u_BE 基本上为定值，只能为零点几伏。其中硅管为 0.7 V 左右，锗管为 0.3 V 左右。这一数据是检查放大电路中三极管静态是否处于放大状态的依据之一。

例 1-1　用直流电压表测量某放大电路中某个三极管各极对地的电位分别是：$U_1=2$ V，$U_2=6$ V，$U_3=2.7$ V，试判断三极管各对应电极与三极管管型。

解： 根据三极管能正常实现电流放大的电压关系是：NPN 型管 $U_\text{C}>U_\text{B}>U_\text{E}$，且硅管放大时 U_BE 约为 0.7 V，锗管放大时 U_BE 约为 0.3 V，而 PNP 型管 $U_\text{C}<U_\text{B}<U_\text{E}$，且硅管放大时 U_BE 约为 -0.7 V，锗管放大时 U_BE 约为 -0.3 V，所以先找电位差绝对值为 0.7 V 或 0.3 V 的两个电极，若 $U_\text{B}>U_\text{E}$ 则为 NPN 型，$U_\text{B}<U_\text{E}$ 则为 PNP 型三极管，本例中，U_3 比 U_1 高 0.7 V，所以此管为 NPN 型硅管，③脚是基极，①脚是发射极，②脚是集电极。

2. 输出特性曲线

三极管的共射输出特性曲线表示当管子的输入电流 i_B 为某一常数时，输出电流 i_C 与输出电压 u_CE 之间的关系曲线，即

$$i_\text{C}=f(u_\text{CE}) \ \big|\ i_\text{B}=\text{常数} \tag{1-4}$$

在测试电路中，先使基极电流 i_B 为某一值，再调节 R_P2，可得与之对应的 u_CE 和 i_C 值，将这些数据在以 u_CE 为横轴、i_C 为纵轴的直角坐标系中描点，得到一条 u_CE 与 i_C 的关系曲线；再改变 i_B 为另一固定值，又得到另一条曲线。若用一组不同数值的 i_B 可得到如图 1-15 所示

的输出特性曲线。

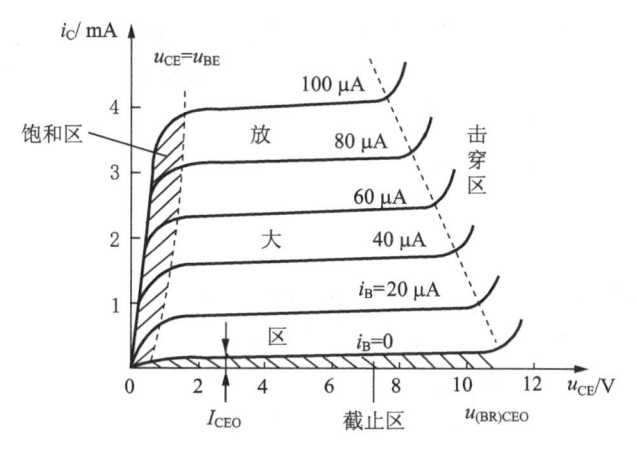

图 1-15　共射输出特性曲线

由图中可以看出，曲线起始部分较陡，且不同 i_B 曲线的上升部分几乎重合；随着 u_{CE} 的增大，i_C 跟着增大；当 u_{CE} 大于 1 V 左右以后，曲线比较平坦，只略有上翘。为说明三极管具有恒流特性，即 u_{CE} 变化时，i_C 基本上不变。输出特性不是直线，是非线性的，所以，三极管是一个非线性器件。

三极管输出特性曲线可以分为三个区。

1）放大区

放大区是指 $i_B>0$ 和 $u_{CE}>1$ V 的区域，就是曲线的平坦部分。要使三极管静态时工作在放大区（处于放大状态），发射结必须正偏，集电结必须反偏。此时，三极管是电流受控源，i_B 控制 i_C：当 i_B 有一个微小变化，i_C 将发生较大变化，体现了三极管的电流放大作用，图中曲线间的间隔大小反映出三极管电流放大能力的大小。注意：只有工作在放大状态的三极管才有放大作用。放大时硅管 $U_{BE} \approx 0.7$ V，锗管 $U_{BE} \approx 0.3$ V。

2）饱和区

饱和区是指 $i_B>0$，$u_{CE} \leq 0.3$ V 的区域。工作在饱和区的三极管，发射结和集电结均为正偏。此时，i_C 随着 u_{CE} 变化而变化，却几乎不受 i_B 的控制，三极管失去放大作用。当 $u_{CE} = u_{BE}$ 时集电结零偏，三极管处于临界饱和状态。

3）截止区

截止区就是 $i_B=0$ 曲线以下的区域。工作在截止区的三极管，发射结零偏或反偏，集电结反偏，由于 u_{BE} 在死区电压之内（$u_{BE}<U_{th}$），处于截止状态。此时三极管各极电流均很小（接近或等于零）。

四、三极管的主要参数

三极管的参数是选择和使用三极管的重要依据。三极管的参数可分为性能参数和极限参数两大类。值得注意的是，由于制造工艺的离散性，即使同一型号规格的管子，参数也不完全相同。

1. 电流放大系数 β 和 $\bar{\beta}$

$\bar{\beta}$ 是三极管共射连接时的直流放大系数：$\bar{\beta} = \dfrac{I_C}{I_B}$。

$β$ 是三极管共射连接时的交流放大系数,它是集电极电流变化量 ΔI_C 与基极电流变化量 ΔI_B 的比值,即 $β=\Delta I_\mathrm{C}/\Delta I_\mathrm{B}$。$β$ 和 $\bar{β}$ 在数值上相差很小,一般情况下可以互相代替使用。

电流放大系数是衡量三极管电流放大能力的参数,但是 $β$ 值过大热稳定性差。

2. 穿透电流 I_CEO

I_CEO 是当三极管基极开路即 $I_\mathrm{B}=0$ 时,集电极与发射极之间的电流,它受温度的影响很大,小管子的温度稳定性较好。

3. 集电极最大允许电流 I_CM

三极管的集电极电流 I_C 增大时,其 $β$ 值将减小,当由于 I_C 的增加使 $β$ 值下降到正常值的 2/3 时的集电极电流,称为集电极最大允许电流 I_CM。

4. 集电极最大允许耗散功率 P_CM

P_CM 是三极管集电结上允许的最大功率损耗,如果集电极耗散功率 $P_\mathrm{C}>P_\mathrm{CM}$,将烧坏三极管。对于功率较大的管子,应加装散热器。集电极耗散功率为:

$$P_\mathrm{C}=U_\mathrm{CE}I_\mathrm{C} \tag{1-5}$$

5. 反向击穿电压 $U_{(\mathrm{BR})\mathrm{CEO}}$

$U_{(\mathrm{BR})\mathrm{CEO}}$ 是三极管基极开路时,集射极之间的最大允许电压。当集射极之间的电压大于此值,三极管将被击穿损坏。

三极管的主要应用分为两个方面:一是工作在放大状态,作为放大器(第二章将重点介绍);二是在脉冲数字电路中,三极管工作在饱和与截止状态,作为晶体管开关。实用中常通过测量 U_CE 值的大小来判断三极管的工作状态。

例 1-2 晶体管作开关的电路如图 1-16 所示,输入信号为幅值 $u_\mathrm{i}=3\ \mathrm{V}$ 的方波,若 $R_\mathrm{B}=100\ \mathrm{k}\Omega$,$R_\mathrm{C}=5.1\ \mathrm{k}\Omega$ 时,验证晶体管是否工作在开关状态?

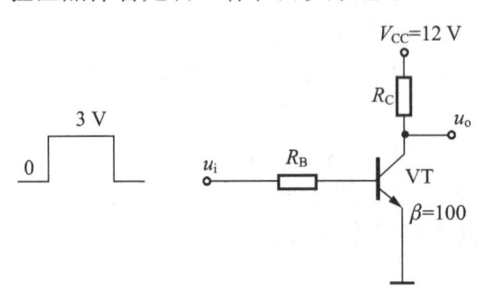

图 1-16 例 1-2 图

解: 当 $u_\mathrm{i}=0$ 时,$U_\mathrm{B}=U_\mathrm{E}=0$。$I_\mathrm{B}=0$,$I_\mathrm{C}=β I_\mathrm{B}+I_\mathrm{CEO}\approx 0$。则 $U_\mathrm{C}=U_\mathrm{CC}=12\ \mathrm{V}$ 说明晶体管处于截止状态。

当 $u_\mathrm{i}=3\ \mathrm{V}$ 时,取 $U_\mathrm{BE}=0.7\ \mathrm{V}$,则基极电流

$$I_\mathrm{B}=\frac{u_\mathrm{i}-U_\mathrm{BE}}{R_\mathrm{B}}=\frac{3-0.7}{100\times 10^3}\ (\mathrm{A})=23\ (\mathrm{\mu A})$$

集电极电流

$$I_\mathrm{C}=β I_\mathrm{B}=100\times 23\ (\mathrm{\mu A})=2.3\ (\mathrm{mA})$$

集射极电压

$$U_\mathrm{CE}=U_\mathrm{CC}-I_\mathrm{C}R_\mathrm{C}=12-2.3\times 5.1=0.27\ (\mathrm{V})$$

$U_{CE}<U_{CES}$，晶体管工作在饱和状态。

可见，u_i 为幅值达 3 V 的方波时，晶体管工作在开关状态。

*第四节 场效应管

三极管是电流控制型器件，使用时信号源必须提供一定的电流，因此输入电阻较低，一般在几百至几千欧。场效应管是一种由输入电压控制其输出电流大小的半导体器件，所以是电压控制型器件；使用时不需要信号源提供电流，因此输入电阻很高（最高可达10^{15} Ω），这是场效应最突出的优点；此外，还具有噪声低、热稳定性好、抗辐射能力强、功耗低等优点，因此得到了广泛的应用。

按结构的不同，场效应管可分为绝缘栅型场效应管（IGFET）和结型场效应管（JFET）两大类，它们都只有一种载流子（多数载流子）参与导电，故又称为单极型三极管。

一、N 沟道增强型绝缘栅场效应管 MOSFET

1. 结构和符号

图 1-17（a）是 N 沟道增强型绝缘栅场效应管的结构示意图，它以一块掺杂浓度较低的 P 型硅片作为衬底，利用扩散工艺在 P 型衬底上面的左右两侧制成两个高掺杂的 N 区，并用金属铝在两个 N 区分别引出电极，分别作为源极 S 和漏极 D；然后在 P 型硅片表面覆盖一层很薄的二氧化硅（SiO_2）绝缘层，在漏源极之间的绝缘层上再喷一层金属铝作为栅极 G，另外在衬底引出衬底引线 B（它通常在管内与源极 S 相连接）。可见这种管子的栅极与源极、漏极是绝缘的，故称绝缘栅场效应管。

这种管子由金属、氧化物和半导体制成，故称为 MOSFET，简称 MOS 管。不难理解，P 沟道增强型 MOS 管是在低掺杂的 N 型硅片的衬底上扩散两个高掺杂的 P 区而制成。

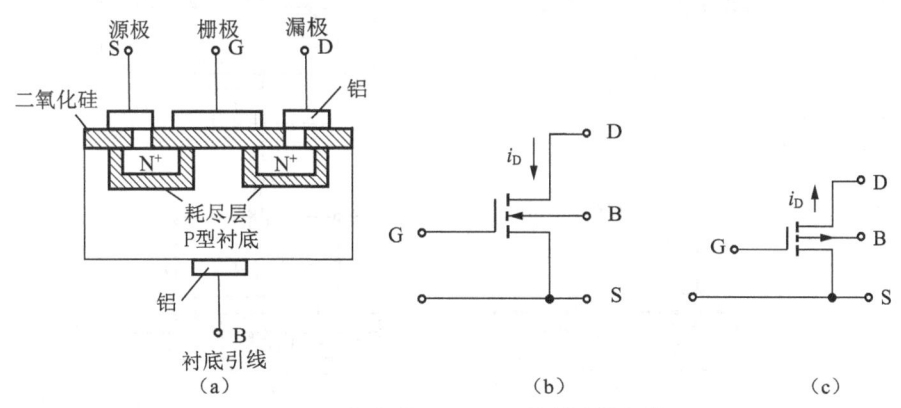

图 1-17 N 沟道增强型 MOS 管的结构与符号

(a) N 沟道管结构示意图；(b) N 沟道管符号；(c) P 沟道管符号

图 1-17（b）、(c) 分别为 N 沟道、P 沟道增强型 MOS 管的电路符号。

2. 工作原理与特性曲线

以 N 沟道增强型 MOS 管为例讨论其工作原理。

1）工作原理

工作时，N 沟道增强型 MOS 管的栅源电压 u_{GS} 和漏源电压 u_{DS} 均为正向电压。

当 $u_{GS}=0$ 时，漏极与源极之间无导电沟道，是两个背靠背的 PN 结，故即使加上 u_{DS}，也无漏极电流，$i_D=0$，如图 1-18（a）所示。

当 $u_{GS}>0$ 且 u_{DS} 较小时，在 u_{GS} 作用下，在栅极下面的二氧化硅层中产生了指向 P 型衬底，且垂直于衬底的电场，这个电场排斥靠近二氧化硅层的 P 型衬底中的空穴（多子），同时吸引 P 型衬底中的电子（少子）向二氧化硅层方向运动。但由于 u_{GS} 较小，吸引电子的电场不强，只形成耗尽层，在漏、源极间尚无导电沟道出现，$i_D=0$，如图 1-18（b）所示。

若 u_{GS} 继续增大，则吸引到栅极二氧化硅层下面的电子增多，在栅极附近的 P 型衬底表面形成一个 N 型薄层（电子浓度很大），由于它的导电类型与 P 型衬底相反，故称为反型层，它将两个 N 区连通，于是在漏、源极间形成了 N 型导电沟道，这时若有 $u_{DS}>0$，就会有漏极电流 i_D 产生，如图 1-18（c）所示。开始形成导电沟道时的 u_{GS} 值称为开启电压，用 $U_{GS(th)}$ 表示。一般情况下，$U_{GS(th)}$ 约为几伏。随着 u_{GS} 的增大，沟道变宽，沟道电阻减小，漏极电流 i_D 增大，这种 $u_{GS}=0$ 时没有导电沟道，$u_{GS}>U_{GS(th)}$ 后才出现 N 型导电沟道的 MOS 管，被称为 N 沟道增强型 MOS 管。

导电沟道形成后，当 $u_{DS}=0$ 时，管内沟道是等宽的。随着 u_{DS} 的增加，漏极电流 i_D 沿沟道从漏极流向源极产生电压降，使栅极与沟道内各点的电压不再相等，靠近源极一端电压最大，其值为 u_{GS}，靠近漏极一端电压最小，其值为 u_{GD}（$u_{GD}=u_{GS}-u_{DS}$），于是沟道变得不等宽，靠近漏极处最窄，靠近源极处最宽，如图 1-18（c）所示。

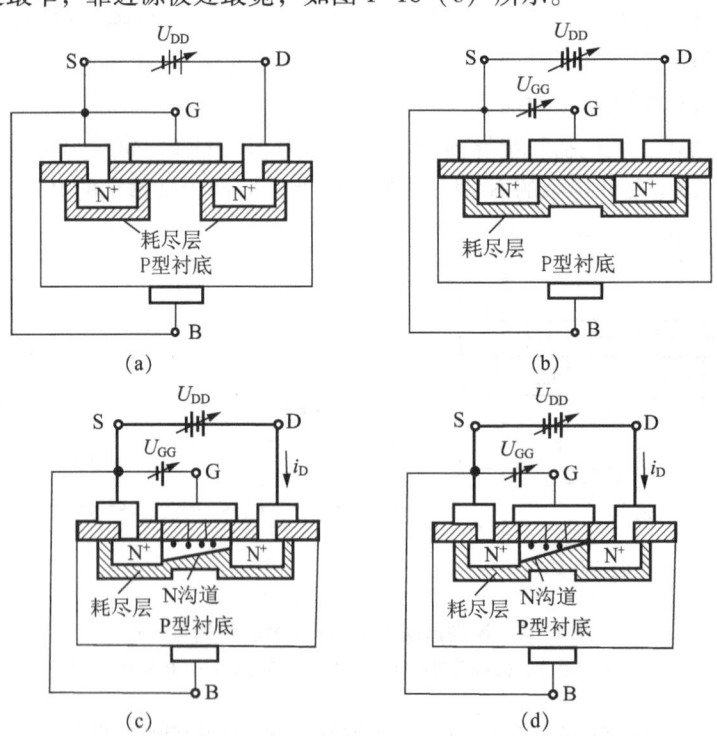

图 1-18 N 沟道增强型 MOS 管工作图解

（a）$u_{GS}=0$ 时没有导电沟道；（b）u_{GS} 较小时没有导电沟道

（c）$u_{GS}>U_{GS(th)}$ 时产生导电沟道；（d）u_{DS} 较大时出现夹断，i_D 趋于饱和

当 u_{DS} 增大到使 $u_{GD}=u_{GS}-u_{DS}=U_{GS(th)}$ 时，在漏极一端的沟道宽度接近于零，这种情况称为沟道预夹断。若再增大，夹断区将向源极方向延伸，如图 1-18（d）所示。

2）特性曲线

场效应管的特性曲线有输出特性曲线和转移特性曲线两种。由于输入电流（栅流）几乎等于零，所以讨论场效应管的输入特性是没有意义的。场效应管的输出特性又称为漏极特性。i_D 与输出电压 u_{DS} 和输入电压 u_{GS} 有关，当栅源电压 u_{GS} 为某一定值时，漏极电流 i_D 与漏源电压 u_{DS} 之间的关系式为输出特性关系式，即

$$i_D = f(u_{DS}) \big|_{u_{GS}=常数} \tag{1-6}$$

当漏源电压 u_{DS} 为某一定值时，漏极电流 i_D 与栅源电压 u_{GS} 之间的关系式为转移特性关系式，即

$$i_D = f(u_{GS}) \big|_{u_{DS}=常数} \tag{1-7}$$

N 沟道增强型 MOS 管共源组态的输出特性曲线和转移特性曲线分别如图 1-19（a）和图 1-19（b）所示。

N 沟道增强型 MOS 管的输出特性曲线可分为四个区域，即可变电阻区、恒流区、夹断区和击穿区。

（1）可变电阻区（也称非饱和区）满足 $u_{GS}>U_{GS(th)}$（开启电压），$u_{DS}<u_{GS}-U_{GS(th)}$，为图中预夹断轨迹左边的区域，其沟道开启。在该区域 u_{DS} 值较小，沟道电阻基本上仅受 u_{GS} 控制。当 u_{GS} 一定时，i_D 与 u_{DS} 呈线性关系，该区域近似为一组直线。这时场效管 D、S 间相当于一个受电压 u_{GS} 控制的可变电阻。

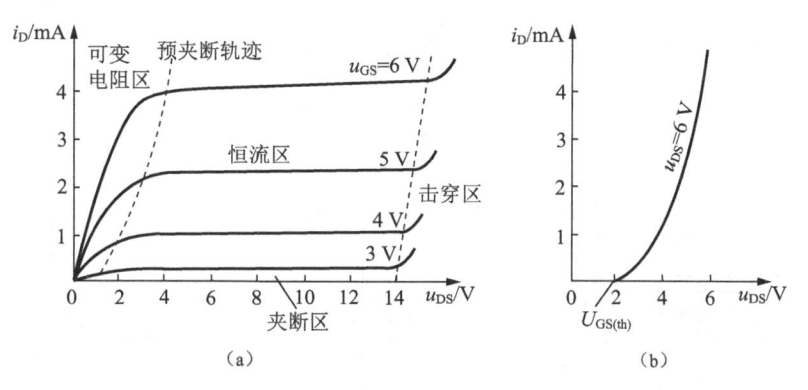

图 1-19 N 沟道增强型 MOS 管的特性曲线
（a）输出特性；（b）转移特性

（2）恒流区（也称饱和区、放大区、有源区）满足 $u_{GS} \geq u_{GS(th)}$，且 $u_{DS} \geq u_{GS}-u_{GS(th)}$，为图中预夹断轨迹右边、但尚未击穿的区域，在该区域内，当 u_{GS} 一定时，i_D 几乎不随 u_{DS} 而变化，呈恒流特性。i_D 仅受 u_{GS} 控制，这时场效应管 D、S 间相当于一个受电压 u_{GS} 控制的电流源。场效应管用于放大电路时，一般就工作在该区域，所以也称为放大区。

（3）夹断区（也称截止区）满足 $u_{GS}<U_{GS(th)}$，为图中靠近横轴的区域，其沟道被全部夹断，称为全夹断，$i_D=0$，管子不工作。

（4）击穿区位于图中右边的区域。随着 u_{DS} 的不断增大，PN 结因承受太大的反向电压而击穿，i_D 急剧增加。工作时应避免管子工作在击穿区。

转移特性曲线可以从输出特性曲线上用作图的方法求得。例如，在图 1-19（a）中作 $u_{DS}=6\,V$ 的垂直线，将其与各条曲线的交点对应的 i_D、u_{GS} 值在 i_D-u_{GS} 坐标中连成曲线，即得到转移特性曲线，如图 1-19（b）所示。

二、耗尽型绝缘栅场效应管的结构及其工作原理

1. 结构和符号

N 沟道耗尽型 MOS 管的结构示意图和电路符号如图 1-20 所示。它的结构和增强型基本相同，主要区别是：这类管子在制造时，已经在二氧化硅绝缘层中掺入了大量的正离子，所以在正离子产生的电场作用下，漏、源极间已形成了 N 型导电沟道（反型层），它的电路符号如图 1-20（b）所示。P 沟道耗尽型 FET 电路符号如图 1-20（c）所示。

2. 工作原理

当 $u_{GS}=0$ 时，只要加上正向电压 u_{DS}，就有 i_D 产生。当 u_{GS} 由零向正值增大时，则加强了绝缘层中的电场，将吸引更多的电子至衬底表面，使沟道加宽，i_D 增大。反之，u_{GS} 由零向负值增大时，则削弱了绝缘层中的电场，使沟道变窄，i_D 减小。当 u_{GS} 负向增加到某一数值时，导电沟道消失，$i_D=0$，管子截止，此时所对应的栅源电压称为夹断电压，用 $U_{GS(off)}$ 表示。

由上可知，这类管子在 $u_{GS}=0$ 时，导电沟道就已形成；当 u_{GS} 由零减小到 $U_{GS(off)}$ 时，沟道逐渐变窄而夹断，故称为耗尽型。所以增强型与耗尽型场效应管的主要区别就在于 $u_{GS}=0$ 时是否有导电沟道。耗尽型 MOS 管在 $u_{GS}<0$、$u_{GS}>0$ 的情况下都可以工作，这是它的一个重要特点。

耗尽型 MOS 管在恒流区内的电流 i_D 近似表达式为：

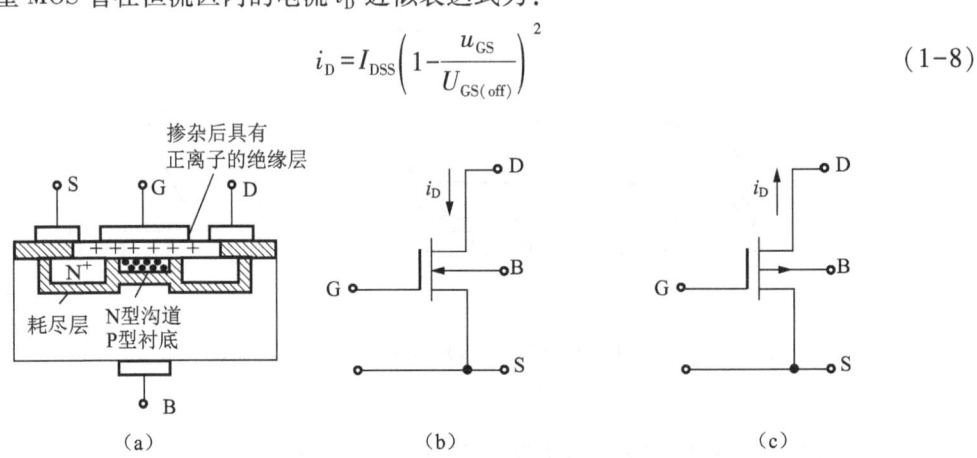

$$i_D = I_{DSS}\left(1-\frac{u_{GS}}{U_{GS(off)}}\right)^2 \tag{1-8}$$

图 1-20 耗尽型 MOS 管的结构与符号

(a) N 沟道结构示意图；(b) N 沟道符号；(c) P 沟道符号

式（1-8）中 I_{DSS} 是 $U_{GS}=0$ 时的漏极电流 i_D 值，$U_{GS(off)}$ 为夹断电压。

对于 N 沟道耗尽型 MOS 管，当满足 $u_{GS}>U_{GS(off)}$（夹断电压）且 $u_{DS}<u_{GS}-U_{GS(off)}$ 时工作在可变电阻区；当满足 $u_{GS}>U_{GS(off)}$ 且 $u_{DS}>u_{GS}-U_{GS(off)}$ 时工作在恒温区；当满足 $u_{GS}<U_{GS(off)}$ 时工作在夹断区。

P 沟道 MOS 管和 N 沟道 MOS 管的主要区别在于作为衬底的半导体材料的类型不同，P

沟道 MOS 管是以 N 型硅作为衬底，而漏极和源极从两个 P 区引出，形成的导电沟道为 P 型。对于 P 沟道耗尽型 MOS 管，在二氧化硅绝缘层中掺入的是负离子，使用时，u_{GS}、u_{DS} 的极性与 N 沟道 MOS 管相反。P 沟道增强型 MOS 管的开启电压 $U_{GS(th)}$ 是负值，而 P 沟道耗型场效应管的夹断电压 $U_{GS(off)}$ 是正值。

三、结型场应管简介

结型场效应管也分为 N 沟道和 P 沟道两种，图 1-21 所示为结型场效应管结构示意图与电路符号。

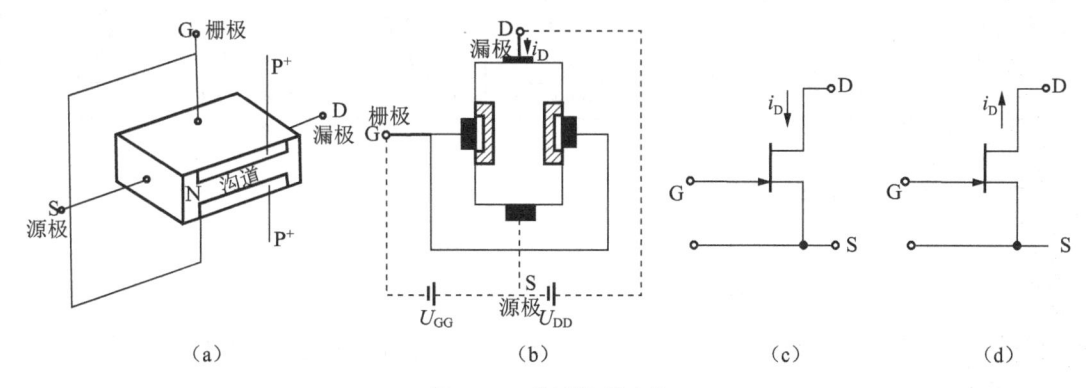

图 1-21 结型场效应管
(a) N 沟道结型场效应管的结构示意图；(b) 平面结构示意图；(c) N 沟道管的符号；(d) P 沟道管的符号

N 沟道结型场效应管是在一块 N 型半导体两侧扩散生成两个掺杂浓度的 P 区，从而形成两个 PN 结。连接两个 P 区引出一个电极，称为栅极 G，在 N 型半导体两端各引出一个电极，分别称为源极 S 和漏极 D。

两个 PN 结的耗尽层之间存在一个狭长的由源极到漏极的 N 型导电沟道。可见，结型场效应管属于耗尽型，改变加在 PN 结两端的反向电压，就可以改变耗尽层的宽度，也就改变了导电沟道的宽窄，从而实现利用电压控制导电沟道的电流。

N 沟道结型场效应管正常工作时，栅源之间加反向电压，即 $u_{GS}<0$，使两个 PN 结反偏，漏源之间加正向电压，即 $u_{DS}>0$，形成漏极电流 i_D。

对于 N 沟道结型场效应管，当满足 $u_{GS}>U_{GS(off)}$（夹断电压）且 $u_{DS}<u_{GS}-U_{GS(off)}$ 时工作在可变电阻区；当满足 $u_{GS}>U_{GS(off)}$ 且 $u_{DS}>u_{gs}-U_{GS(off)}$ 时工作在恒流区；当满足 $u_{GS}<U_{GS(off)}$ 时工作在夹断区。

为便于学习和记忆，现把各类场效应管的比较列于表 1-4 中。

表 1-4 各类场效应管比较表

结构种类	结型 N 沟道	结型 P 沟道	绝缘栅 N 沟道		绝缘栅 P 沟道	
工作方式	耗尽型	耗尽型	增强型	耗尽型	增强型	耗尽型
符号						

续表

结构种类	结型 N 沟道	结型 P 沟道	绝缘栅 N 沟道		绝缘栅 P 沟道	
电压极性	$U_{GS(off)}<0$ u_{GS}为负 u_{DS}为正	$U_{GS(off)}>0$ u_{GS}为正 u_{DS}为负	$U_{GS(th)}>0$ u_{GS}为正 u_{DS}为正	$U_{GS(off)}<0$ u_{GS}可正可负或零 U_{DS}为正	$U_{GS(th)}<0$ u_{GS}为负 u_{DS}为负	$U_{GS(off)}>0$ u_{GS}可负可正或零 u_{DS}为负
转移特性	图	图	图	图	图	图

四、场效应管的主要参数

1. 性能参数

1）开启电压 $U_{GS(th)}$ 和夹断电压 $U_{GS(off)}$

它指 u_{DS} 一定时，使漏极电流 i_D 等于某一微小电流时栅、源之间所加的电压 u_{GS}，对于增强型 MOS 管称为开启电压 $U_{GS(th)}$，对于耗尽型 MOS 管称为夹断电压 $U_{GS(off)}$。

2）饱和漏极电流 I_{DSS}

它是耗尽型管子的参数，指工作在饱和区的耗尽型场效应管在 $u_{GS}=0$ 时的饱和漏极电流。

3）直流输入电阻 R_{GS}

直流输入电阻 R_{GS} 是指漏、源极间短路时，栅、源之间所加直流电压与栅极直流电压之比。一般 JFET 的 $R_{GS}>10^7\ \Omega$，而 MOS 管的 $R_{GS}>10^9\ \Omega$。

4）低频跨导（互导）g_m

在 U_{DS} 为某定值时，漏极电流 i_D 的变化量和引起它变化的 u_{GS} 变化量之比，即

$$g_m = \frac{\Delta i_D}{\Delta u_{GS}}\bigg|_{u_{DS}=\text{常数}} \tag{1-9}$$

g_m 反映了 u_{GS} 对 i_D 的控制能力，是表征场效应管放大能力的重要参数，单位为西门子（S），一般为几毫西门子（mS）。g_m 的值与管子的工作点有关。

2. 极限参数

1）最大漏极电流 I_{DM}

I_{DM} 是指管子在工作时允许的最大漏极电流。

2）最大功率 P_{DM}

最大耗散功率 $P_{DM}=u_{DS}i_D$，其值受管子的最高工作温度的限制。

3）漏源击穿电压 $U_{(BR)DS}$

它是指漏、源极间所能承受的最大电压，即 u_{DS} 增大到使 i_D 开始急剧上升（管子击穿）时的 u_{DS} 值。

4）栅源击穿电压 $U_{(BR)GS}$

它是指栅、源极间所能承受的最大电压。u_{GS}值超过此值时,栅源间发生击穿。

习 题 一

1-1　什么是 PN 结的偏置?PN 结正向偏置与反向偏置时各有什么特点?

1-2　锗二极管与硅二极管的死区电压、正向压降、反向饱和电流各为多少?

1-3　为什么二极管可以当作一个开关来使用?

1-4　普通二极管与稳压管有何异同?普通二极管有稳压性能吗?

1-5　选用二极管时主要考虑哪些参数?这些参数的含义是什么?

1-6　三极管具有放大作用的内部条件和外部条件各是什么?

1-7　三极管有哪些工作状态?各有什么特点?

1-8　场效管有哪几种类型?

1-9　场效应管与半导体三极管在性能上的主要差别是什么?在使用场效应管时,应注意哪些问题?

1-10　现有一个结型场效应管和一个半导体三极管混在一起,你能根据两者的特点用万用表把它们分开吗?

1-11　电路如图 1-22 所示,已知 $u_i = 10 \sin \omega t$ (V),试求 u_i 与 u_o 的波形。设二极管正向导通电压可忽略不计。

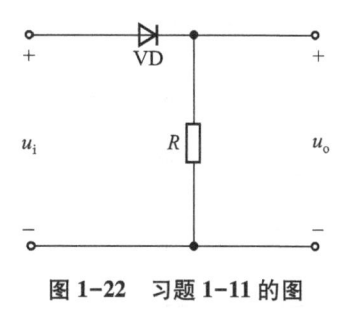

图 1-22　习题 1-11 的图

1-12　电路如图 1-23 所示,已知 $u_i = 5 \sin \omega t$ (V),二极管导通压降为 0.7 V。试画出 u_i 与 u_o 的波形,并标出幅值。

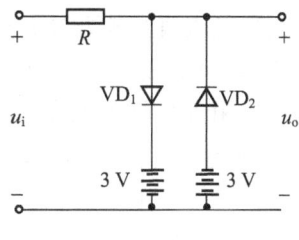

图 1-23　习题 1-12 的图

1-13　电路如图 1-24(a)所示,其输入电压 u_{i1} 和 u_{i2} 的波形如图 1-24(b)所示,设二极管导通电压降为 0.7 V。试画出输出电压 u_o 的波形,并标出幅值。

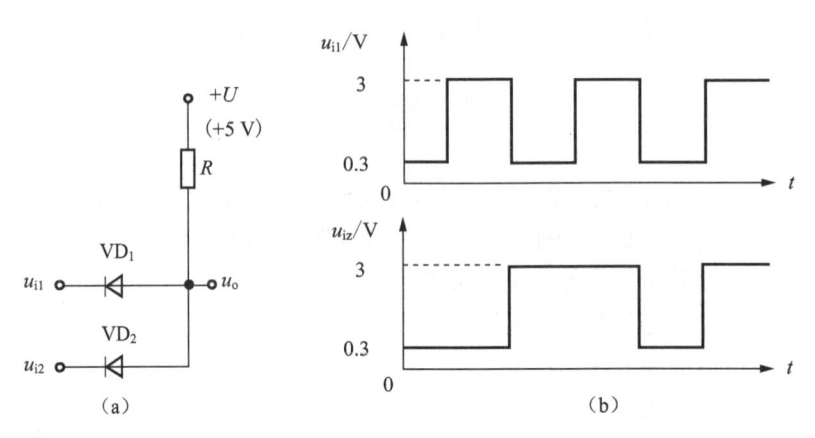

图 1-24 习题 1-13 的图

1-14 写出如图 1-25 所示电路的输出电压值，设二极管导通后电压降为 0.7 V。

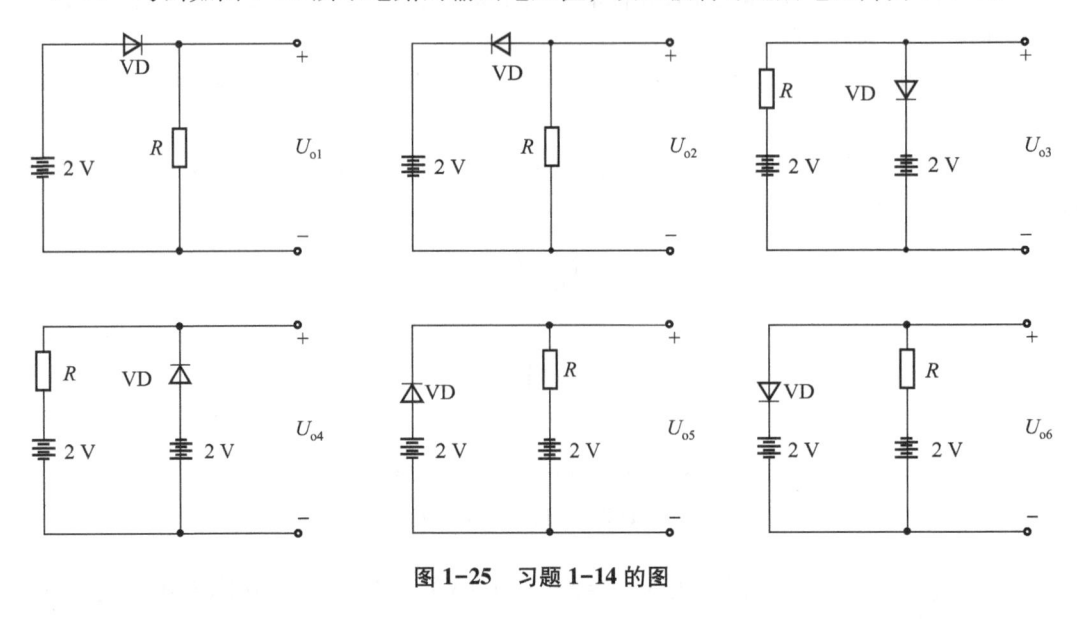

图 1-25 习题 1-14 的图

1-15 现有两只稳压管，它们的稳定电压分别为 6 V 和 8 V，正向导通电压为 0.7 V。试问：将它们串联相接，则可得到几种稳压值？各为多少？

1-16 已知稳压管的稳定电压 $U_Z = 6$ V，稳定电流的最小值 $I_{Zmin} = 5$ mA，最大功耗 $P_{ZM} = 150$ mW。试求如图 1-26 所示电路中电阻 R 的取值范围。

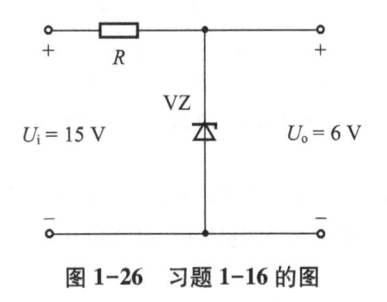

图 1-26 习题 1-16 的图

1-17 已知图 1-27 所示电路中稳压管的稳压电压 $U_Z = 6$ V，最小稳定电流 $I_{Zmin} = 5$ mA，最大稳定电流 $I_{Zmax} = 25$ mA。

（1）分别计算 U_i 为 10 V、15 V、35 V 三种情况下输出电压 U_o 的值；

（2）若 $U_i = 35$ V 时负载开路，则会出现什么现象？为什么？

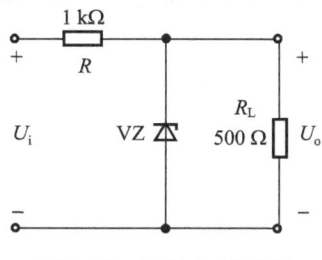

图 1-27 习题 1-17 的图

1-18 在如图 1-28 所示电路中，发光二极管导通电压 $U_D = 1.5$ V，正向电流在 5~15 mA时才能正常工作。试问：

（1）开关 S 在什么位置时发光二极管才能发光？

（2）R 的取值范围是多少？

1-19 有两只晶体管，一只的 $\beta = 200$，$I_{CEO} = 200$ μA，另一只的 $\beta = 100$，$I_{CEO} = 10$ μA，其他参数大致相同。你认为应选哪只管子？为什么？

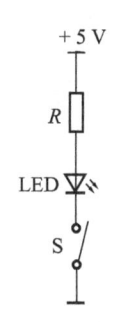

1-20 测得放大电路中 6 只晶体管的直流电位如图 1-29 所示。在圆圈中画出管子，并分别说明它们是硅管还是锗管。

图 1-28 习题 1-18 的图

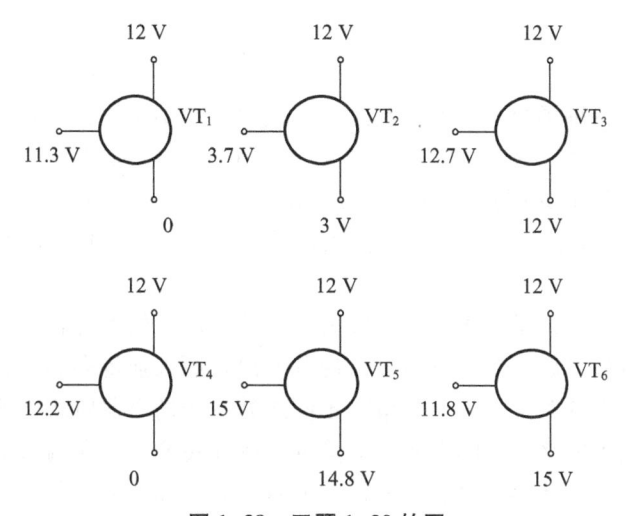

图 1-29 习题 1-20 的图

第二章　基本放大电路

　　放大电路又称为放大器，它是使用最为广泛的电子电路之一，也是构成其他电子电路的基本单元电路。所谓"放大"就是将输入的微弱信号（变化的电压、电流等）放大到所需要的幅度值并与原输入信号变化规律一致，即进行不失真的放大。放大电路的本质是能量的控制和转换。

　　本章主要介绍放大的概念，放大电路的主要性能指标，放大电路的组成原则及各种放大电路的工作原理、特点和分析方法。

第一节　放大的概念和放大电路的主要性能指标

一、放大的概念

　　放大现象存在于各种场合。例如，利用放大镜放大微小物体，这是光学中的放大；利用杠杆原理用小力移动物体，这是力学中的放大；利用变压器将低电压变换为高电压，这是电学中的放大。研究它们的共同点，一是都将"原物"形状或大小按一定比例放大了，二是放大前后能量守恒。例如，杠杆原理中前后端做功相同，理想变压器的原、副边功率相同等。

　　利用扩音机放大声音，是电子学中的放大，话筒将微弱的声音转换成电信号，经放大电路放大成足够强的电信号后，驱动扬声器，使其发出较原来强得多的声音。这种放大与上述放大的相同之处是放大的对象均为变化量，不同之处在于扬声器所获得的能量远大于话筒送出的能量。可见，放大电路放大的本质是能量的控制和转换，是在输入信号作用下，通过放大电路将直流电源的能量转换成负载所获得的能量，而负载从电源获得的能量大于信号源所提供的能量。因此，电子电路放大的基本特征是功率放大，即负载上总是获得比输入信号大得多的电压或电流，有时兼而有之。这样，在放大电路中必须存在能够控制能量的器件，即有源器件，如晶体管和场效应管等。

　　放大的前提是不失真，即只有在不失真的情况下放大才有意义。晶体管和场效应管是放大电路的核心器件，只有它们工作在合适的区域（晶体管工作在放大区、场效应管工作在恒流区），才能使输出量与输入量始终保持线性关系，即电路不会产生失真。

二、放大电路的主要性能指标

放大电路的主要性能指标有：放大倍数、输入电阻、输出电阻、最大输出幅值、通频带、最大输出功率、效率和非线性失真系数等，本节主要介绍前三种性能指标。

1. 放大倍数

放大倍数是衡量放大电路放大能力的重要性能指标，常用 A 表示。放大倍数可分为电压放大倍数、电流放大倍数和功率放大倍数等。放大电路框图如图 2-1 所示。

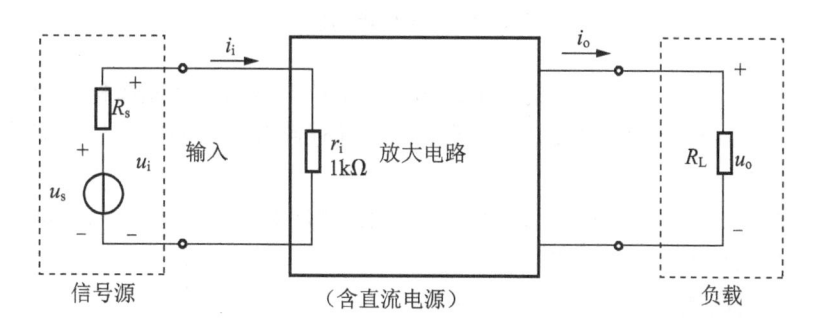

图 2-1　放大电路框图

放大电路输出电压的变化量与输入电压的变化量之比，称为电压放大倍数，用 A_u 表示。即

$$A_u = \frac{u_o}{u_i} \tag{2-1}$$

2. 输入电阻

输入电阻就是从放大电路输入端看进去的交流等效电阻，用 R_i 表示。在数值上等于输入电压 u_i 与输入电流 i_i 之比，即

$$R_i = \frac{u_i}{i_i} \tag{2-2}$$

R_i 相当于信号源的负载，R_i 越大，信号源的电压更多地传输到放大电路的输入端。在电压放大电路中，希望 R_i 大一些。

3. 输出电阻

输出电阻就是从放大电路输出端（不包括 R_L）看进去的交流等效电阻，用 R_o 表示。R_o 的求法如图 2-2 所示，即先将信号源 u_s 短路，保留内阻 R_s，将 R_L 开路，在输出端加一交流电压 u，产生电流 i，输出电阻 R_o 等于 u 与 i 之比，即

$$R_o = \frac{u}{i}\bigg|_{u_s=0,\ R_L \to \infty} \tag{2-3}$$

R_o 越小，则电压放大电路带负载能力越强，且负载变化时，对放大电路影响也小，所以 R_o 越小越好。

三、直流通路与交流通路

对放大电路的分析包括静态分析和动态分析。静态分析的对象是直流量，用来确定管子

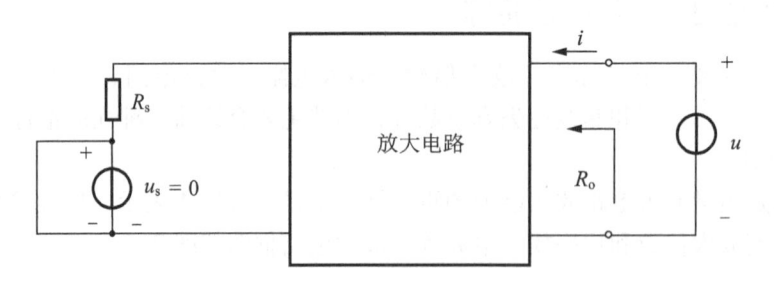

图 2-2 输出电阻的求法

的静态工作点；动态分析的对象是交流量，用来分析放大电路的性能指标。对于小信号线性放大器，为了分析方便，常将放大电路分别画出直流通路和交流通路，把直流静态量和交流动态量分开来研究。

下面以图 2-3（a）所示的共射放大电路为例，说明其画法。图中，u_s 为信号源，R_s 为信号源内阻，R_L 为放大电路的负载电阻。

1. 直流通路的画法

电路在输入信号为零时所形成的电流通路，称为直流通路。画直流通路时，将电容视为开路，电感视为短路，其他元器件不变。画出图 2-3（a）电路的直流通路如图 2-3（b）所示。

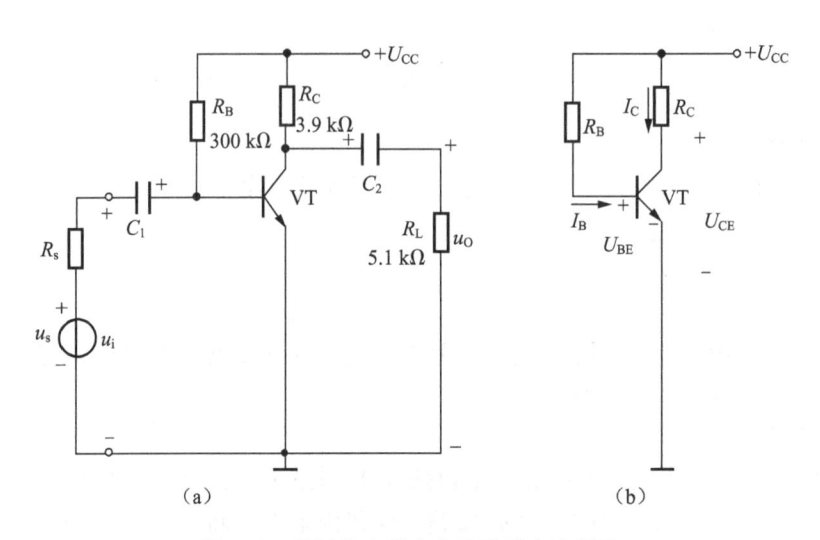

图 2-3 共射基本放大电路及其直流通路
(a) 共射放大电路；(b) 直流通路

2. 交流通路的画法

电路只考虑交流信号作用时所形成的电流通路称为交流通路。它的画法是，信号频率较高时，将容量较大的电容视为短路，将电感视为开路，将直流电源（设内阻为零）视为短路，其他不变。画出 2-3（a）电路的交流通路如图 2-4 所示。

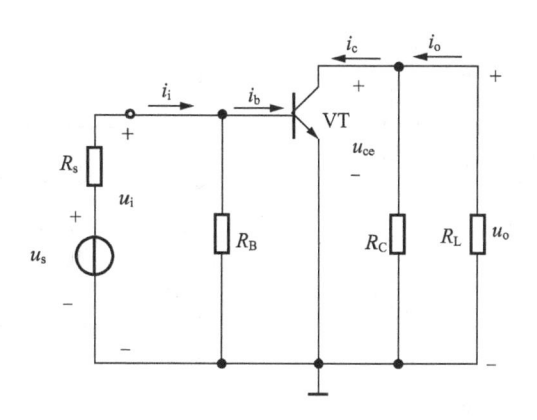

图 2-4　共射基本放大电路的交流通路

第二节　放大电路的分析方法

一般情况下，在放大电路中直流量和交流信号总是共存的。对于放大电路的分析一般包括两个方面的内容：静态工作情况和动态工作情况的分析。前者主要确定静态工作点（直流值），后者主要研究放大电路的动态性能指标。

一、估算法

工程估算法也称近似估算法，是在静态直流分析时，列出回路中的电压或电流方程用来近似估算工作点的方法，例如图 2-3 所示的电路，在 $U_{CC}>U_{BE}$ 条件下，由基极回路得

$$I_B = \frac{U_{CC}-U_{BE}}{R_B} \tag{2-4}$$

如果三极管工作在放大区，则

$$I_C = \beta I_B \tag{2-5}$$

由图 2-3 的输出回路，有

$$U_{CE} = U_{CC} - I_C R_C \tag{2-6}$$

对于任何一种电路只要确定了 I_B、I_C 和 U_{CE}，即确定了电路的静态工作点。

在电子元器件选择计算时，常用经验公式。这些公式就是运用估算法得出的。

二、图解法

在三极管的特性曲线上直接用作图的方法来分析放大电路的工作情况，称之为特性曲线图解法，简称图解法。它既可作静态分析，也可作动态分析。下面以图 2-5（a）所示的共射放大电路为例介绍图解法。

1. 静态分析

图 2-5（a）为静态时共射放大电路的直流通路，用虚线分成线性部分和非线性部分。非线性部分为三极管；线性部分为确定基极偏流的 U_{CC}、R_B 以及输出回路的 U_{CC} 和 R_C。

(a)

(b)

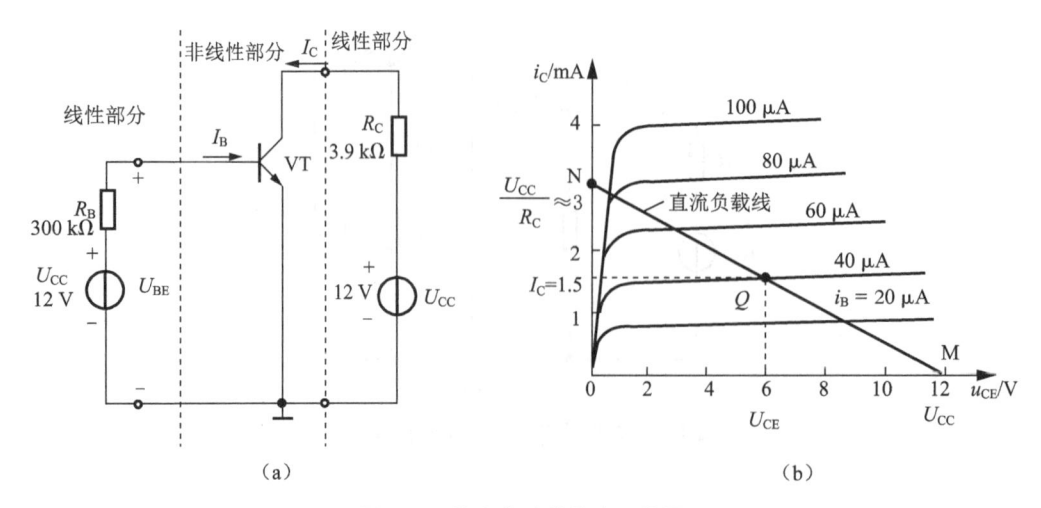

图 2-5 放大电路的静态工作图

(a) 直流通路的分割；(b) 图解分析法

图示电路中三极管的偏流 I_B 可由下式求得

$$I_B = \frac{U_{CC} - U_{BE}}{R_B} \approx \frac{U_{CC}}{R_B} = 40 \text{ μA} \tag{2-7}$$

非线性部分用三极管的输出特性曲线来表征，它的伏安特性对应的是 $i_B = 40$ μA 的那一条输出特性曲线，如图 2-5 (b) 所示，即

$$i_B = 40 \text{ μA} \tag{2-8}$$

根据 KVL 可列出输出回路方程，亦即输出回路的直流负载线方程为

$$U_{CC} = i_C R_C + U_{CE} \tag{2-9}$$

设 $i_C = 0$，则 $u_{CE} = U_{CC}$，在横坐标轴上得截点 $M (U_{CC}, 0)$；设 $u_{CE} = 0$，则 $i_C = U_{CC}/R_C$，在纵坐标轴上得截点 $N (0, U_{CC}/R_C)$。代入电路参数，$U_{CC} = 12$ V，$U_{CC}/R_C \approx 3$ mA，在图 2-5 (b) 中得 $M (12$ V, 0 mA$)$ 和 $N (0$ V, 3 mA$)$ 两点。连接 M、N 得到直线 MN，这就是输出回路的直流负载线。

静态时，电路中的电压和电流必须同时满足非线性部分和线性部分的伏安特性，因此，直流负载线 MN 与 $i_B = I_B = 40$ μA 的那一条输出特性曲线的交点 Q，就是静态工作点。Q 点所对应的电流、电压值就是静态工作点的 I_C、U_{CE} 值。从图 2-5 (b) 可读得 $U_{CE} = 6$ V，$I_C = 1.5$ mA。

2. 动态分析

从放大电路交流通路（图 2-4）的输入端看，R_B 与发射结并联；从集电极看，R_C 和 R_L 并联。此时的交流负载为 $R_L' = R_C // R_L$，显然 $R_L' < R_C$，且在交流信号过零点时，其值在 Q 点，所以交流负载线是一条通过 Q 点的直线，其斜率为

$$k' = \tan \alpha' = \frac{-1}{R_L'} \tag{2-10}$$

所以，过 Q 点作一斜率为 $(-1/R_L')$ 的直线，就是由交流通路得到的负载线，称为交流负载线。显然，交流负载线是动态工作点的集合，为动态工作点移动的轨迹。

3. 静态工作点对输出波形的影响

输出信号波形与输入信号波形存在差异称为失真,这是放大电路应该尽量避免的。静态工作点设置不当,输入信号幅度又较大时,将使放大电路的工作范围超出三极管特性曲线的线性区域而产生失真,这种由于三极管特性的非线性造成的失真称为非线性失真。

1) 截止失真

在图 2-6(a)中,静态工作点 Q 偏低,而信号的幅度又较大,在信号负半周的部分时间内,使动态工作点进入截止,i_b 的负半周被削去一部分。因此 i_c 的负半周和 u_{ce} 的正周也被削去相应的部分,产生了严重的失真。这种由于三极管在部分时间内截止而引起的失真,称为截止失真。

2) 饱和失真

在图 2-6(b)中,静态工作点 Q 偏高,而信号的幅度又较大,在信号正半周的部分时间内,使动态工作点进入饱和区,结果 i_c 的正半周和 u_{ce} 的负半周被削去一部分,也产生严重的失真。这种由于三极管在部分时间内饱和而引起的失真,称为饱和失真。

为了减小或避免非线性失真,必须合理选择静态工作点位置,一般选在交流负载线的中点附近,同时限制输入信号的幅度。一般通过改变 R_B 来调整工作点。

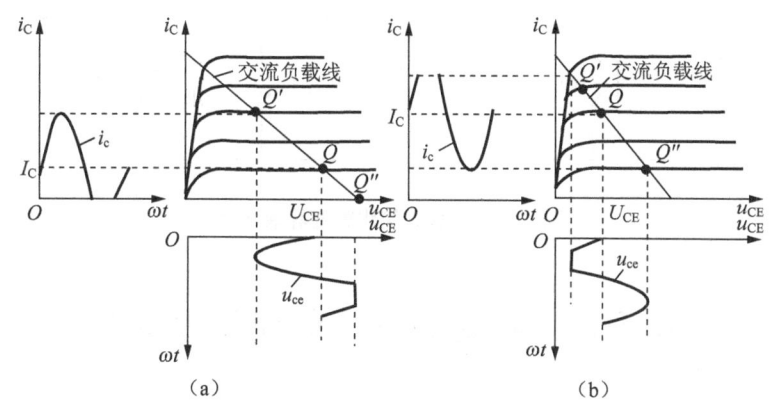

图 2-6 波形失真
(a) 截止失真;(b) 饱和失真

4. 图解法的适用范围

图解法的优点是能直观形象地反映三极管的工作情况,但必须实测所用管子的特性曲线,且用它进行定量分析时误差较大,此外仅能反映信号频率较低时的电压、电流关系。因此,图解法一般适用于输出幅值较大而频率不高时的电路分析。在实际应用中,多用于分析 Q 点位置、最大不失真输出电压、失真情况及低频功放电路等。

三、微变等效电路分析法

所谓"微变"是指微小变化的信号,即小信号。在低频小信号条件下,工作在放大状态的三极管在放大区的特性可近似看成线性的。这时,具有非线性的三极管可用一线性电路来等效,称之为微变等效模型。

1. 三极管基极与发射极之间等效交流电阻 r_{be}

当三极管工作在放大状态时,微小变化的信号使三极管基极电压的变化量 Δu_{BE} 只是输入特性曲线中很小的一段，这样 Δi_B 与 Δu_{BE} 可近似看作线性关系，用一等效电阻 r_{be} 来表示，即

$$r_{be} = \frac{\Delta u_{BE}}{\Delta i_B} \qquad (2-11)$$

r_{be} 称为三极管的共射输入电阻，通常用下式估算

$$r_{be} = r_{bb'} + (1+\beta)\frac{26(\text{mV})}{I_E(\text{mA})} \approx 300(\Omega) + (1+\beta)\frac{26(\text{mV})}{I_E(\text{mA})} \qquad (2-12)$$

r_{be} 是动态电阻，只能用于计算交流量。

2. 三极管集电极与发射极之间等效为受控电流源

工作在放大状态的三极管，其输出特性可近似看作一组与横轴平行的直线，即电压 u_{CE} 变化时，电流 i_C 几乎不变，呈恒流特性。只有基极电流 i_B 变化，i_C 才变化，并且 $i_C = \beta i_B$，因此，三极管集电极与发射极之间可用一受控电流 βi_B 来等效，其大小受基极电流 i_B 的控制，反映了三极管的电流控制作用。

由此，得出图 2-7 所示三极管简化微变等效电路。

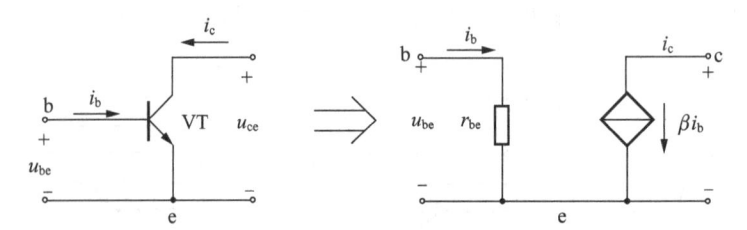

图 2-7　三极管简化微变等效电路

第三节　固定偏置共射极放大电路

一、组成及各元器件的作用

放大电路组成的原则是必须有直流电源，而且电源的设置应保证三极管（或场效应管）工作在线性放大状态；元器件的安排要能保证信号有传输通路，即保证信号能够从放大电路的输入端输入，经过放大电路放大后从输出端输出；元器件参数的选择要保证交流信号能不失真地放大，并满足放大电路的性能指标要求。

1. 电路组成

如图 2-8 所示为根据上述要求由 NPN 型晶体管组成的最基本的放大单元电路。许多放大电路就是以它为基础，经过适当地改造组合而成的。因此，掌握它的工作原理及分析方法是分析其他放大电路的基础。

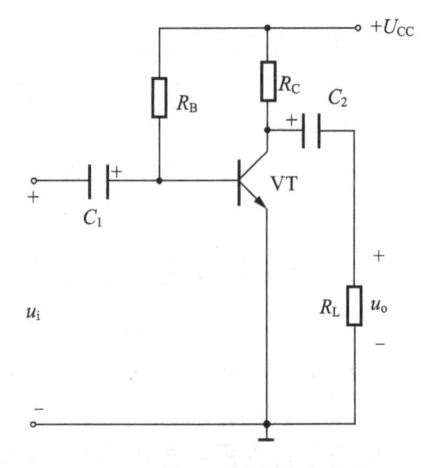

图 2-8　共射极基本放大电路

2. 各元件的作用

（1）晶体管 VT：图中的 VT 是放大电路中的放大元件。利用它的电流放大作用，在集电极获得放大的电流，这电流受输入信号的控制。从能量的观点来看，输入信号的能量是较小的，而输出信号的能量是较大的，但不是说放大电路把输入的能量放大了，能量是守恒的，不能放大，输出的较大能量来自直流电源 U_{CC}。即能量较小的输入信号通过晶体管的控制作用，去控制电源 U_{CC} 所供给的能量，以便在输出端获得一个能量较大的信号。这种小能量对大能量的控制作用，就是放大作用的实质，所以晶体管也可以说是一个控制器件。

（2）集电极电源 U_{CC}：它除了为输出信号提供能量外，还为集电结和发射结提供偏置，以使晶体管起到放大作用。U_{CC} 一般为几伏到几十伏。

（3）集电极负载电阻 R_C：它的主要作用是将已经放大的集电极电流的变化转化为电压的变化，以实现电压放大。R_C 阻值一般为几千欧到几十千欧。

（4）基极偏置电阻 R_B：它的作用是使发射结处于正向偏置，串联 R_B 是为了控制基极电流 I_B 的大小，使放大电路获得较合适的工作点。R_B 阻值一般为几十千欧到几百千欧。

（5）耦合电容 C_1 和 C_2：它们分别接在放大电路的输入端和输出端。利用电容器"通交隔直"这一特性，一方面隔断放大电路的输入端与信号源、输出端与负载之间的直流通路，保证放大电路的静态工作点不因输出、输入的连接而发生变化；另一方面又要保证交流信号畅通无阻地经过放大电路，沟通信号源、放大电路和负载三者之间的交流通路。通常要求 C_1、C_2 上的交流压降小到可以忽略不计，即对交流信号可视作短路。所以电容容量要求取值较大，对交流信号其容抗近似为零。一般采用 5～50 μF 的极性电容器，因此连接时一定要注意其极性。

（6）R_L 是外接负载电阻。故在 C_1 与 C_2 之间为直流与交流信号叠加，而在 C_1 与 C_2 外侧只有交流信号。

二、固定偏置共射极放大电路的分析

1. 固定偏置共射极放大电路的静态工作点

无输入信号（$u_i=0$）时电路的状态称为静态，只有直流电源 U_{CC} 加在电路上，三极管各极电流和各极之间的电压都是直流量，分别用 I_B、I_C、U_{BE}、U_{CE} 表示，它们对应着三极管输入输出特性曲线上的一个固定点，习惯上称它们为静态工作点，简称 Q 点。

静态值既然是直流，故可用放大电路的直流通路来分析计算。

在如图 2-9（b）所示共射基本电路的直流通路中，由 $+U_{CC}$—R_B—b 极—e 极—地可得：

$$I_B \approx \frac{U_{CC}-U_{BE}}{R_B} \tag{2-13}$$

当 $U_{BE} \ll U_{CC}$ 时，

$$I_B \approx \frac{U_{CC}}{R_B}$$

当 U_{CC} 和 R_B 选定后，偏流 I_B 即为固定值，所以共射极基本电路又称为固定偏置电路。如果三极管工作在放大区，且忽略 I_{CEO}，则

$$I_C \approx \beta I_B \tag{2-14}$$

由 $+U_{CC}$—R_C—c 极—e 极—地可得

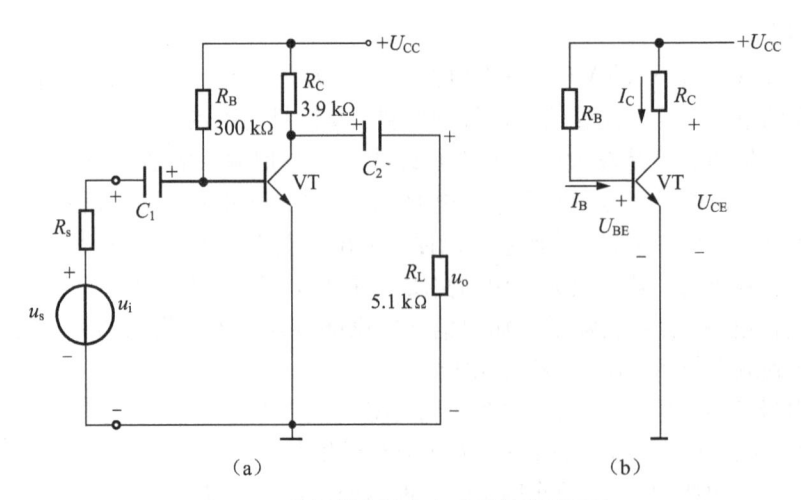

图 2-9 共射基本放大电路及其直流通路

(a) 共射放大电路;(b) 直流通路

$$U_{CE} = U_{CC} - I_C R_C \qquad (2-15)$$

例 2-1 图 2-9 所示电路中,$U_{CC}=12$ V,$R_C=3.9$ kΩ,$R_B=300$ kΩ,三极管为 3DG100,$\beta=40$。试求:(1) 放大电路的静态工作点;(2) 如果偏置电阻 R_B 由 300 kΩ 改为 100 kΩ 时,三极管工作状态有何变化?求静态工作点。

解:(1)
$$I_B = (U_{CC} - U_{BE})/R_B \approx U_{CC}/R_B = 40 \ (\mu A)$$
$$I_C = \beta I_B = 1.6 \ (mA)$$
$$U_{CE} = U_{CC} - I_C R_C = 5.76 \ (V)$$

(2)
$$I_B \approx U_{CC}/R_B = 12/100 \ (mA) = 0.12 \ (mA) = 120 \ (\mu A)$$
$$I_C \approx \beta I_B = 4800 \ (\mu A) = 4.8 \ (mA)$$
$$U_{CE} = U_{CC} - I_C R_C = 12 - 4.8 \times 3.9 = -6.72 \ (V)$$

表明三极管工作在饱和区,这时应根据式(2-17)求得 I_C。
$$I_C = I_{CS} \approx U_{CC}/R_C = 12/3.9 \ (mA) \approx 3 \ (mA)$$

2. 固定偏置共射极放大电路的动态分析

画出图 2-9(a)所示共射基本放大电路的微变等效电路,如图 2-10 所示。
从图中可以看出,输入电阻 R_i 为 R_B 与 r_{be} 的并联值,所以输入电阻为

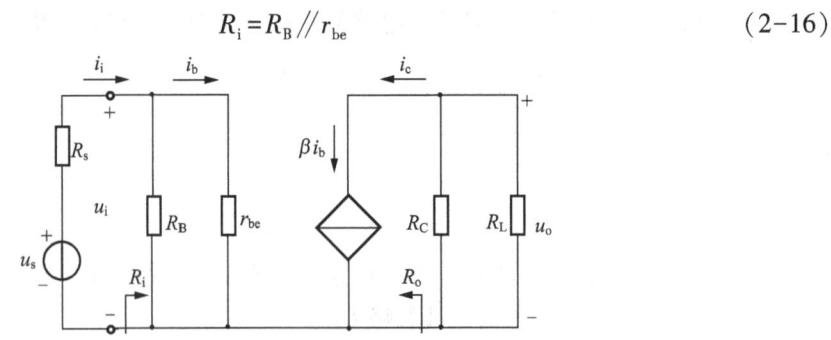

$$R_i = R_B // r_{be} \qquad (2-16)$$

图 2-10 基本共射电路的微变等效电路

当 u_s 被短路时,$i_b=0$,$i_c=0$,从输出端看进去,只有电阻 R_C,所以输出电阻为

$$R_o = R_C \tag{2-17}$$

从图 2-10 中输入回路可以看出

$$u_i = i_b r_{be} \tag{2-18}$$

令 $R'_L = R_C /\!/ R_L$,其输出电压为

$$u_o = -i_c R'_L = -\beta i_b R'_L \tag{2-19}$$

因此,电压放大倍数为

$$\dot{A}_u = \frac{\dot{U}_o}{\dot{U}_i} = -\frac{\beta R'_L}{r_{be}} \tag{2-20}$$

式(2-20)中,负号表示 u_o 和 u_i 相位相反。

第四节 分压式偏置电路共射极放大电路

静态工作点不但决定了电路的工作状态,而且还影响着电压放大倍数、输入电阻等动态参数。实际上电源电压的波动、元件的老化以及因温度变化所引起晶体管参数的变化,都会造成静态工作点的不稳定,从而使动态参数不稳定,有时电路甚至无法正常工作。在引起 Q 点不稳定的诸多因素中,温度对晶体管参数的影响是最为主要的。

一、温度对静态工作点的影响

半导体三极管的温度特性较差,温度变化会使三极管的参数发生变化。

1. 温度升高使反向饱和电流 I_{CBO} 增大

I_{CBO} 是集电区和基区的少子在集电结反向电压的作用上形成的电流,对温度十分敏感,温度每升高 10 ℃时,I_{CBO} 约增大一倍。

由于穿透电流 $I_{CEO} = (1+\beta) I_{CBO}$,故 I_{CEO} 上升更显著。I_{CEO} 的增加,表现为共射输出特性曲线簇向上平移。

2. 温度升高使电流放大系数 β 增大

温度升高会使 β 增大。实验表明,温度每升高 1 ℃,β 增大 0.5%~1.0%。β 的增大反映在输出特性曲线上,各条曲线的间隔增大。

3. 温度升高使发射结电压 U_{BE} 减小

当温度升高时,发射结导通电压将减小。温度每升高 1℃,U_{BE} 约减小 2.5 mV。

对于共射基本电路,其基极电流 $I_B = (U_{CC} - U_{BE})/R_B$ 将增大。当温度升高时,三极管的集电极电流 I_C 将迅速增大,工作点向上移动。当环境温度发生变化时,共射基本电路工作点将发生变化,严重时会使电路不能正常工作。

二、分压式偏置电路共射极放大电路的组成

为了稳定静态工作点,常采用分压式偏置电路,电路如图 2-11 所示,图中,R_{B1} 为上偏置电阻,R_{B2} 为下偏置电阻,R_E 为发射极电阻,C_E 为射极旁路电容,它的作用是使电路的交

流信号放大能力不因 R_E 存在而降低。

三、分压式偏置电路共射极放大电路的工作原理

由图 2-11 可知，当 R_{B1}、R_{B2} 选择适当，使流过 R_{B1} 的电流 $I_1 \gg I_B$，流过 R_{B2} 的电流 $I_2 = I_1 - I_B \approx I_1$，则 $U_B = R_{B2} U_{CC}/(R_{B1}+R_{B2})$

若图所示电路满足 $I_1 \geq (5\sim10)I_B$ 时可知，U_B 由 R_{B1}、R_{B2} 分压而定，与温度变化基本无关。

如果温度升高使 I_C 增大，则 I_E 增大，发射极电位 $U_E = I_E R_E$ 升高，结果使 $U_{BE} = U_B - U_E$ 减小，I_B 相应减小，从而限制了 I_C 的增大，使 I_C 基本保持不变。上述稳定工作点的过程可表示为

T（温度）$\uparrow \to I_C \uparrow \to I_E \uparrow \to U_E \uparrow$（$U_B$ 基本不变）$\to U_{BE} \downarrow \to I_B \downarrow \to I_C \downarrow$

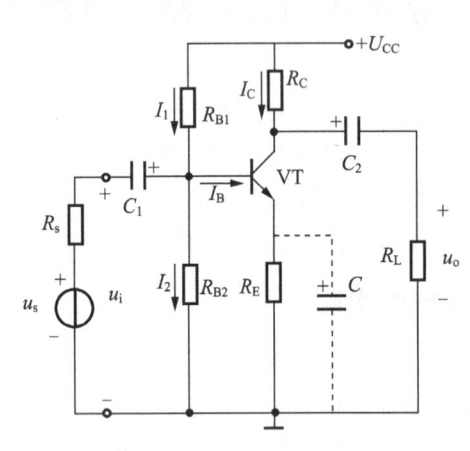

图 2-11 分压式偏置电路

要提高工作点的热稳定性，应要求 $I_1 \gg I_B$ 和 $U_B \gg U_{BE}$。今后如不特别说明，可以认为电路都满足上述条件。

实际上，如果 $U_B \gg U_{BE}$，则 $I_C \approx I_E = (U_B - U_{BE})/R_E \approx U_B/R_E$，因此 I_C 也稳定，I_C 基本与三极管参数无关。

应当指出，分压式工作点稳定电路只能使工作点基本不变。实际上，当温度变化时，由于 β 变化，I_C 也会有变化。在温度变化的过程中，β 受温度变化的影响最大，利用 R_E 可减小 β 对 Q 点的影响。也可采用温度补偿的方法减小温度变化的影响。

例 2-2 在图 2-11 所示的分压式工作点稳定电路中，若 $R_{B1} = 75$ kΩ，$R_{B2} = 18$ kΩ，$R_C = 3.9$ kΩ，$R_E = 1$ kΩ，$U_{CC} = 9$ V。三极管的 $U_{BE} = 0.7$ V，$\beta = 50$。

（1）试确定 Q 点；（2）若更换管子，使 β 变为 100，其他参数不变，确定此时 Q 点。

解：（1） $U_B \approx \dfrac{R_{B2} U_{CC}}{R_{B1}+R_{B2}} = \dfrac{18}{75+18} \times 9 \approx 1.7$ （V）

$$I_C \approx \dfrac{U_B - U_{BE}}{R_E} = \dfrac{1.7-0.7}{1} = 1 \text{ (mA)}$$

$$U_{CE} \approx U_{CC} - I_C(R_C + R_E) = 9 - 1 \times (3.9 + 1) = 4.1 \text{ (V)}$$

$$I_B = \frac{I_C}{\beta} = \frac{1}{50} \text{ (mA)} = 20 \text{ (μA)}$$

(2) 当 $\beta = 100$ 时，由上述计算过程可以看到，U_B、I_C 和 U_{CE} 与（1）相同，而 $I_B = I_C/\beta = 1/100$ (mA) $= 10$ (μA)。

由此例可见，对于更换管子引起 β 的变化，分压式工作点稳定电路能够自动改变 I_B 以抵消 β 变化的影响，使 Q 点基本保持不变（指 I_C、U_{CE} 保持不变）。

四、分压式偏置电路共射极放大电路的分析

1. 分压式偏置电路共射极放大电路的静态分析

在如图 2-12（a）所示直流通路中，由 b 极—e 极—R_E—地可得

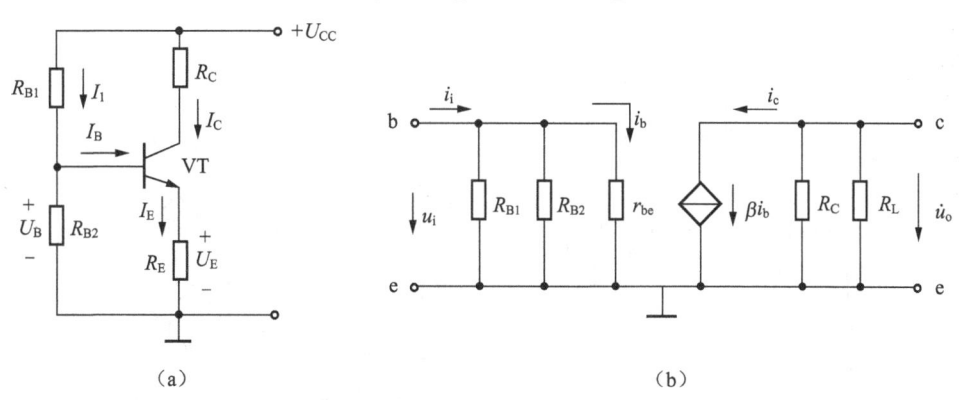

$$I_C \approx I_E = \frac{U_E}{R_E} = \frac{U_B - U_{BE}}{R_E} = \frac{\frac{R_{B2}}{R_{B1}+R_{B2}}U_{CC} - U_{BE}}{R_E} \tag{2-21}$$

图 2-12 分压式偏置电路共射极放大电路
(a) 直流通路；(b) 微变等效电路

$$I_B = \frac{I_C}{\beta} \approx \frac{I_E}{\beta} \tag{2-22}$$

由 $+U_{CC}$—R_C—c 极—e 极—R_E—地可得

$$U_{CE} \approx U_{CC} - I_C(R_C + R_E) \tag{2-23}$$

2. 分压式偏置电路共射极放大电路的动态分析

画出图 2-11 所示分压式偏置放大电路的微变等效电路，如图 2-12（b）所示。

$$\dot{A}_u = \frac{\dot{U}_o}{\dot{U}_i} = \frac{-\beta \dot{I}_b (R_C /\!/ R_L)}{\dot{I}_b r_{be}}$$

$$= \frac{-\beta (R_C /\!/ R_L)}{r_{be}} \tag{2-24}$$

$$r_i = R_{B1} /\!/ R_{B2} /\!/ r_{be} \tag{2-25}$$

$$i_b = 0 \qquad i_c = 0$$

$$r_o = r_{ce} // R_c \approx R_c \text{ （或} \dot{I} \text{）} \tag{2-26}$$

第五节　共集电极放大电路与共基极放大电路

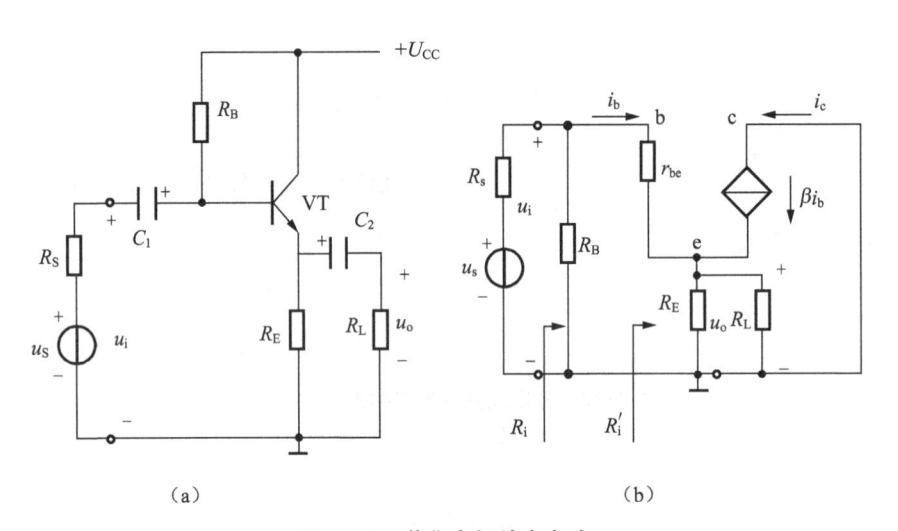

一、共集电极放大电路

共集电极放大电路的组成如图 2-13（a）所示。图 2-13（b）为其微变等效电路，由交流通路可见，基极是信号的输入端，集电极则是输入、输出回路的公共端，所以是共集电极放大电路，发射极是信号的输出端，又称射极输出器。各元件的作用与共发射极放大电路基本相同，只是 R_E 除具有稳定静态工作的作用外，还作为放大电路空载时的负载。

1. 静态分析

由图 2-13（a）可得方程

$$U_{CC} = I_B R_B + U_{BE} + (1+\beta) I_B R_E \tag{2-27}$$

则

图 2-13　共集电极放大电路
（a）电路图；（b）微变等效电路

$$I_B = \frac{U_{CC} - U_{BE}}{R_B + (1+\beta) R_E} \tag{2-28}$$

$$I_C = \beta I_B \approx I_E \tag{2-29}$$

$$U_{CE} = U_{CC} - I_C R_E \tag{2-30}$$

2. 动态分析

1）电压放大倍数 $\dot{A}_u$

由图 2-13（b）可知

$$\dot{U}_i = \dot{I}_b r_{be} + \dot{I}_e R'_L = \dot{I}_b r_{be} + (1+\beta) \dot{I}_b R'_L \tag{2-31}$$

$$\dot{U}_o = \dot{I}_e R'_L = (1+\beta) \dot{I}_b R'_L \tag{2-32}$$

式中，$R'_L = R_E // R_L$。故

$$\dot{A}_u = \frac{(1+\beta)\dot{I}_b R'_L}{\dot{I}_b r_{be} + (1+\beta)\dot{I}_b R'_L} = \frac{(1+\beta)R'_L}{r_{be} + (1+\beta)R'_L} \tag{2-33}$$

一般 $(1+\beta)R'_L \gg r_{be}$，故 $A_u \approx 1$，即共集电极放大电路输出电压与输入电压大小近似相等，相位相同，没有电压放大作用。

2）输入电阻 R_i

$$R_i = R_B // R'_i$$

$$R'_i = \frac{\dot{U}_i}{\dot{I}_b} = \frac{\dot{I}_b r_{be} + \dot{I}_e (R_E // R_L)}{\dot{I}_b} = r_{be} + (1+\beta)R'_L \tag{2-34}$$

故

$$R_i = R_B // [r_{be} + (1+\beta)R'_L] \tag{2-35}$$

式（2-35）说明，共集电极放大电路的输入电阻比较高，它一般比共射基本放大电路的输入电阻高几十倍到几百倍。

3）输出电阻 R_o

将图 2-13（b）中信号源 u_s 短路，负载 R_L 断开，计算 R_o 的等效电路如图 2-14 所示。

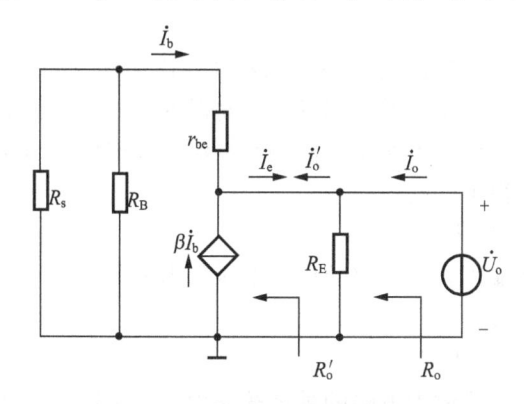

图 2-14 计算输出电阻的等效电路

由图 2-14 可得

$$\dot{U}_o = -\dot{I}_b (r_{be} + R_s // R_B)$$

$$\dot{I}'_o = -\dot{I}_e = -(1+\beta)\dot{I}_b$$

故

$$R'_o = \frac{\dot{U}_o}{\dot{I}'_o} = \frac{r_{be} + R_s // R_B}{1+\beta}$$

$$R_o = R_E // \frac{r_{be} + R_s // R_B}{1+\beta} \tag{2-36}$$

式（2-36）中，信号源内阻和三极管输入电阻 r_{be} 都很小，而管子的 β 值一般较大，所以共集电极放大电路的输出电阻比共射极放大电路的输出电阻小得多，一般在几十欧左右。

例 2-3 若如图 2-13（a）所示电路中各元件参数为：$U_{CC} = 12\text{ V}$，$R_B = 240\text{ k}\Omega$，$R_E = $

$3.9\ \text{k}\Omega$,$R_\text{s}=600\ \Omega$,$R_\text{L}=12\ \text{k}\Omega$,$\beta=60$,$C_1$ 和 C_2 容量足够大。试求:A_u,R_i,R_o。

解: 由式(2-28)得

$$I_\text{B}=\frac{U_\text{CC}-U_\text{BE}}{R_\text{B}+(1+\beta)R_\text{E}}\approx\frac{12}{240+(1+60)\times 3.9}\ (\text{mA})=25\ (\mu\text{A})$$

$$I_\text{E}\approx I_\text{C}=\beta I_\text{B}=60\times 25\ (\mu\text{A})=1.5\ (\text{mA})$$

因此 $r_\text{be}=300\ (\Omega)+(1+\beta)\dfrac{26\ (\text{mV})}{I_\text{E}\ (mA)}=300\ (\Omega)+(1+60)\dfrac{26\ (\text{mV})}{1.5\ (\text{mA})}=1.4\ (\text{k}\Omega)$

又

$$R'_\text{L}=R_\text{E}/\!/R_\text{L}=\frac{3.9\times 12}{3.9+12}\approx 2.9\ (\text{k}\Omega)$$

由式(2-33)~式(2-34)得

$$\dot A_u=\frac{(1+\beta)R'_\text{L}}{r_\text{be}+(1+\beta)R'_\text{L}}=\frac{(1+60)\times 2.9}{1.4+(1+60)\times 2.9}=0.99$$

$$R_\text{i}=R_\text{B}/\!/[r_\text{be}+(1+\beta)R'_\text{L}]=240/\!/[1.4+(1+60)\times 2.9]=102\ (\text{k}\Omega)$$

$$R_\text{o}\approx\frac{r_\text{be}+(R_\text{s}/\!/R_\text{B})}{1+\beta}=\frac{1.4\times 10^3+(0.6/\!/240)\times 10^3}{1+60}=33\ (\Omega)$$

3. 特点和应用

共集电极放大电路的主要特点是:输入电阻高,传递信号源信号效率高。输出电阻低,带负载能力强;电压放大倍数小于或近似等于 1 而接近于 1;且输出电压与输入电压同相位,具有跟随特性。虽然没有电压放大作用,但仍有电流放大作用,因而有功率放大作用。这些特点使它在电子电路中获得了广泛的应用。

1) 作多级放大电路的输入级

由于输入电阻高可使输入放大电路的信号电压基本上等于信号源电压。因此常用在测量电压的电子仪器中作输入级。

2) 作多级放大电路的输出级

由于输出电阻小,提高了放大电路的带负载能力,故常用于负载电阻较小和负载变动较大的放大电路的输出级。

3) 作多级放大电路的缓冲级

将射极输出器接在两级放大电路之间,利用其输入电阻高、输出电阻小的特点,可作阻抗变换用,在两级放大电路中间起缓冲作用。

二、共基极放大电路

共基极放大电路的主要作用是高频信号放大,频带宽,其电路组成如图 2-15 所示。图 2-15 中 R_B1、R_B2 为发射结提供正向偏置,公共端三极管的基极通过一个电容器接地,不能直接接地,否则基极上得不到直流偏置电压。输入端发射极可以通过一个电阻或一个绕组与电源的负极连接,输入信号加在发射极与基极之间(输入信号也可以

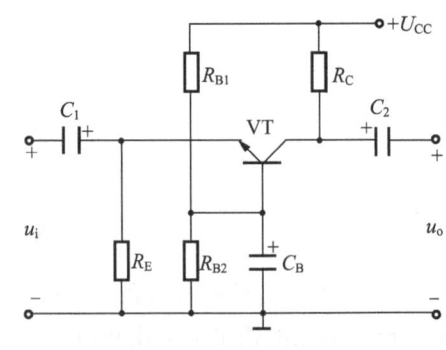

图 2-15 共基极放大电路

通过电感耦合接入放大电路）。集电极为输出端，输出信号从集电极和基极之间取出。

1. 静态分析

由图2-15不难看出，共基极放大电路的直流通路与图2-11共射极分压式偏置电路的直流通路一样，所以与共射极放大电路的静态工作点的计算相同。

2. 动态分析

共基极放大电路的微变等效电路如图2-16所示，由图2-16可知

$$\dot{A}_u = \frac{\dot{U}_o}{\dot{U}_i} = \frac{-\dot{I}_c(R_C // R_L)}{-\dot{I}_b r_{be}} = \beta \frac{R'_L}{r_{be}} \quad (2-37)$$

$$R'_L = R_C // R_L$$

式（2-37）说明，共基极放大电路的输出电压与输入电压同相位，这是共射极放大电路的不同之处；它也具有电压放大作用，$\dot{A}_u$ 的数值与固定偏置共射极放大电路相同。

由图2-16可得

$$R'_i = \frac{\dot{U}_i}{-\dot{I}_e} = \frac{-\dot{I}_b r_{be}}{-(1+\beta)\dot{I}_b} = r_{be}/(1+\beta)$$

它是共射极接法时三极管输入电阻的 $1/(1+\beta)$ 倍，这是因为在相同的 U_i 作用下，共基极法三极管的输入电流 $I=(1+\beta)I_b$，比共射接法三极管的输入电流大 $(1+\beta)$ 倍。

$$R_i = R_e // R'_i = R_e // [r_{be}/(1+\beta)] \quad (2-38)$$

可见，共射极放大电路的输入电阻很小，一般为几欧到几十欧。

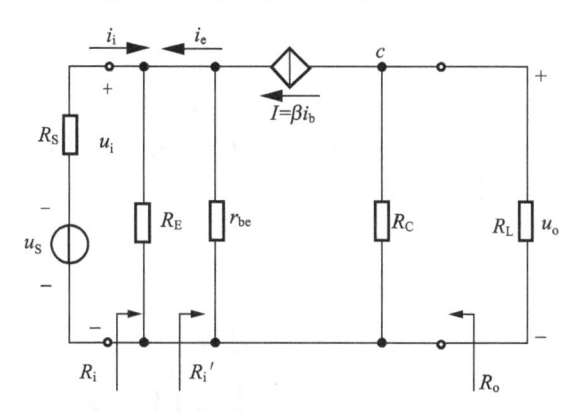

图2-16 共基极放大电路的微变等效电路

由于在求输出电阻 R_o 时令 $u_s=0$。则有 $I_b=0$，$\beta I_b=0$，受控电流源作开路处理，故输出电阻

$$R_o \approx R_C \quad (2-39)$$

由式（2-37）、式（2-38）、式（2-39）可知，共基极放大电路的电压倍数较大，输入电阻较小，输出电阻较大。共基极放大电路主要应用于高频电子电路中。

*第六节　场效应管放大电路

场效应管具有很高的输入电阻、较小的温度系数和较低的热噪声，较多地应用于低频与高频放大电路的输入级、自动控制调节的高频放大级和测量放大电路中。大功率的场效应管也可用于推动级和末级功放电路。

和三极管放大电路一样，三极管放大电路有共射、共集和共基三种组态，而场效应管也有共源、共漏和共栅三种基本组态。场效应管放大电路也可采用图解分析法和等效电路分析法来分析，要注意的是场效应管是一种电压控制电流的器件。

一、场效应管偏置电路及静态分析

和三极管放大电路一样，场效管放大电路也应由偏置电路来提供合适的偏压，建立一个合适而稳定的静态工作点，使管子工作在放大区。另外，不同类型的场效应管对偏置电压的极性有不同的要求，详见有关器件手册。

1. 自偏压电路

1）工作原理

图 2-17 所示是 N 沟道耗尽型 MOS 管构成的共源极放大电路的自偏压电路。图中，漏极电流在 R_S 上产生的源极电位 $U_S=I_D R_S$。由于栅极基本不取电流，R_G 上没有压降，栅极电位 $U_G=0$，所以栅源电压为：

$$U_{GS} = U_G - U_S = -I_D R_S \tag{2-40}$$

可见，这种栅偏压是依靠场效应管自身电流 I_D 产生的，故称为自偏压电路。显然，自偏压电路只能产生反向偏压，所以它仅适用于耗尽型 MOS 管和结型场效应管，而不能用于 $U_{GS} \geqslant U_{GS(th)}$ 时才有漏极电流的增强型 MOS 管。

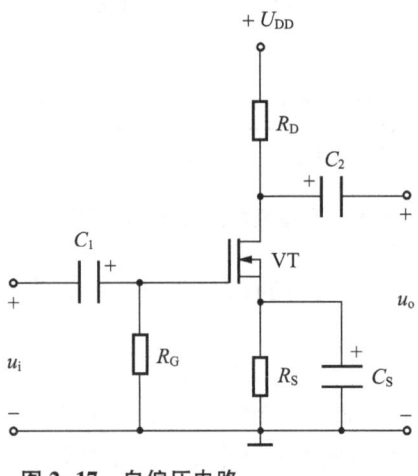

图 2-17　自偏压电路

2）静态工作点的估算

场效应管放大电路的静态工作点 Q 取决于直流量 U_{GS}、I_D 和 U_{DS} 值。下面介绍静态工作

点 Q 的估算法。工作在恒流区的耗尽型场效应管，其 I_D 和 U_{GS} 之间的关系由式（1-9）即

$$I_D = I_{DSS}\left(1-\frac{U_{GS}}{U_{GS(off)}}\right)^2$$

近似表示。故可以将式（2-40）和式（1-9）联立求解 I_D 和 U_{GS}，可求得两组解，但只有一组解是符合要求的，另一组解舍去。由求得的 I_D 就可求出 U_{DS}，即

$$U_{DS} = U_{DD} - I_D(R_D + R_S) \tag{2-41}$$

2. 分压式自偏压电路

图 2-18 所示是分压式自偏压电路，它是在自偏压电路的基础上加接分压电阻后组成的。这种偏置电路适用于各种类型的场效应管。

为增大输入电阻，一般 R_{G3} 选得很大，可取几兆欧。静态时，源极电位 $U_S = I_D R_S$。由于栅极电流为零，R_{G3} 上没有电压降，故栅极电位为：

$$U_G = \frac{R_{G2} U_{DD}}{R_{G1} + R_{G2}}$$

则栅偏压为：

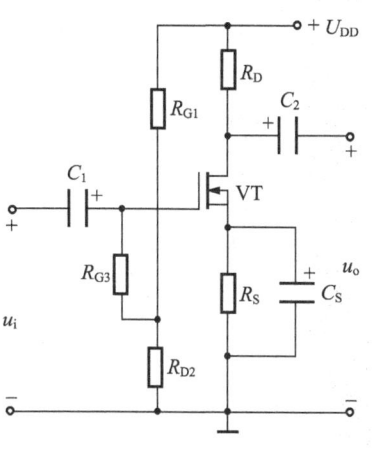

$$U_{GS} = U_G - U_S = \frac{R_{G2}}{R_{G1}+R_{G2}} U_{DD} - I_D R_S \tag{2-42}$$

图 2-18 分压式自偏压电路

由式（2-42）可见，适当选取 R_{G1}、R_{G2} 和 R_S 值，就可得到各类场效应管放大工作时所需的正、零或负的偏压。

二、场效应管放大电路的微变等效电路分析

1. 场效应管微变等效电路

场效应管也是非线性器件，但当工作信号幅度足够小，且工作在恒流区时，场效应管也可用微变等效电路来代替。

从输入电路看，由于场效应管输入电阻 r_{gs} 极高（$10^8 \sim 10^{15}\ \Omega$），栅极电流 $i_g \approx 0$，所以，可认为场效应管的输入回路（g、s 极间）开路。

从输出回路看，场效应管的漏极电流 i_d 主要受栅源电压 u_{gs} 控制，这一控制能力用跨导 g_m 表示，即 $i_d = g_m u_{gs}$。因此，场效应管的输出回路可用一个受栅源电压控制的受控电流源来等效。

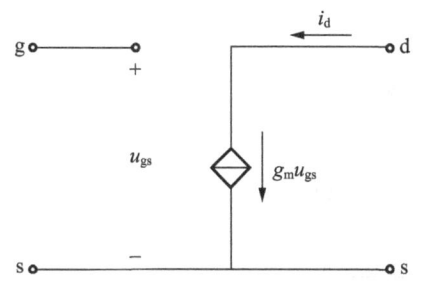

图 2-19 场效应管微变等效电路

综上所述，场效应管的微变等效电路如图 2-19 所示。

2. 共源极放大电路

共源极放大电路如图 2-17 或图 2-18 所示，两者交流通路没有本质区别，只有 R_G 不同。下面以图 2-17 为例分析动态性能指标，其简化微变等效电路如图 2-20 所示。

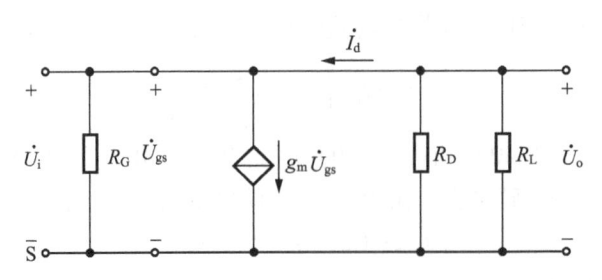

图 2-20 共源极放大电路的微变等效电路

1) 电压放大倍数 $\dot{A}_u$

由图 2-20 知

$$u_o = -g_m u_{gs} (R_D /\!/ R_L) = -g_m U_i R'_L$$

式中　　$u_{gs} = u_i$；
　　　　$R'_L = R_D /\!/ R_L$。

故

$$\dot{A}_u = \frac{\dot{U}_o}{\dot{U}_i} = -g_m R'_L \tag{2-43}$$

式中，负号表示输出电压与输入电压反相。

2) 输入电阻 R_i 和输出电阻 R_o

由图 2-20 可知

$$R_i = R_G \tag{2-44}$$

$$R_o = R_D \tag{2-45}$$

例 2-4　N 沟道结型场效管自偏压放大电路如图 2-21 所示，已知 $U_{DD} = 18$ V，$R_D = 10$ kΩ，$R_S = 2$ kΩ，$R_G = 4$ MΩ。$R_L = 10$ kΩ，$g_m = 1.16$ mS。试求：A_u，R_i，R_o。

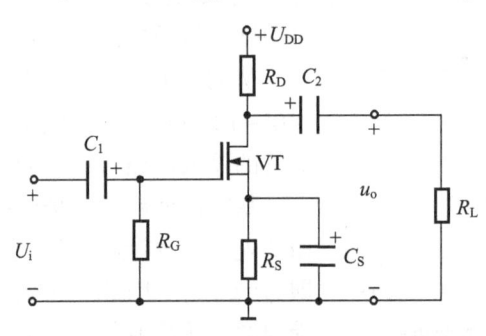

图 2-21　例 2-4 电路图

解：由式（2-43）~式（2-45）得

$$\dot{A}_u = -g_m R'_L = -g_m (R_D /\!/ R_L) = -1.16 \times \frac{10 \times 10}{10 + 10} = 5.8$$

$$R_i = R_G = 4 \text{ (MΩ)}$$

$$R_o = R_D = 10 \text{ (kΩ)}$$

3. 共漏极放大电路

共漏极放大电路又称源极输出器,其电路如图 2-22(a)所示,图 2-22(b)为其微变等效电路。

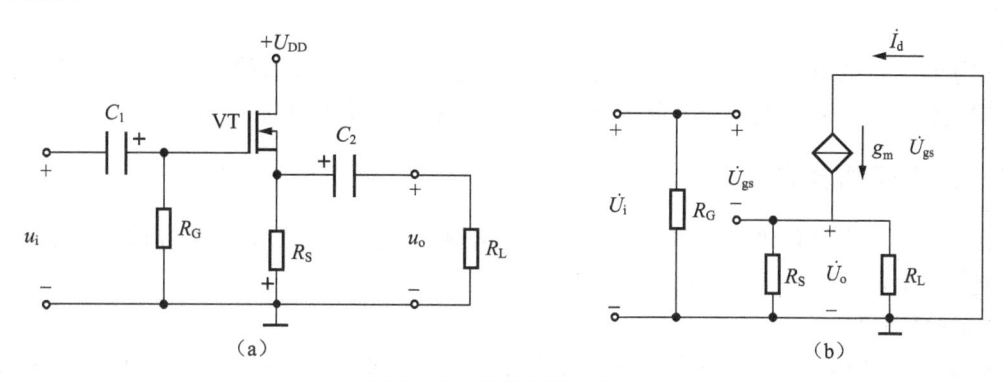

图 2-22 共漏极放大电路

(a)电路图;(b)微变等效电路

1)电压放大倍数 $\dot{A}_u$

由图 2-22(b)可知

$$\dot{A}_u = \frac{\dot{U}_o}{\dot{U}_i} = \frac{g_m U_{gs} R'_L}{U_{gs} + g_m U_{gs} R'_L} = \frac{g_m R'_L}{1 + g_m R'_L} \tag{2-46}$$

式中 $R'_L = R_S /\!/ R_L$。

从式(2-46)可见,输出电压与输入电压同相,且由于 $g_m R'_L > 1$,故 A_u 小于 1,但接近 1。

2)输入电阻 R_i 和输出电阻 R_o

由图 2-22(b)可知

$$R_i = R_G \tag{2-47}$$

求输出电阻的等效电路如图 2-23 所示,由图 2-23 可知

$$\dot{I} = \dot{I}_s - \dot{I}_d = \frac{\dot{U}}{R_s} - g_m \dot{U}_{gs}$$

由于栅极电流 $\dot{I}_g = 0$,故

$$\dot{U}_{gs} = -\dot{U}$$

所以

$$\dot{I} = \frac{\dot{U}}{R_s} + g_m \dot{U}$$

即

$$R_o = \frac{\dot{U}}{\dot{I}} = \frac{1}{\frac{1}{R_s} + g_m} = R_S /\!/ \frac{1}{g_m} \tag{2-48}$$

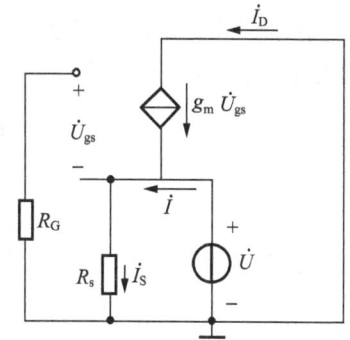

图 2-23 求 R_o 等效电路

场效应管还可接成共栅(与共基组态对应)放大电路,这里不再赘述。

第七节　多级放大电路

单级放大器的电压放大倍数一般为几十倍，而实际应用时要求的放大倍数往往很大。为了实现这种要求，需要把若干个单级放大器连接起来，组成所谓的多级放大器。

一、级间耦合方式

多级放大器内部各级之间的连接方式，称为耦合方式。常用的有阻容耦合、变压器耦合、直接耦后和光电耦合等。

1. 阻容耦合

图 2-24 是用电容 C_2 将两个单级放大器连接起来的两级放大器。可以看出，第一级的输出信号是第二级的输入信号，第二级的输入电阻 R_{i2} 是第一级的负载。这种通过电容和下一级输入电阻连接起来的方式，称为阻容耦合。

阻容耦合的特点是：由于前、后级之间是通过电容相连的，所以各级的直流电路互不相通，每一级的静态工作点相互独立，互不影响，这样就给电路的设计、调试和维修带来很大的方便。而且，只要耦合电容选得足够大，就可将前一级的输出信号在相应频率范围内几乎不衰减地传输到下一级，使信号得到充分利用。但是当输入信号的频率很低时，耦合电容 C_2 就会呈现很大的阻抗，第一级的输入信号转向第二级时，部分甚至全部信号都将变成在电容 C_2 上。因此，这种耦合方式无法应用于低频信号的放大，也就无法用来放大工程上大量存在的随时间缓慢变化的信号。此外，由于大容量的电容器无法集成，阻容耦合方式也不便于集成化。

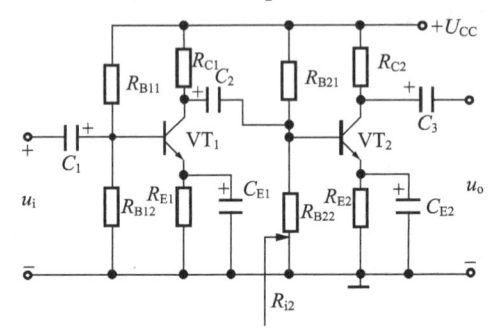

图 2-24　两级阻容耦合放大器

2. 变压器耦合

前级放大电路的输出信号经变压器加到后级输入端的耦合方式，称为变压器耦合，图 2-25 为变压器耦合两级放大电路，第一级与第二级、第二级与负载之间均采用变压器耦合方式。

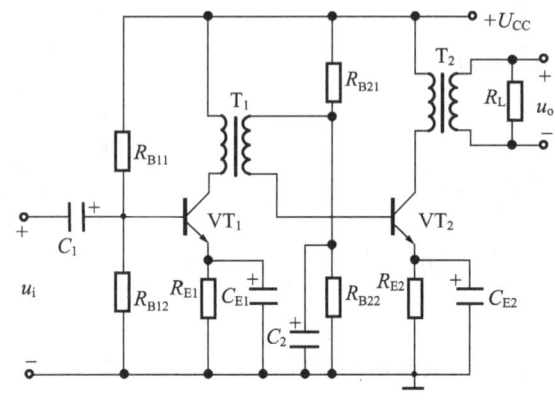

图 2-25　变压器耦合两级放大器

变压器耦合有以下优点：由于变压器隔断了直流，所以各级的静态工作点也是相互独立的。而且，在传输信号的同时，变压器还有阻抗变换作用，以实现变抗匹配。但是，它的频率特性较差、体积大、质量重，不易集成化。常用于选频放大或要求不高的功率放大电路。

3. 直接耦合

前级的输出端直接与后级的输出端相连的方式，称为直接耦合。如图 2-26 所示。

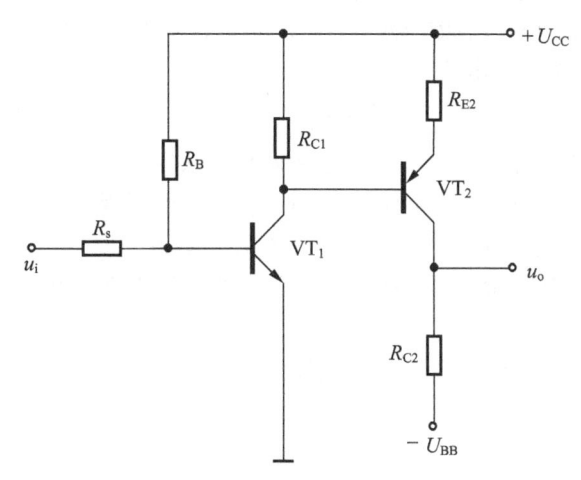

图 2-26　直接耦合两级放大器

直接耦合放大电路各级的静态工作点不独立，相互影响，相互牵制，需要合理地设置各级的直流电平，使它们之间能正确配合；另外易产生零点漂移，零点漂移就是当放大电路的输入信号为零时，输出端还有缓慢变化的电压产生。但是它有两个突出的优点：一是它的低频特性好，可用于直流和交流以及变化缓慢信号的放大，图 2-26 中采用了双电源和 NPN 与 PNP 两种管型互补直接耦合方式；二是由于电路中只有三极管和电阻，便于集成。故直接耦合在集成电路中获得广泛应用。

4. 光电耦合

放大器的级与级之间通过光电耦合器相连接的方式，称为光电耦合。由光敏三极管作为接收管的光电耦合器如图 2-27（a）所示，由光敏二极管作为接收管的光电耦合器如图 2-27（b）所示。

图 2-27　光电耦合器
（a）由光敏三极管作为接收管的光电耦合器；（b）由光敏二极管作为接收管的光电耦合器

由于它是通过电-光-电的转换来实现级间耦合，各级的直流工作点相互独立。采用光电耦合，可以提高电路的抗干扰能力。

二、多级放大电路的主要性能指标

单级放大器的某些性能指标可作为分析多级放大器的依据。多级放大器的主要性能指标采用以下方法估算。

1. 电压放大倍数

由于前级的输出电压就是后级的输入电压，因此，多级放大器的电压放大倍数等于各级放大倍数之积，对于 n 级放大电路，有

$$\dot{A}_u = \dot{A}_{u1}\dot{A}_{u2}\cdots\dot{A}_{un} \tag{2-49}$$

在计算各级放大器的放大倍数时，一般采用两种方法。第一，在计算某一级电路的电压放大倍数时，首先计算下一级放大电路的输入电阻，将这一电阻视为负载，然后再按单级放大电路的计算方法计算放大倍数。第二，先计算前一级在负载开路时的电压放大倍数和输出电阻，然后将它作为有内阻的信号源接到下一级的输入端，再计算下级的电压放大倍数。

2. 输入电阻

多级放大器的输入电阻 R_i 就是第一级的输入电阻 R_{i1}，即

$$R_i = R_{i1} \tag{2-50}$$

3. 输出电阻

多级放大器的输出电阻等于最后一级（第 n 级）的输出电阻 R_{on}，即

$$R_o = R_{on} \tag{2-51}$$

多级放大电路的输入、输出电阻要分别与信号源内阻及负载电阻相匹配，才能使信号获得有效放大。

习 题 二

一、选择题

2-1 在 NPN 三极管组成的基本单管共射放大电路中，如果电路的其他参数不变，三极管的 β 增大时，I_B_____，I_C_____，U_{CE}_____。（a. 增大 b. 减小 c. 基本不变）

2-2 在分压式偏置工作点稳定电路中，

（1）估算静态工作点的过程与基本单管共射放大电路_____。（a. 相同 b. 不同）

（2）电压放大倍数 $\dot{A}_u$ 的表达式与基本单管共射放大电路_____。（a. 相同 b. 不同）

（3）如果去掉发射旁路电容 C_E，则电压放大倍数 $|\dot{A}_u|$_____，输入电阻 R_i_____，输出电阻 R_o_____。（a. 增大 b. 减小 c. 基本不变）

2-3 在 NPN 三极管组成的分压式工作点稳定电路中，如果其他参数不变，只改变某一个参数，分析下列电量如何变化。（a. 增大 b. 减小 c. 基本不变）

（1）增大 R_{B1}，则 I_B_____，I_C_____，U_{CE}_____，r_{be}_____，$|\dot{A}_u|$_____。

（2）增大 R_{B2}，则 I_B_____，I_C_____，U_{CE}_____，r_{be}_____，$|\dot{A}_u|$_____。

(3) 增大 R_E，则 I_B _____，I_C _____，U_{CE} _____，r_{be} _____，$|\dot{A}_u|$ _____。

(4) 换上 β 大的三极管，I_B _____，I_C _____，U_{CE} _____，r_{be} _____，$|\dot{A}_u|$ _____。

2-4 放大电路的输入电阻 R_i 愈_____，由向信号源索取的电流愈小；输出电阻 R_o 愈_____，则带负载能力愈强。（a. 大　b. 小）

2-5 在阻容耦合单管共射放大电路中，电压放大倍数在低频段下降主要与_____有关，在高频段下降主要与_____有关。（a. 极间电容，　b. 隔直电容）

2-6 在阻容耦合单管共射放大电路中，如保持电路其他参数不变，只改变某一个参数，试分析中频电压放大倍数 $\dot{A}_{um}$ 和上、下限频率 f_H、f_L 如何变化。（a. 增大　b. 减小　c. 基本不变）

(1) C_1 增大，则 $\dot{A}_{um}$ _____，f_H _____，f_L _____。

(2) 更换一个 f_T 较大的三极管，则 A_{um} _____，f_H _____，f_L _____。

(3) R_B 增大，则 $\dot{A}_{um}$ _____，f_H _____，f_L _____。

2-7 在三种不同耦合方式的放大电路中，_____能够放大缓慢变化的信号，_____能够放大交流信号。能够实现阻抗，_____各级静态工作点互相独立，_____适于集成化。（a. 阻容耦合，b. 直接耦合，c 变压器耦合）

2-8 在多级大电路中，

(1) 总的通频带比其中第一级的通频带_____。（a. 宽　b. 窄）

(2) 总的下限频率 f_L _____每一级的下限频率。（a. 高于　b. 低于）

(3) 总的上限频率 f_H _____每一级的上限频率。（a. 高于　b. 低于）

二、判断以下结论是否正确，并在相应的括号中填"√"或"×"。

2-9 当一个电路的输入交流电压有效值为 1 V 时，输出交流电压的有效值中有 0.9 V，则该电路不是一个放大电路。（　）

2-10 在基本单管共射放大电路中，因为 $\dot{A}_u = -\dfrac{\beta R'_L}{r_{be}}$，故若换上一个比原来大一倍的三极管，则 $|\dot{A}_u|$ 也基本上增大一倍。（　）

2-11 阻容耦合和变压器耦合放大电路能够放大交流信号，但不能放大缓慢变化的信号和直流成分的信号。（　）

2-12 直接耦合放大电路能够放大缓慢变化的信号和直流成分的信号，但不能放大交流信号。（　）

三、填空

2-13 在图 2-28 中，当 $U_s = 1$ V，$R_s = 1$ kΩ 时，测得 $U_i = 0.6$ V，则放大电路的输入电阻 $R_i =$ _____ kΩ。如果另一个放大电路的输入电阻 $R_i = 10$ kΩ，则当 $U_s = 1$ V，$R_s = 1$ kΩ 时，$U_i =$ _____ V。

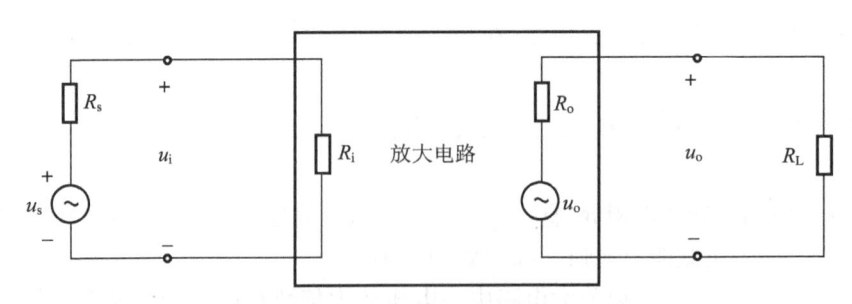

图 2-28 习题 2-13 的图

2-14 一个放大电路当负载电阻 $R_L = \infty$ 时，测得输出电压 $U_o = 1$ V，当接上负载电阻 $R_L = 10$ kΩ 时，$U_o = 0.5$ V，则该放大电路的输出电阻 $R_o =$ _____kΩ。如果要求接上 $R_L = 10$ kΩ 后，$U_o = 0.9$ V，则放大电路和输出电阻应为 $R_o =$ _____kΩ。

2-15 在图 2-29（a）、(b) 两个放大电路中，已知三极管均为 $\beta = 50$，$r_{be} = 0.7$ V，

（1）在图 2-29（a）中，$I_B =$ _____mA，$I_C =$ _____mA，$U_{CE} =$ _____V，$r_{be} =$ _____kΩ，$A_u =$ _____，$R_i =$ _____kΩ，$R_o =$ _____kΩ。

（2）在图 2-29（b）中，$I_B =$ _____mA，$I_C =$ _____mA，$U_{CE} =$ _____V，$r_{be} =$ _____kΩ，$A_u =$ _____，$R_i =$ _____kΩ，$R_o =$ _____kΩ。

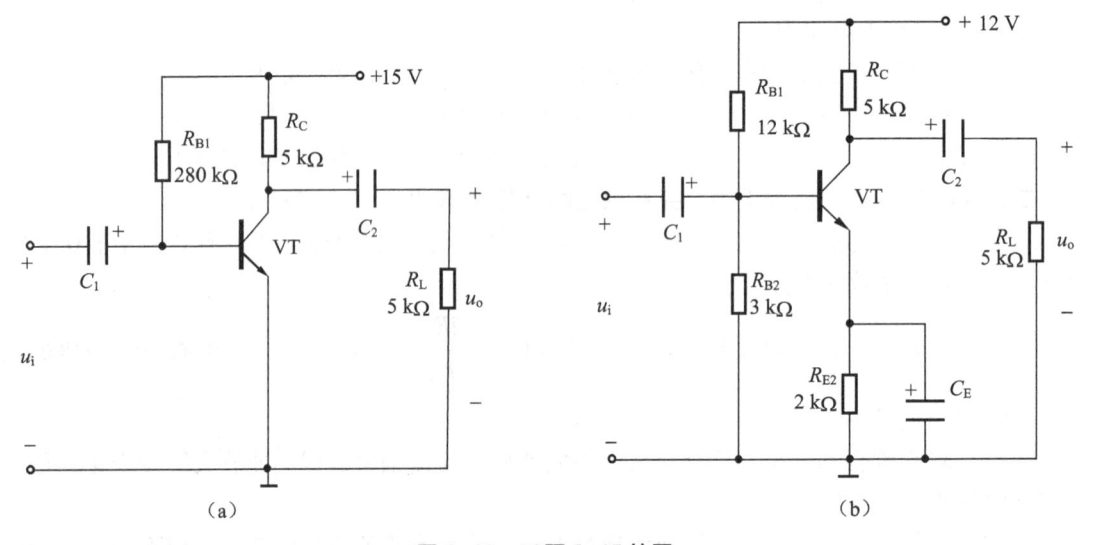

图 2-29 习题 2-15 的图

2-16 已知某单管共射放大电路的中频电压放大倍数 $A_{um} = 100$，下限频率 $f_L = 10$ Hz，上限频率 $f_H = 1$ MHz；

（1）该放大电路的中频对数增益 $|\dot{A}_{um}|$ _____dB。

（2）当 $f = f_L$ 时，$|\dot{A}_u| =$ _____，相位移 $\varphi =$ _____；$f = f_H$ 时，$|\dot{A}_u| =$ _____，相位移 $\varphi =$ _____。

2-17 已知某两级放大电路中第一、二级的对数增益分别为 60 dB 和 20 dB。则第一、二

级的电压放大倍数分别等于_____和_____，该放大电路总的对数增益为_____dB，其总的电压放大倍数等于_____。

2-18 试画出图 2-30 中各电路的直流通路和交流通路。设各电路中的电容均足够大。

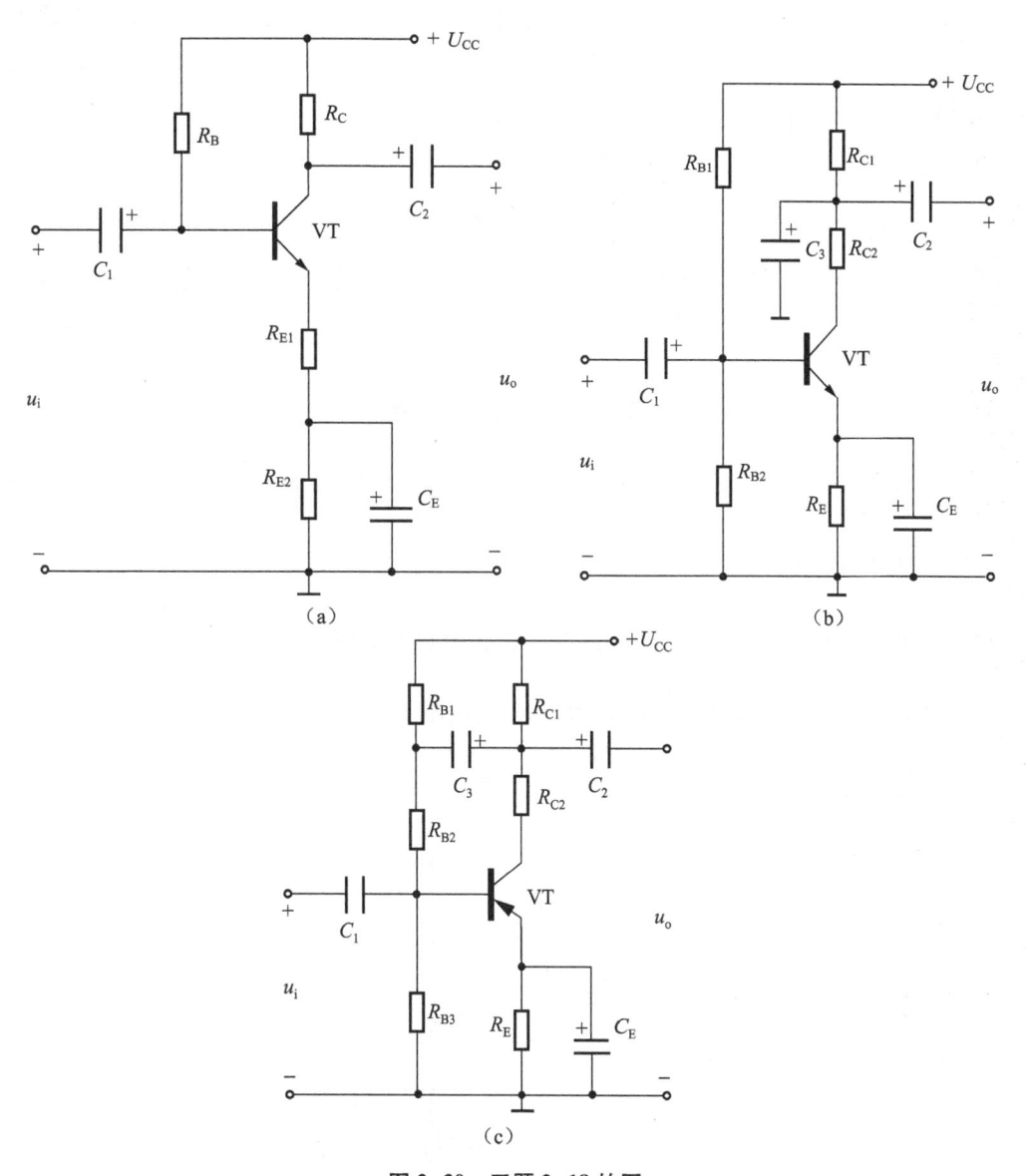

图 2-30 习题 2-18 的图

2-19 放大电路如图 2-31（a）所示，试按照图 2-31（b）中所示三极管的输出特性曲线，
(1) 作出曲线直流负载线；
(2) 定出 Q 点（设 $U_{BE}=0.7$ V）；
(3) 画出交流负载线。

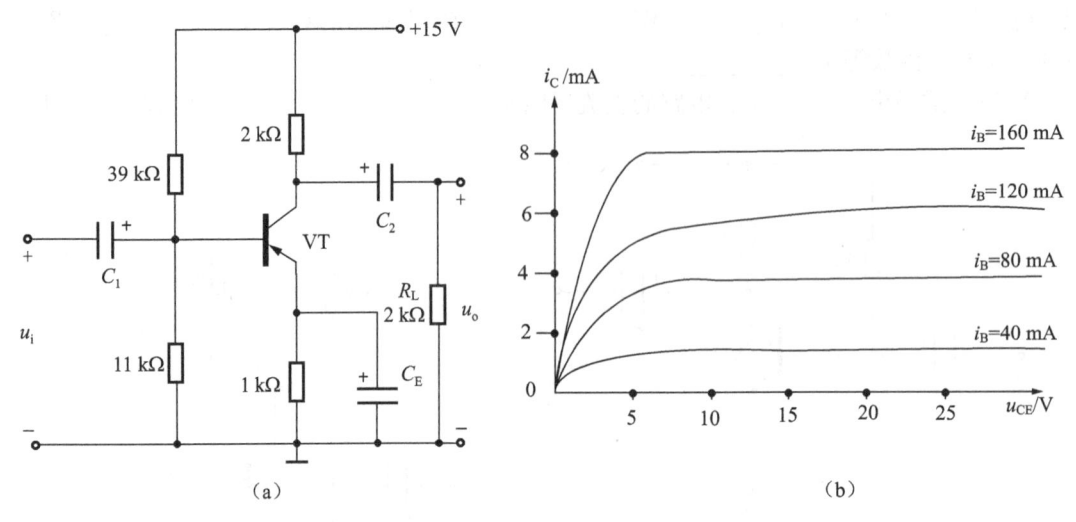

图 2-31 习题 2-19 的图

2-20 在图 2-32 所示的射极输出器中，已知三极管的 $\beta=100$，$U_{BE}=0.7$ V，$r_{be}=1.5$ kΩ。

（1）试估算静态工作点。

（2）分别求出当 $R_L=\infty$ 和 $R_L=3$ kΩ 时，放大电路的电压放大倍数 $\dot{A}_u=\dfrac{\dot{U}_o}{\dot{U}_i}=$？

（3）估算该射极输出器的输入电阻 R_i 和输出电阻 R_o。

（4）如信号源内阻 $R_s=1$ kΩ，$R_L=3$ kΩ，则此时 $\dot{A}_{us}=\dfrac{\dot{U}_o}{\dot{U}_s}=$？

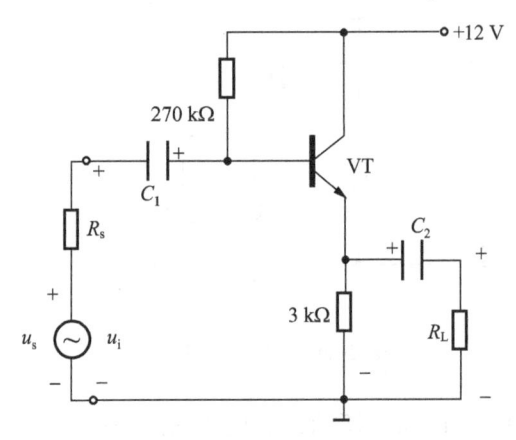

图 2-32 习题 2-20 的图

2-21 在图 2-33 所示的电路中，已知静态时 $I_{C1}=I_{C2}=0.65$ mA，$\beta_1=\beta_2=29$。

（1）求 $r_{be1}=$？

（2）求中频时（C_1、C_2、C_3 可认为交流短路）第一级放大倍数 $\dot{A}_{u1} = \dfrac{\dot{U}_{C1}}{\dot{U}_i} = ?$

（3）求中频时 $\dot{A}_{u2} = \dfrac{\dot{U}_o}{\dot{U}_{b2}} = ?$

（4）求中频时 $\dot{A}_u = \dfrac{\dot{U}_o}{\dot{U}_i} = ?$

（5）估算放大电路总的 R_i 和 R_o。

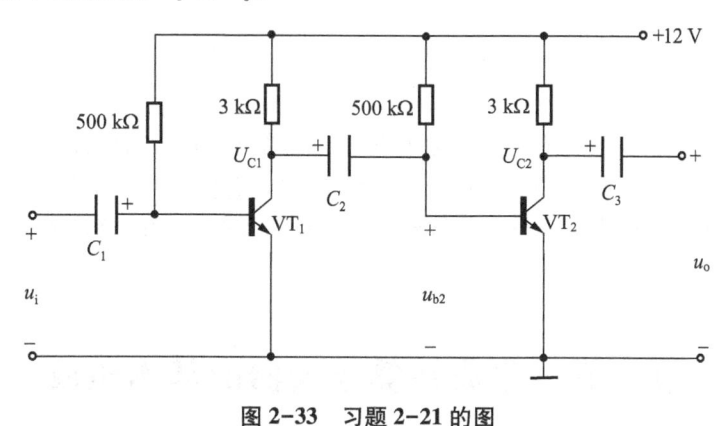

图 2-33 习题 2-21 的图

2-22 设三级放大器，测 $A_{u1} = 10$，$A_{u2} = 100$，$A_{u3} = 10$，问总的电压放大倍数是多少？若用分贝表示，求各级增益各等于多少？

2-23 设三级放大器，各级电压增益分别为 20 dB、20 dB 和 20 dB，输入信号电压为 $u_i = 3$ mV，求输出电压 $U_o = ?$

2-24 某放大器不带负载时，测得其输出端开路电压 $U'_o = 1.5$ V，而带上负载电阻 5.2 kΩ 时，测得输出电压 $U_o = 1$ V，问该放大器的输出电阻值为多少？

2-25 某放大器若 R_L 从 6 kΩ 变为 3 kΩ，输出电压 u_o 从 3 V 变为 2.4 V，求输出电阻。如果 R_L 断开，求输出电压值。

第三章 集成运算放大器的基本概念

集成运算放大器是一种高增益、高输入电阻、低输出电阻的通用性器件，它具有通用性强、可靠性高、体积小、质量轻、功耗低、性能优越等特点。本章主要介绍集成运算放大器的基本组成及集成运算放大器电路的主要组成部分——差分放大电路及集成运算放大器的分类和性能指标。

第一节 集成运算放大器的基本组成

集成运算放大器实质上是一个高电压增益、高输入电阻及低输出电阻的直接耦合多级放大电路，简称为集成运放。它的类型很多，为了方便通常将集成运算放大器分为通用型和专用型两大类。前者的适用范围广，其特性和指标可以满足一般应用要求；后者是在前者的基础上为适应某些特殊要求而制作的。不同类型的集成运放，电路也各不相同，但是结构具有共同之处。

如图 3-1 所示为集成运放内部电路原理框图。它由四部分组成：输入级、中间级（电压放大级）、输出级和偏置电路。

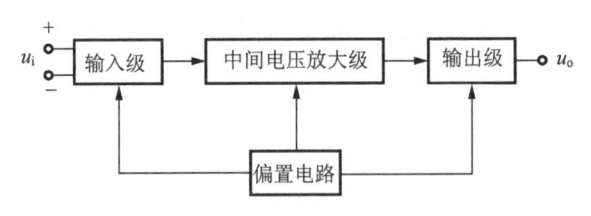

图 3-1 集成运算放大器组成框图

1. 输入级

对于高增益的直接耦合放大电路，减小零点漂移的关键在第一级，因此集成运放的输入级一般是由具有恒流源的差分放大电路组成的。利用差分放大电路的对称性，可以减小温度漂移的影响，提高整个电路的共模抑制比和其他方面的性能，并且通常工作在低电流状态，以获得较高的输入阻抗。它的两个输入端构成整个电路的反相输入端和同相输入端。

2. 中间级

中间级（电压放大级）的主要作用是提高电压增益，大多采用由恒流源作为有源负载的共发射极放大电路,其放大倍数一般在几千倍以上。

3. 输出级

输出级应具有较大的电压输出幅度、较高的输出功率和较低的输出电阻,一般采用电压跟随器或甲乙类互补对称放大电路。

4. 偏置电路

偏置电路提供给各级直流偏置电流,使之获得合适的静态工作点。它由各种电流源电路组成。此外还有一些辅助环节,如电平移动电路、过载保护电路以及高频补偿环节等。

第二节 差分放大电路

一个理想的直接耦合放大电路,当输入信号为零时,其输出电压应保持不变。实际上,把直接耦合放大电路的输入端短接,在输出端也会偏离初始值,有一定数值的无规则缓慢变化的电压输出,这种现象称为零点漂移,简称零漂。

引起零点漂移的原因很多,如晶体管参数随温度的变化、电源电压的波动、电路元件参数的变化等,其中以温度变化的影响最为严重,所以零点漂移也称温漂。在多级直接耦合放大电路的各级漂移中,又以第一级的漂移影响最为严重。由于直接耦合,在第一级的漂移被逐级传输放大,级数越多,放大倍数越高,在输出端产生的零点漂移越严重。由于零点漂移电压和有用信号电压共存于放大电路中,在输入信号较小时,放大电路就无法正常工作。因此,减小第一级的零点漂移,成为多级直接耦合放大电路一个至关重要的问题。差分放大电路利用两个型号和特性相同的三极管来实现温度补偿,是直接耦合放大电路中抑制零点漂移最有效的电路结构。由于它在电路和性能等方面具有许多优点,因而被广泛应用于集成电路中。

一、基本差分放大电路

1. 电路组成及特点

图 3-2 所示电路为一种基本的差分放大电路。其中 $R_{C1}=R_{C2}=R_C$,$R_{B1}=R_{B2}=R_B$,VT_1 和 VT_2 是两个型号、特性、参数完全相同的晶体管,信号从两管的基极输入(称为双端输入),从两管的集电极输出(称为双端输出)。

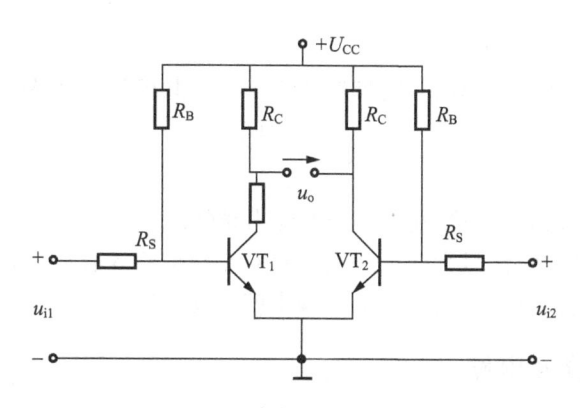

图 3-2 基本差分放大电路

2. 零点漂移的抑制

静态时，即 $u_{i1}=u_{i2}=0$ 时，放大电路处于静态。由于电路完全对称，两三极管集电极电位 $U_{c1}=U_{c2}$，则输出电压 $U_o=U_{c1}-U_{c2}=0$。

当温度变化时，两三极管集电极电流 I_{c1} 和 I_{c2} 同时增加，集电极电位 U_{c1} 和 U_{c2} 同时下降，且 $\Delta U_{c1}=\Delta U_{c2}$，$u_o=(U_{c1}+\Delta U_{c1})-(U_{c2}+\Delta U_{c2})=0$，故输出端没有零点漂移，这就是差分放大电路抑制零点漂移的基本原理。

3. 差模信号与差模放大倍数

一对大小相等、极性相反的信号称为差模信号。在差分放大电路中，两输入端分别加入一对差模信号的输入方式，称为差模输入。两个差模信号分别用 u_{id1} 和 u_{id2} 表示，$u_{id1}=-u_{id2}$。因此差模输入时，有

$$u_{i1}=u_{id1},\ u_{i2}=u_{id2}=-u_{id1}$$

如图 3-2 所示，由于两管电路对称，两输入端之间的电压

$$u_{id}=u_{id1}-u_{id2}=2u_{id1}=-2u_{id2}$$

u_{id} 称为差模输入电压，此时差动放大器的输出电压称为差模输出电压 u_{od}。且有 $u_{od}=u_{c1}-u_{c2}$。

差模电压放大倍数

$$A_{ud}=\frac{u_{od}}{u_{id}}=\frac{u_{c1}-u_{c2}}{u_{id1}-u_{id2}}=-\frac{\beta R_{C1}}{r_{be1}}=A_{u1}$$

其中，A_{u1} 为单管共射放大电路的电压放大倍数。

4. 共模信号与共模放大倍数

一对大小相等、极性相同的信号称为共模信号。在差分放大电路中，两输入端分别接入一对共模信号的输入方式，称为共模输入。共模信号用 u_{ic} 表示。因此共模输入时，有

$$u_{i1}=u_{i2}=u_{ic}$$

此时差动放大器的输出电压称为共模输出电压 u_{oc}。

在共模信号作用下，由于电路完全对称，输出电压 $u_{oc}=0$，共模电压放大倍数

$$A_{uc}=\frac{u_{oc}}{u_{ic}}=0$$

对于零点漂移现象，实际上可等效为共模信号的作用，所以对零点漂移的抑制即是对共模信号的抑制。

5. 共模抑制比 K_{CMR}

为了更好地表征电路对共模信号的抑制能力，引入共模抑制比 K_{CMR}，即

$$K_{CMR}=\left|\frac{A_{ud}}{A_{uc}}\right| \tag{3-1}$$

K_{CMR} 越大，差动放大电路抑制共模信号的能力越强。

综上所述，电路对共模信号无放大作用，只对差模信号才有放大作用，故称此电路为差分放大电路，简称差放，也即输入有差别，输出就变动，输入无差别，输出就不变动。

二、典型差分放大电路

基本差分放大电路只在双端输出时才具有抑制零漂的作用，而对于每个三极管的集电极

电位的漂移并未受到抑制,如果采用单端输出(输出电压从一个管的集电极与"地"之间取出),漂移仍将存在,采用典型差分放大电路,便能很好地解决这一问题。

1. 电路组成与静态分析

典型差分放大电路如图 3-3 所示,电路由两个对称的共射电路通过公共的发射极电阻 R_E 相耦合,故又称为射极耦合差分放大电路。电路由正负电源供电。

典型差放的直流通路如图 3-4 所示,由于电路对称,即

$R_{C1} = R_{C2} = R_C$,$R_{B1} = R_{B2} = R_B$,$U_{BE1} = U_{BE2} = U_{BE}$,$\beta_1 = \beta_2 = \beta$,$I_{B1} \cdot R_{B1} + U_{BE} + 2I_{E1} \cdot R_E = U_{EE}$

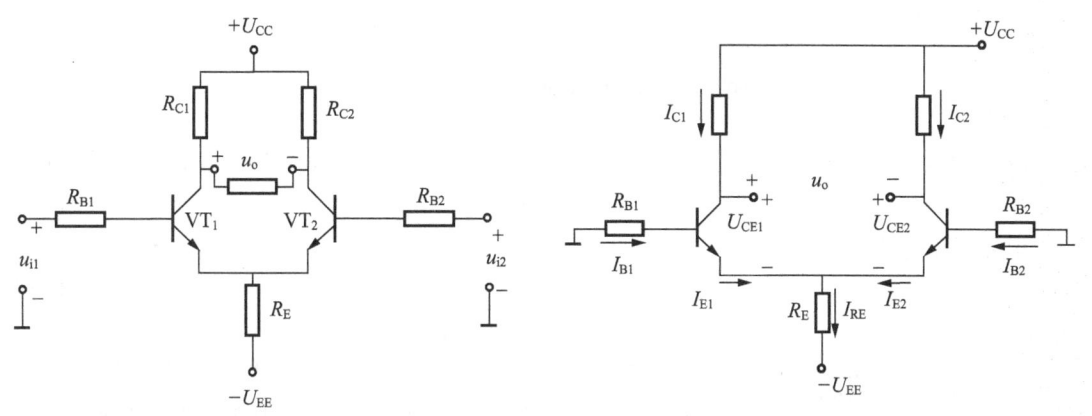

图 3-3 典型差分放大电路

图 3-4 典型差放的直流通路

若 R_E 较大,且满足 $2(1+\beta)R_E > R_{B1}$,又 $U_{EE} \gg U_{BE}$,则

$$I_{C1} = I_{C2} \approx I_{E1} = \frac{U_{EE} - U_{BE}}{2R_E + \frac{R_{B1}}{1+\beta}} \approx \frac{U_{EE} - U_{BE}}{2R_E} \approx \frac{U_{EE}}{2R_E} \quad (3-2)$$

$$I_{B1} = I_{B2} = \frac{I_{C1}}{\beta} \quad (3-3)$$

$$U_{CE1} = U_{CE2} = U_{C1} - U_{E1} = (U_{CC} - I_{C1} \cdot R_C) - (-U_{BE} - I_{B1} \cdot R_{B1})$$
$$= U_{CC} - I_{C1} \cdot R_C + U_{BE} + I_{B1} \cdot R_{B1} \quad (3-4)$$

2. 动态分析

1)双端输入双端输出差模特性

如图 3-3 所示,u_i 加在差放两输入端之间(双端输入),即 $u_{id} = u_i$,对地而言,两管输入电压是一对差模信号,即 $u_{id1} = -u_{id2} = u_{id}/2$。输出负载 R_L 接在两管集电极之间(双端输出),有 $u_{od} = u_o$。当差模输入时,VT_1、VT_2 的发射极电流同时流过 R_E,且大小相等方向相反,在 R_E 上的作用相互抵消,R_E 可看作短路。差模交流通路如图 3-5 所示,每管的交流负载 $R'_L = R_C // \frac{R_L}{2}$,故双端输出时,差模电压放大倍数为

$$A_{ud} = \frac{u_{od}}{u_{id}} = \frac{u_{od1} - u_{od2}}{u_{id1} - u_{id2}} = \frac{2u_{od1}}{2u_{id1}} = A_{u1} = -\frac{\beta R'_L}{R_{B1} + r_{be}} \quad (3-5)$$

由此可知,双端输出的差分放大电路的电压放大倍数和单管共射放大电路的电压放大倍数相同。

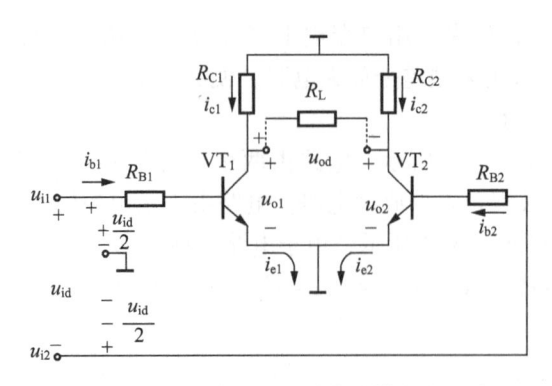

图 3-5 双端输入双端输出差模交流通路

电路的输入电阻 R_{id} 则是从两个输入端看进去的等效电阻。由图 3-5 可知

$$R_{id} = 2(R_B + r_{be}) \tag{3-6}$$

电路输出电阻为

$$R_o = 2R_C \tag{3-7}$$

2）双端输入双端输出共模特性

如图 3-3 所示，由于电路对称，在共模信号作用下，VT_1、VT_2 管的发射极电流同时流过 R_E，且大小相等方向相同，R_E 上的电流为 $2i_e$。对于每个管子而言，相当于发射极接了一个 $2R_E$ 的电阻。而同时两管集电极产生的输出电压大小相等，极性相同，从而流过 R_L 的电流为零，$u_{oc} = u_{c1} - u_{c2} = 0$。共模交流通路如图 3-6 所示。因此

$$A_{uc} = \frac{u_{oc}}{u_{ic}} = 0 \tag{3-8}$$

图 3-6 双端输入双端输出共模交流通路

在实际电路中，两管不可能完全对称，因此 u_{oc} 不完全为零，但要求 u_{oc} 越小越好。

例 3-1 如图 3-3 所示，若 $U_{CC} = U_{EE} = 12\text{ V}$，$R_{B1} = R_{B2} = 1\text{ k}\Omega$，$R_{C1} = R_{C2} = 10\text{ k}\Omega$，$R_L = 10\text{ k}\Omega$，$\beta = 50$。求：(1) 放大电路的静态工作点；(2) 放大电路的差模电压放大倍数 A_{ud}，差模输入电阻 R_{id} 和输出电阻 R_o。

解：（1）求静态工作点：

$$I_{C1} = I_{C2} \approx I_{E1} = \frac{U_{EE} - U_{BE}}{\frac{R_B}{1+\beta} + 2R_E} = \frac{12 - 0.7}{\frac{1}{1+50} + 2\times 10} \approx 0.57\text{ (mA)}$$

$$I_{B1} = I_{B2} = \frac{I_{C1}}{\beta} = 11.3\text{ (μA)}$$

$$U_{CE1} = U_{CE2} = U_{C1} - U_{E1} = (U_{CC} - I_{C1} \cdot R_{C1}) - (-I_{B1} \cdot R_{B1} - U_{BE})$$
$$= 12 - 0.564 \times 10 + 0.0113 \times 1 + 0.7 \approx 7.1\text{ (V)}$$

（2）求 A_{ud}、R_{id} 及 R_o：

$$r_{be} = r'_{bb} + (1+\beta)\frac{U_T}{I_{E1}} = 300 + (1+50)\frac{26}{0.564} \approx 2.65\text{ (k}\Omega\text{)}$$

$$R'_L = R_C // (\frac{R_L}{2}) = \frac{10 \times 5}{10+5} = 3.3 \ (k\Omega)$$

$$A_{ud} = -\frac{\beta R'_L}{R_{B1}+r_{be}} = -\frac{50 \times 3.3}{1+2.65} \approx -45.2$$

$$R_{id} = 2(R_{B1}+r_{be}) = 7.3 \ (k\Omega)$$

$$R_o = 2R_C = 20 \ (k\Omega)$$

例 3-2 已知差动放大电路的输入信号 $u_{i1} = 1.01$ V，$u_{i2} = 0.99$ V，试求差模和共模输入电压；若 $A_{ud} = -50$，$A_{uc} = -0.05$，试求该差动放大电路的输出电压 u_o 及 K_{CMR}。

解：（1）求差模和共模输入电压。

差模输入电压 u_{id}：

$$u_{id} = u_{i1} - u_{i2} = 1.01 - 0.99 = 0.02 \ (V)$$

因此 VT_1 管的差模输入电压等于 $\frac{u_{id}}{2} = 0.01$ V，VT_2 管的差模输入电压等于 $\frac{u_{id}}{2} = 0.01$ V。

共模输入电压 u_{ic}：

$$u_{ic} = \frac{1}{2}(u_{i1}+u_{i2}) = \frac{1}{2}(1.01+0.99) = 1 \ (V)$$

（2）求输出电压 u_o 及 K_{CMR}。

差模输出电压 u_{od}：

$$u_{od} = A_{ud}u_{id} = -50 \times 0.02 = -1 \ (V)$$

共模输出电压 u_{oc}：

$$u_{oc} = A_{uc}u_{ic} = -0.05 \times 1 = -0.05 \ (V)$$

输出电压 u_o：

$$u_o = u_{od} + u_{oc} = A_{ud}u_{id} + A_{uc}u_{ic} = -1 - 0.05 = -1.05 \ (V)$$

共模抑制比 K_{CMR}：

$$K_{CMR} = 20\lg\left|\frac{A_{ud}}{A_{uc}}\right| = 20\lg\frac{50}{0.05} = 20\lg 1000 = 60 \ (dB)$$

第三节　集成运算放大器的分类及主要参数

一、集成运算放大器的分类

集成运算放大器是电子技术领域中的一种最基本的放大元件，在自动控制、测量技术、家用电器等多个领域中应用相当广泛。

国产集成运算放大器有通用型和特殊型两大类。

1. 通用型

通用型有通用 1 型（低增益）、通用 2 型（中增益）、通用 3 型（高增益）三类。

2. 特殊型

特殊型有高精度型、高阻抗型、高速型、高压型、低功耗型及大功率型等。

通用型的指标比较均衡全面，适用于一般电路；特殊型的指标大多数有一项指标非常突出，它是为满足某些专用的电路需要而设计的。

二、集成运算放大器的主要参数

集成电路性能的好坏常用一些参数来表征，这些参数也是选用集成电路的主要依据。

1. 开环差模电压放大倍数 A_{od}

当集成运放工作在线性区时，输出开路时的输出电压 u_o 与输入端的差模输入电压 $u_{id}=(u_+-u_-)$ 的比值称为开环差模电压放大倍数 A_{od}，目前高增益集成运放的 A_{od} 可达 10^7。

2. 输入失调电压 u_{io} 及输入失调电压温度系数 a_{uio}

为使运放输出电压为零，在输入端之间所加的补偿电压，称为输入失调电压 u_{io}。u_{io} 越小越好。

a_{uio} 是指在规定温度范围内，输入失调电压随温度的变化率，即 $a_{uio}=\dfrac{u_{io}}{\Delta T}$，一般集成运放的 a_{uio} 小于 $(10\sim20)\ \mu V/℃$。

3. 输入失调电流 I_{io} 及输入失调电流温度系数 a_{Iio}

当输入信号为零时，集成运放两输入端的静态电流之差，称为输入失调电流 I_{io}，即 $I_{io}=I_{B+}-I_{B-}$，I_{io} 愈小愈好。

输入失调电流温度系数 a_{Iio} 是指在保持恒定的输出电压下，输入失调电流的变化量与温度的变化量的比值，即 $a_{Iio}=\dfrac{I_{io}}{\Delta T}$。

4. 共模抑制比 K_{CMR}

其定义同差动放大电路。若用分贝数表示时，集成运算的共模抑制比 K_{CMR} 通常在 $80\sim180$ dB 之间。

5. 输入偏置电流 I_{IB}

当输入信号为零时，集成运放两输入端的静态电流 I_{B+} 和 I_{B-} 的平均值，称为输入偏置电流 I_{IB}，即 $I_{IB}=\dfrac{I_{B+}+I_{B-}}{2}$，这个电流也是愈小愈好，典型值为几百纳安。

6. 差模输入电阻 r_{id} 和输出电阻 r_{od}

r_{id} 是开环时输入电压变化量与它引起的输入电流的变化量之比，即从输入端看进去的动态电阻。r_{id} 一般为兆欧级。

r_{od} 是开环时输出电压变化量与它引起的输出电流的变化量之比，即从输出端看进去的电阻。r_{od} 越小，运放的带负载能力越强。

7. 最大差模输入电压 U_{idmax}

U_{idmax} 是指运放两输入端能承受的最大差模输入电压，超过此电压，运放输入级对管将进入非线性区，而使运放的性能显著恶化，甚至造成损坏。

8. 最大共模输入电压 U_{icmax}

集成运放对共模信号具有很强的抑制性能，但这个性能必须在规定的共模输入电压范围之内，若共模输入电压超出 U_{icmax}，则集成运放的输入级就会不正常，K_{CMR} 将显著下降。

9. 最大输出电压幅度 U_{opp}

指能使输出电压与输入电压保持不失真关系的最大输出电压。

10. 静态功耗 P_{co}

指不接负载且输入信号为零时，集成运放本身所消耗的电源总功率。P_{co} 一般为几十毫瓦。

三、理想运放的概念

为简化分析，人们常把集成运放理想化。理想运放电路符号如图 3-7 所示，它与一般运放的区别是多了个"∞"符号。

1. 理想运放的主要条件

（1）开环差模电压放大倍数 $A_{od} \to \infty$。

（2）开环差模输入电阻 $r_{id} \to \infty$。

（3）共模抑制比 $K_{CMR} \to \infty$。

（4）开环输出电阻 $r_o = 0$。

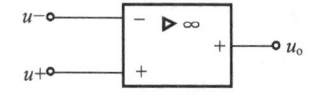

图 3-7 理想运放电路符号

2. 理想运放的特点

工作在线性放大状态的理想运放具有以下两个重要特点。

1）虚短

对于理想运放，由于 $A_{od} \to \infty$，而输出电压 u_o 总为有限值，根据 $A_{od} = u_o / u_{id}$ 可知，$u_{id} = 0$ 或 $u_+ = u_-$，也即理想运放两输入端电位相等，相当于两输入端短路，但又不是真正的短路，故称为"虚短"。

2）虚断

由于理想运放的 $r_{id} \to \infty$，流经理想运放两输入端的电流 $i_+ = i_- = 0$，相当于两输入端断开，但又不是真正的断开，故称为"虚断"，仅表示运放两输入端不取电流。"虚短""虚断"示意图如图 3-8 所示。

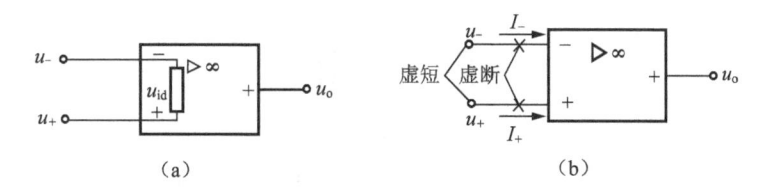

图 3-8 "虚短""虚断"示意图

（a）运放的电压与电流；（b）理想运放的"虚短"和"虚断"

习 题 三

一、填空题

3-1 两个大小相等、方向相反的信号叫_____，两个大小相等、方向相同的信号叫_____。

3-2 差动放大电路的结构应对称,电阻阻值应_____。

3-3 差分放大电路能有效地抑制_____信号,放大_____信号。

3-4 共模抑制比 K_{CMR} 为_____之比,电路的 K_{CMR} 越大,表明电路_____能力越强。

3-5 差动放大电路的突出优点是_____。

3-6 差动放大电路用恒流源代替发射极公共电阻是为了_____。

3-7 理想运算放大器的开环差模电压放大倍数 A_{od} 为_____,输入阻抗 R_{id} 为_____,输出阻抗 R_{od} 为_____。

3-8 当差动放大器两边的输入电压为 $u_{i1}=4$ mV,$u_{i2}=-6$ mV,输入信号的差模分量为_____,共模分量为_____。

3-9 差动放大器两边的输入电压为 $u_{i1}=0.5$ V,$u_{i2}=-0.5$ V,差模电压放大倍数 $A_{ud}=100$,则输出电压为_____。

二、计算题

3-10 若差动放大电路中一输入端电压 $u_{i1}=3$ mV,试求下列不同情况下的差模分量与共模分量:

(1) $u_{i2}=3$ mV; (2) $u_{i2}=-3$ mV; (3) $u_{i2}=5$ mv; (4) $u_{i2}=-5$ mV。

3-11 若差动放大电路输出表示式为: $u_o=103u_{i2}-99u_{i1}$,求:

(1) 共模放大倍数 A_{uc}。

(2) 差模放大倍数 A_{ud}。

(3) 共模抑制比 K_{CMR}。

3-12 图 3-9 中所示的差动放大电路中,设 $\beta_1=\beta_2=\beta$,$r_{be1}=r_{be2}=r_{be}$。试求:

(1) 静态工作点 I_C、U_{CE}。

(2) 差模放大倍数 A_{ud} 和共模放大倍数 A_{uc}。

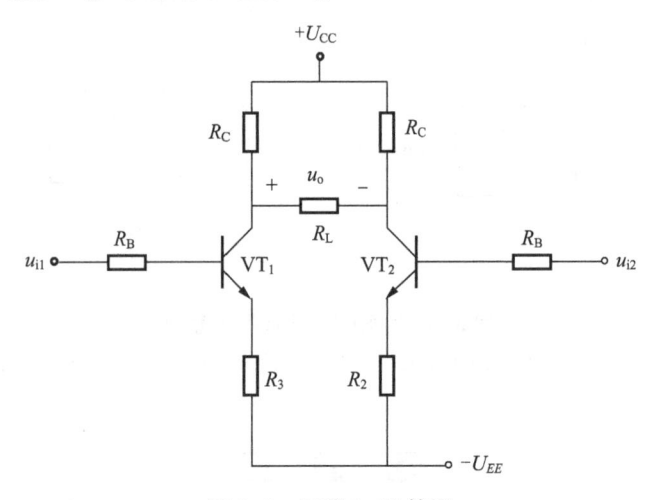

图 3-9 习题 3-12 的图

3-13 图 3-10 中所示电路可实现"零输入时零输出",即静态时输入端、输出端电位均为零。若三极管均为硅管,其 $U_{BE}=0.7$ V,$\beta=100$,求 R_C 之值。

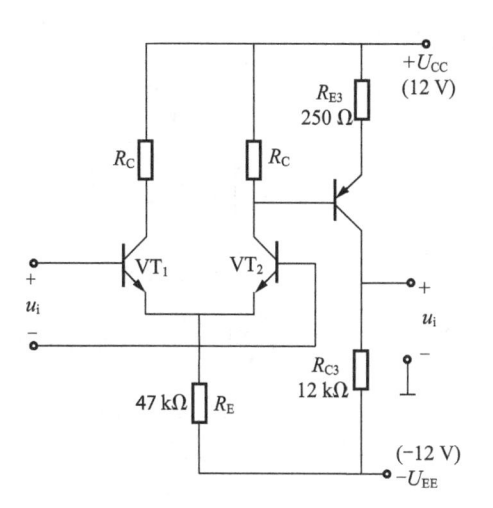

图 3-10 习题 3-13 的图

3-14 电路如图 3-11 所示，已知 VT_1、VT_2 的 $\beta_1=\beta_2=80$，$U_{BE1}=U_{BE2}=0.7$ V，$r'_{bb}=300$ Ω，试求：

(1) VT_1、VT_2 的静态工作点 I_C 及 U_{CE}。

(2) 差模电压放大倍数 $A_{ud}=\dfrac{u_o}{u_{id}}$。

(3) 差模输入电阻 R_{id} 和输出电阻 R_o。

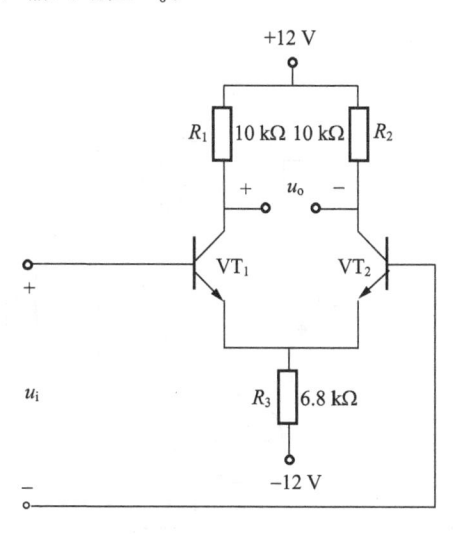

图 3-11 习题 3-14 的图

3-15 电路如图 3-12 所示，已知晶体管的 $\beta_1=\beta_2=100$，$r'_{bb}=300$ Ω，$U_{BE1}=U_{BE2}=0.7$ V。试求：

(1) VT_1、VT_2 的静态工作点 I_C 及 U_{CE}。

(2) 差模电压放大倍数 $A_{ud}=\dfrac{u_o}{u_{id}}$。

(3) 差模输入电阻 R_{id} 和输出电阻 R_o。

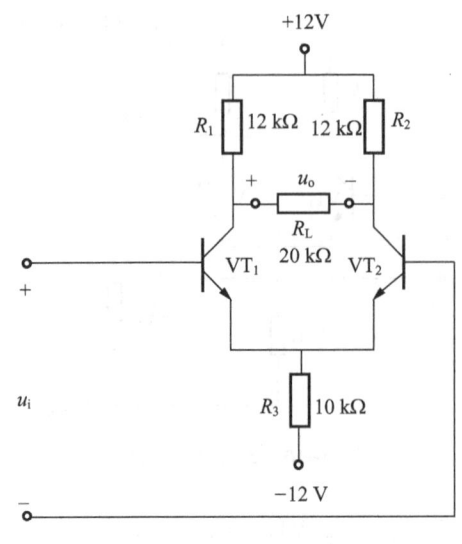

图 3-12 习题 3-15 的图

3-16 差分放大电路如图 3-13 所示，已知 $\beta=100$，试求：

(1) 静态 U_{C2}；

(2) 差模电压放大倍数 $A_{ud}=\dfrac{u_o}{u_{id}}$。

(3) 差模输入电阻 R_{id} 和输出电阻 R_o。

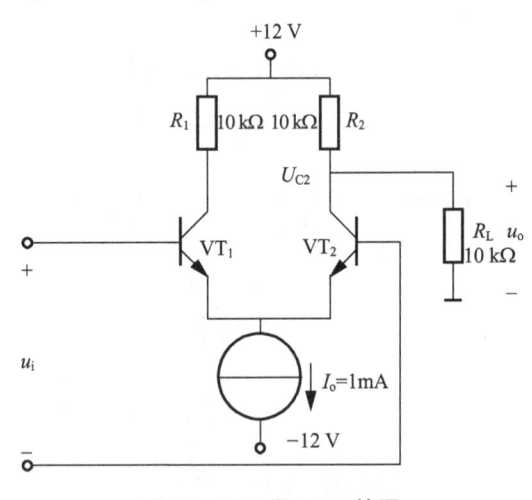

图 3-13 习题 3-16 的图

3-17 差分放大电路如图 3-14 所示，已知晶体管的 $\beta=100$，$r'_{bb}=200\ \Omega$，$U_{BE1}=0.7\ \text{V}$。试求：

(1) 静态 U_{C1}；

(2) 差模电压放大倍数 $A_{ud}=\dfrac{u_o}{u_{id}}$；

（3）差模输入电阻 R_{id} 和输出电阻 R_o。

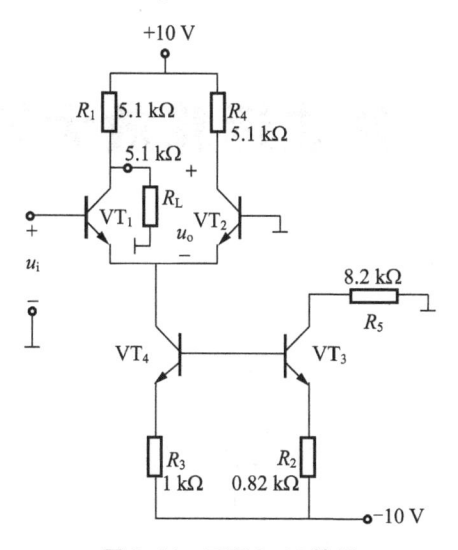

图 3-14 习题 3-17 的图

第四章 集成运算放大器的应用

集成运算放大器实质上是一个高增益的直接耦合放大器。它有开环和闭环两种工作方式，其中闭环工作方式有负反馈闭环与正反馈闭环。线性工作时都接成负反馈闭环方式，正反馈闭环则多用于比较器与波形产生电路。

运算电路是集成运算放大器最基本的应用电路。本章首先讨论了比例、加法、减法、微分、积分等模拟运算电路；然后介绍了电压比较器；最后介绍了集成运算放大器在使用中的注意事项及使用技巧。

集成运算放大器的用途十分广泛，本章所讨论的只是最基本的和最常见的应用电路。通过对这些应用电路的分析，掌握基本工作原理，可以启发思路，举一反三，为理解更复杂的电路及灵活使用集成运算放大器打下基础。

第一节 理想运算放大器

利用集成运放作为放大电路，引入各种不同的反馈，使运放工作在不同的区域，就可以构成具有不同功能的实用电路。在分析各种应用电路时，根据运算放大器本身的性能特点，通常都将集成运放的性能指标理想化，即将其看成为理想运放。尽管集成运放的应用电路多种多样，但就其工作区域却只有两个。在电子电路中，它们不是工作在线性区，就是工作在非线性区。

一、理想运算放大器工作在线性区的特点

当集成运放电路引入负反馈时，集成运放工作在线性区。对于单个的集成运放，通过无源的反馈网络将集成运放的输出端与反相输入端连接起来，就表明电路引入了负反馈，如图 4-1 所示，引入负反馈是集成运放工作在线性区的基本特征。

图 4-1 集成运放引入负反馈

工作在线性放大状态的理想运放具有"虚短"和"虚断"两个重要特点。

二、理想运算放大器工作在非线性区的特点

集成运放在应用过程中若处于开环状态即没有引入反馈,或只引入了正反馈,则表明集成运放工作在非线性区。

对于理想运放,由于 $A_{od} \rightarrow \infty$,只要同相输入端与反相输入端之间有无穷小的差值电压,输出电压就将达到正最大值或负的最大值,即输出电压 u_o 与输入电压 ($u_+ - u_-$) 不再是线性关系,称集成运放工作在非线性工作区,其电压传输特性如图4-2所示。

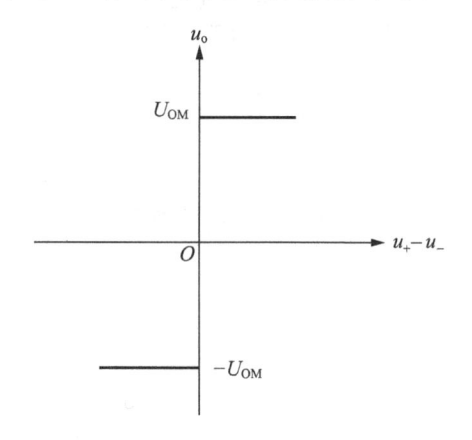

图4-2 集成运放工作在非线性区时的电压传输特性

理想运放工作在非线性区的两个特点是:
(1) 输出电压 u_o 只有两种可能的情况:

当 $u_+ > u_-$ 时,$u_o = +U_{om}$;

当 $u_+ < u_-$ 时,$u_o = -U_{om}$。

(2) 由于理想运放的 $R_{id} \rightarrow \infty$,则有 $i_+ = i_- = 0$,即输入端几乎不取用电流。

由此可见,理想运放工作在非线性区时具有"虚断"的特点,但其净输入电压不再为零,而取决于电路的输入信号。对于运放工作在非线性区的应用电路,上述两个特点是分析其输入信号和输出信号关系的基本出发点。

第二节 集成运算放大器的线性应用

集成运放的应用首先表现在它能构成各种运算电路图,并因此而得名。集成运放的线性应用于各种运算电路、放大电路等。在运算电路中,以输入电压作为自变量,以输出电压作为函数;当输入电压变化时,输出电压将按一定的数学规律变化,即输出电压反映输入电压某种运算的结果,因此集成运放必须工作在线性区。在深度负反馈条件下,利用反馈网络能实现如比例、加减、积分、微分、指数、对数及乘除等数学运算。

一、比例运算电路

数学中 $y = kx$ (k 为比例常数)称为比例运算。在电路中则可通过 $u_o = ku_i$ 来模拟这种运

算，比例常数 k 为电路的电压放大系数 A_{uf}。

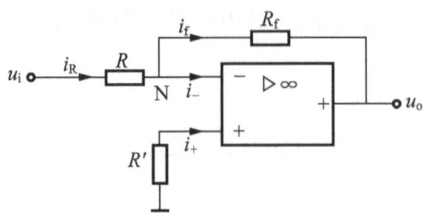

1. 反相比例运算电路

反相比例运算电路如图 4-3 所示，图中 R_f 是反馈电阻，引入了电压并联负反馈，R 是计及信号源内阻的输入回路电阻。由 R_f 和 R 共同决定反馈的强弱。R' 为补偿电阻，以保证集成运放输入级差分放大电路的对称性，其值为 $u_i = 0$（即输入端接地）时反相输入端总等效电阻，即 $R' = R /\!/ R_f$。

图 4-3 反相比例运算电路

根据理想运放的特点有如下结论：

$$u_+ = u_- = 0 \tag{4-1}$$

$$i_+ = i_- = 0 \tag{4-2}$$

节点 N 的电流方程为

$$i_R = i_f + i_- = 0$$

$$\frac{u_i - u_-}{R} = \frac{u_- - u_o}{R_f} + 0$$

由于 N 点为虚地，整理得出：

$$u_o = -\frac{R_f}{R} \cdot u_i \tag{4-3}$$

即 u_o 与 u_i 呈比例关系，比例系数为 $-R_f/R$，负号表示 u_o 与 u_i 反相，比例系数的数值可以是大于、等于和小于 1 的任何值。若 $R = R_f$，则构成一个反相器。

例 4-1 由理想集成运算放大器所组成的放大电路如图 4-4 所示，试求 u_o 与 u_i 之比值。

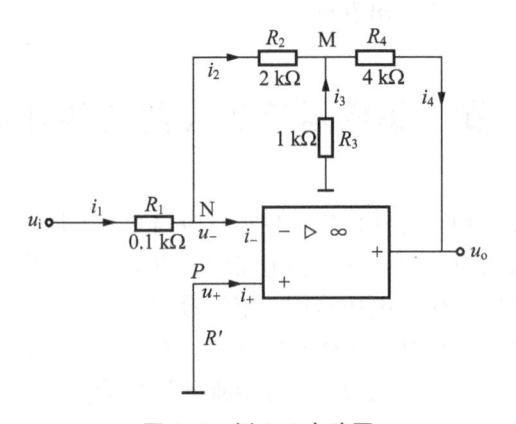

图 4-4 例 4-1 电路图

解：根据理想运放工作在线性区的特点，N 点为虚地，则有：

$$\frac{u_i}{R_1} = \frac{-u_M}{R_2}$$

即

$$u_M = -\frac{R_2}{R_1} \cdot u_i$$

而流过 R_3 和 R_4 的电流为

$$i_3 = -\frac{u_M}{R_3} = \frac{R_2}{R_1 R_3} u_i$$

$$i_4 = i_2 + i_3$$

输出电压

$$u_o = -i_2 R_2 - i_4 R_4$$

将各电流表达式代入上式，整理可得

$$\frac{u_o}{u_i} = -\frac{R_2 + R_4}{R_1}\left[1 + \frac{R_2 \cdot R_4}{(R_2 + R_4) \cdot R_3}\right] = -140$$

图 4-4 电路中 R_2、R_3、R_4 构成一 T 形网络电路，可用来提高反相比例运算电路的输入电阻，即在 R 较大的情况下，保证有足够大的比例系数，同时反馈网络的电阻也不需很大。

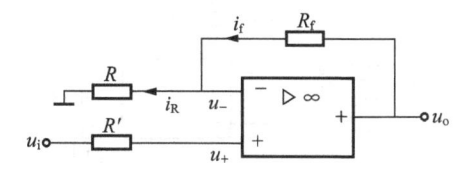

2. 同相比例运算电路

同相比例运算电路如图 4-5 所示。电路引入了电压串联负反馈。

图 4-5 同相比例运算电路

根据"虚短"和"虚断"的概念，有：

$$u_+ = u_- = u_i$$

而 $i_R = i_f$，则有：

$$\frac{u_- - 0}{R} = \frac{u_o - u_-}{R_f}$$

即

$$u_o = \left(1 + \frac{R_f}{R}\right) u_-$$

$$= \left(1 + \frac{R_f}{R}\right) u_+$$

$$= \left(1 + \frac{R_f}{R}\right) u_i \tag{4-4}$$

式（4-4）表明 u_o 与 u_i 同相且 u_o 大于 u_i。

应特别注意，同相比例运算电路中反相输入端 N 不是虚地点，由于 $u_+ = u_- = u_i$，即共模电压等于输入电压。

由式（4-4）不难看出，若将 R 开路即 $R \to \infty$ 时，只要 R_f 为有限值（包括零），则

$u_o = u_i$。说明 u_o 与 u_i 大小相等，相位相同，这就构成了电压跟随器。图 4-6 所示便是电压跟随器的典型电路。由于集成运放性能优良，用它构成的电压跟随器不仅精度高，而且输入电阻大、输出电阻小，通常用作阻抗变换器和缓冲级。

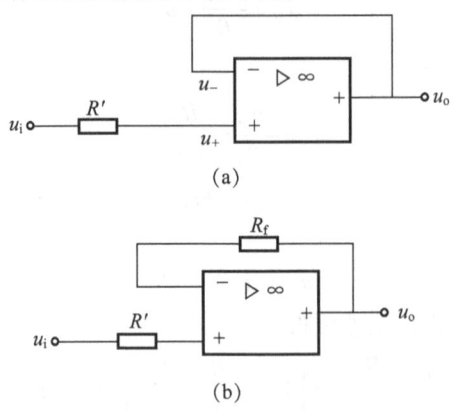

图 4-6 电压跟随器

例 4-2 在图 4-7 所示由理想集成运算放大器所构成的电路中，若 $R_1 = R_f$、$R_2 = R_3$，求输出电流 i_L 与输入电压 u_i 的关系。

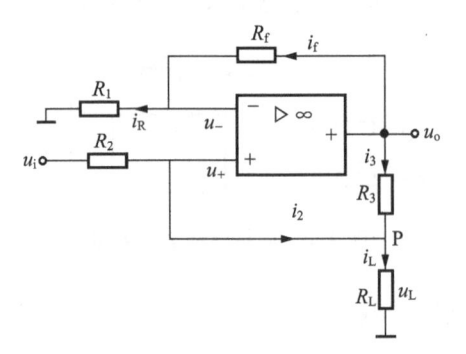

图 4-7 例 4-2 的电路

解：比较图 4-7 和图 4-5 所示电路不难发现，它们都是同相比例运算电路。利用式 (4-4) 和节点 P 的电流方程则有：

$$u_o = \left(1 + \frac{R_f}{R_1}\right) u_+ = \left(1 + \frac{R_f}{R_1}\right) u_L \tag{4-5}$$

$$i_L = i_2 + i_3 = \frac{u_i - u_L}{R_2} + \frac{u_o - u_L}{R_3} \tag{4-6}$$

将式 (4-5) 代入式 (4-6) 得：

$$i_L = \frac{u_i - u_L}{R_2} + \frac{\left(1 + \frac{R_f}{R_1}\right) u_L - u_L}{R_3} = \frac{u_i}{R_2}$$

由此可见，负载中电流 i_L 与输入电压 u_i 成正比，所以图 4-7 所示电路可作为电压-电流变换器。

二、加、减运算电路

实现多个输入信号按各自不同的比例求和或求差的电路统称为加减运算电路,若所有输入信号均作用于集成运放的同一个输入端,则实现加法运算;若一部分输入信号作用于同相输入端,而另一部分输入信号作用于反相输入端或将多个运放组合起来应用则能实现加、减运算。

1. 求和运算电路

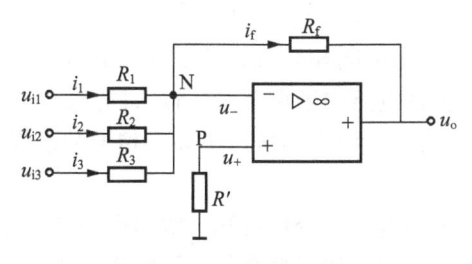

1)反相求和运算电路

反相求和运算电路的多个输入信号均作用于集成运放的反相输入端,图 4-8 是实现三个输入电压反相求和运算的电路。

图中的平衡电阻

$$R' = R_1 // R_2 // R_3 // R_f \tag{4-7}$$

根据电路结构和"虚地"概念,得出

$$u_+ = u_- = 0$$

反相输入端 N 点为零电位。

根据节点电流定律,有

$$i_f = i_1 + i_2 + i_3 \tag{4-8}$$

即有

$$\frac{-u_o}{R_f} = \frac{u_{i1}}{R_1} + \frac{u_{i2}}{R_2} + \frac{u_{i3}}{R_3}$$

所以

$$u_o = -\left(\frac{R_f}{R_1}u_{i1} + \frac{R_f}{R_2}u_{i2} + \frac{R_f}{R_3}u_{i3}\right) \tag{4-9}$$

从而实现了 u_{i1}、u_{i2}、u_{i3} 按一定比例反相相加,比例系数取决于反馈电阻与各输入回路电阻之比值,而与集成运算放大器本身参数无关,而稳定性极高。

若取 $R_1 = R_2 = R_3 = R$,有

$$u_o = -\frac{R_f}{R}(u_{i1} + u_{i2} + u_{i3})$$

若又满足 $R_f = R$ 时,则

$$u_o = -(u_{i1} + u_{i2} + u_{i3})$$

如果在图 4-8 的输出端再接一般反相器,应可以消去负号,实现完全符合常规的算术加法运算。

图 4-8 反相求和运算电路

对于多输入的电路除了用上述节点电流法求解运算关系外,还可以利用叠加定理得到所有信号共同作用时输出电压与输入电压的运算关系。

2) 同相求和运算电路

当多个输入信号同时作用于集成运放的同相输入端时,应构成同相求和运算电路,如图 4-9 所示。

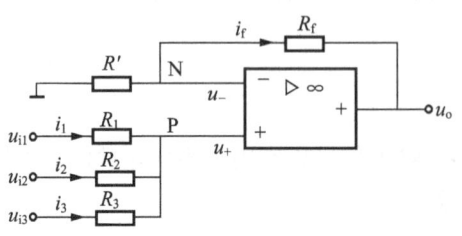

图 4-9 同相求和运算电路

由于 $u_o = (1+R_f/R')u_+$,只要能求出 u_+ 与 u_{i1}、u_{i2}、u_{i3} 之间的关系,便能得到 u_o 与 u_{i1}、u_{i2}、u_{i3} 之间关系。

根据"虚断"概念,于是有

$$i_1+i_2+i_3=0$$

即有

$$\frac{u_{i1}-u_+}{R_1}+\frac{u_{i2}-u_+}{R_2}+\frac{u_{i3}-u_+}{R_3}=0$$

移项整理可得

$$u_+ = \frac{1}{\frac{1}{R_1}+\frac{1}{R_2}+\frac{1}{R_3}}\left(\frac{u_{i1}}{R_1}+\frac{u_{i2}}{R_2}+\frac{u_{i3}}{R_3}\right)$$

$$= (R_1 /\!/ R_2 /\!/ R_3)\left(\frac{u_{i1}}{R_1}+\frac{u_{i2}}{R_2}+\frac{u_{i3}}{R_3}\right)$$

考虑至平衡条件应满足

$$R_1 /\!/ R_2 /\!/ R_3 = R' /\!/ R_f \tag{4-10}$$

$$\begin{aligned} u_o &= \left(1+\frac{R_f}{R'}\right)u_+ \\ &= \left(1+\frac{R_f}{R'}\right)(R' /\!/ R_f)\left(\frac{u_{i1}}{R_1}+\frac{u_{i2}}{R_2}+\frac{u_{i3}}{R_3}\right) \\ &= R_f\left(\frac{u_{i1}}{R_1}+\frac{u_{i2}}{R_2}+\frac{u_{i3}}{R_3}\right) \end{aligned} \tag{4-11}$$

从而实现了 u_{i1}、u_{i2}、u_{i3} 按一定比例同相相加,比例系数也是取决于反馈电阻与各输入回路电阻之比值。但在同相加法运算电路中若调节某一输入回路以改变该路的比例系数时,还必须改变 R' 以满足式(4-10)的平衡要求,所以不如反相求和运算电路调节方便。

2. 加减运算电路

由比例运算电路、求和运算电路的分析可知,输出电压与反相输入端信号极性相反,与同相输入端输入电压极性相同,因而如果多个信号同时作用于两个输入端时那么必然可以实现加减运算。

图 4-10 所示为四个输入的加减运算电路。图中
$$R_1 /\!/ R_2 /\!/ R_f = R_3 /\!/ R_4 /\!/ R'$$
以满足平衡条件要求。

利用叠加定理很容易求得 u_o 与 u_{i1}、u_{i2}、u_{i3} 和 u_{i4} 之间的关系。

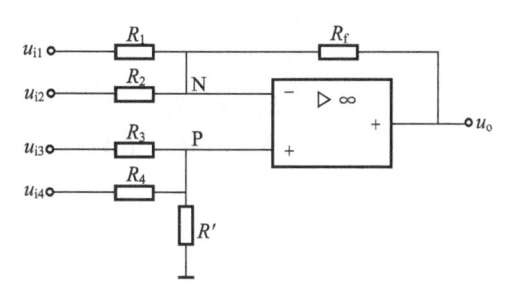

图 4-10　四个输入的加减运算电路

当 u_{i3}、u_{i4} 短路时
$$u_{o1} = -R_f \left(\frac{u_{i1}}{R_1} + \frac{u_{i2}}{R_2} \right) \tag{4-12}$$

当 u_{i1}、u_{i2} 短路时
$$u_{o2} = R_f \left(\frac{u_{i3}}{R_3} + \frac{u_{i4}}{R_4} \right) \tag{4-13}$$

当 u_{i1}、u_{i2}、u_{i3}、u_{i4} 共同作用时
$$u_o = u_{o1} + u_{o2} = \left(\frac{u_{i1}}{R_3} + \frac{u_{i2}}{R_4} - \frac{u_{i1}}{R_1} - \frac{u_{i2}}{R_2} \right) R_f \tag{4-14}$$

若又满足 $R_f = R_1 = R_2 = R_3 = R_4$ 时则
$$u_o = u_{i3} + u_{i4} - u_{i1} - u_{i2} \tag{4-15}$$

从而实现了加、减法运算。如果电路有两个输入，且参数对称，如图 4-11 所示，则
$$u_o = \frac{R_f}{R} (u_{i2} - u_{i1}) \tag{4-16}$$

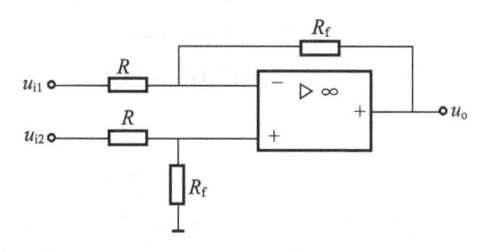

图 4-11　只有两个输入的加、减运算电路

电路实现了对输入差模信号的比例运算，此种形式的电路广泛用于测量电路和自动控制系统中，用它来对两输入信号的差值进行放大而不反映输入信号本身的大小。

在使用单个集成运放构成加减运算电路时存在两个缺点，一是电阻的选取和调整不方

便，二是对于每个信号源，输入电阻均较小。因此，必要时可采用两级电路。

例 4-3 设计一个运算电路，要求输出电压和输入电压的运算关系式为 $u_o = 10u_{i1} - 5u_{i2} - 4u_{i3}$。

解： 根据已知的运算关系式，当采用单个集成运放构成电路时，u_{i1} 应作用于同相输入端，而 u_{i2} 和 u_{i3} 应作用于反相输入端，电路如图 4-12 所示。

现选取 $R_f = 100 \text{ k}\Omega$，若 $R_2 /\!/ R_3 /\!/ R_f = R_1 /\!/ R_4$，则

$$u_o = R_f \left(\frac{u_{i1}}{R_1} + \frac{u_{i2}}{R_2} - \frac{u_{i3}}{R_3} \right)$$

因为 $R_f/R_1 = 10$，故 $R_1 = 10 \text{ k}\Omega$；$R_f/R_2 = 5$，则 $R_2 = 20 \text{ k}\Omega$。同理，$R_3 = 25 \text{ k}\Omega$。

而 $\frac{1}{R_3} + \frac{1}{R_2} + \frac{1}{R_f} = \frac{1}{R_4} + \frac{1}{R_1}$，可得

$$\frac{1}{R_4} = 0 \text{ k}\Omega^{-1}$$

则 $R_4 \to \infty$。故可省去 R_4。所设计电路如图 4-13 所示。

如果采用两级电路来实现也可以有多种方法如图 4-14。电路中电阻参数由读者自己决定，如对输入电阻有要求也可采用同相输入方式。若采用反相输入方式则电阻参数容易确定。

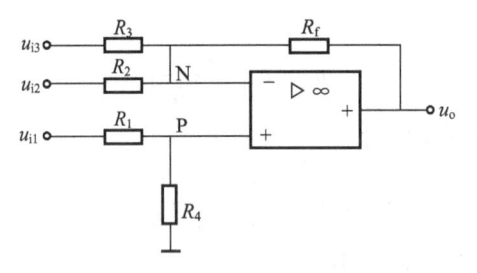

图 4-12 例 4-3 的电路

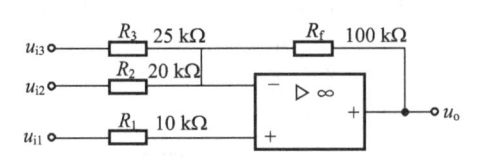

图 4-13 例 4-3 的实际电路

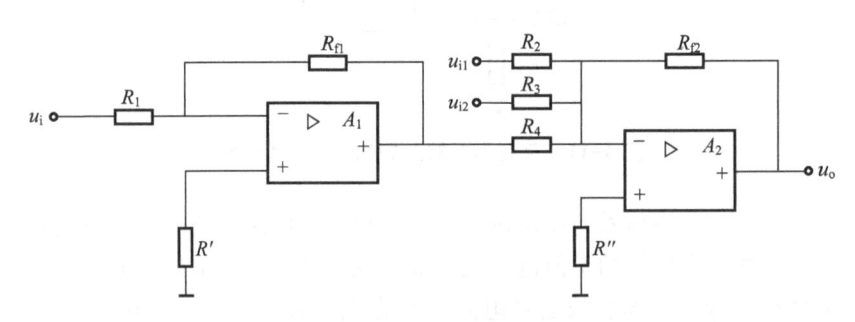

图 4-14 用两级运算实现例 4-3 的电路

例 4-4 图 4-15 所示电路中的集成运放 A_1、A_2 都具有理想特性，试求输出电压的表达式。当满足平衡条件时，R' 和 R'' 各等于多少？

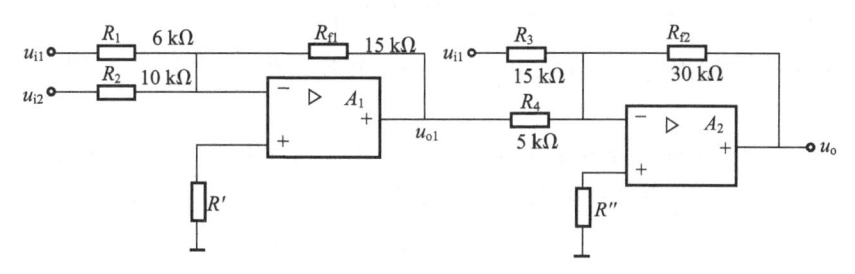

图 4-15 例 4-4 的电路

解：利用叠加定理分别求出 u_{o1}、u_o

$$u_{o1} = -R_{f1}\left(\frac{u_{i1}}{R_1} + \frac{u_{i2}}{R_2}\right)$$

$$u_o = -R_{f2}\left(\frac{u_{o1}}{R_4} + \frac{u_{i3}}{R_3}\right)$$

所以

$$u_o = R_{f2}\left[\frac{R_{f1}}{R_4}\left(\frac{u_{i1}}{R_1} + \frac{u_{i2}}{R_2}\right) - \frac{u_{i3}}{R_3}\right]$$

$$= 15u_{i1} + 9u_{i2} - 2u_{i3}$$

当满足平衡条件时，同相输入端和反相输入端对地等效电阻相等，所以

$$R' = R_1 // R_2 // R_{f1} = 3 \text{ (k}\Omega\text{)}$$

$$R'' = R_3 // R_4 // R_{f2} = 3.3 \text{ (k}\Omega\text{)}$$

三、微分和积分运算电路

微分和积分运算互为逆运算，在自控系统中，常用微分电路和积分电路作为调节环节；此外它们还广泛应用于波形的产生和变换以及仪器仪表中。以集成运放作为放大器，用电阻和电容作为反馈网络，利用电容器充电电流与其端电压的关系，可以实现微分和积分运算。

1. 微分运算电路

如果将反相比例运算电路中 R 换以电容 C，则构成微分运算的基本电路形式，如图 4-16 所示。

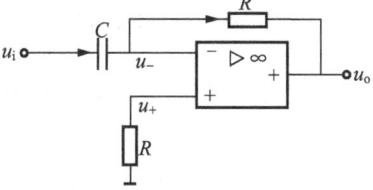

图 4-16 微分运算电路

由"虚短"和"虚断"概念可知，流过电容 C 和反馈电阻 R 中的电流相等，其值为

$$i = C \cdot \frac{du_i}{dt} \tag{4-17}$$

输出电压 u_o 为

$$u_o = -iR = -RC \cdot \frac{du_i}{dt} \tag{4-18}$$

式（4-18）表明输出电压与输入电压的微分成正比，RC 为微分时间常数，负号表示 u_o 与 u_i 反相。

图 4-17 是一个实用的微分运算电路，图中 R_1 限制输入电流，并联的稳压二极管起限制输出电压的作用，电容 C_1 起相位补偿作用，提高电路的稳定性。

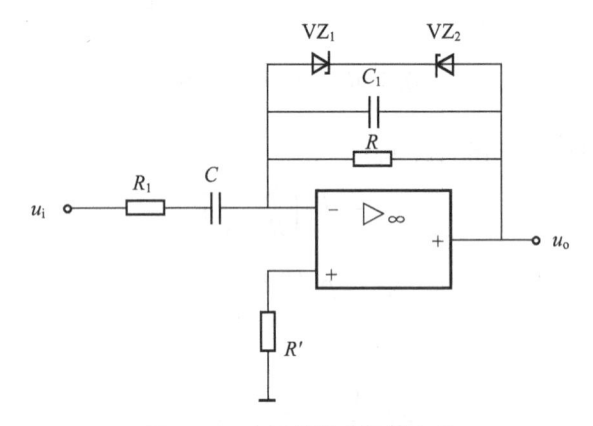

图 4-17 实用的微分运算电路

微分运算电路除作为微分运算外，在脉冲数字电路中常用作波形变换。例如将矩形波变换为尖顶脉冲波。

2. 积分运算电路

积分运算电路是将微分运算电路中的电阻和电容交换位置而构成的，如图 4-18 所示。

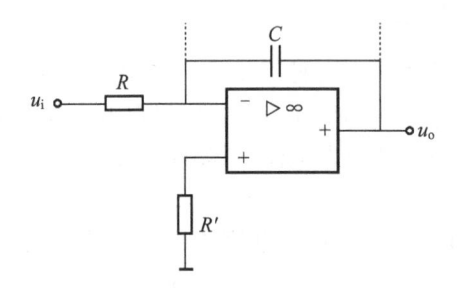

图 4-18 积分运算电路

利用"虚短"和"虚断"概念并设电容 C 上的初始电压为零，则电容 C 将以电流 $i = u_i/R$ 进行充电。于是

$$\begin{aligned}u_o &= -u_C = -\frac{1}{C}\int i \cdot dt \\ &= -\frac{1}{RC}\int u_i \cdot dt\end{aligned} \tag{4-19}$$

式（4-19）表明，输出电压与输入电压的积分成正比。负号表示 u_o 与 u_i 的相位相反。

运算放大器除了可以实现比例、加减、微分、积分等数学运算外，若改变反馈网络中元件的性质及将各种运算电路进行不同的组合还可实现指数运算、对数运算、乘除运算及乘方运算、开方运算等。

第三节　集成运算放大器的非线性应用——电压比较器

电压比较器是用来对输入信号（被测信号）u_i 和给定参考电压（基准电压）u_{REF} 进行比较，并根据比较结果输出相应的高电平电压 U_{oM} 或低电平电压 $-U_{oM}$，不输出中间其他数值电压的电子装置。实际上也是把模拟信号的放大电路和逻辑电平的变换电路结合在一起的一种电路。所以它也是模拟量与数字量的接口电路，主要用于电平比较，因此，在自动控制、测量、波形产生、变换和整形等方面，电压比较器都有广泛的用途。

只有一个门限电压的比较器称为单限比较器。有过零比较器和一般单限比较器两种。

1. 过零比较器

所谓过零比较器就是参考电压为零。将比较电压（输入信号）和零参考电压（基准电压）在输入端进行比较，输出端得到比较后的电压。电路如图 4-19 所示。

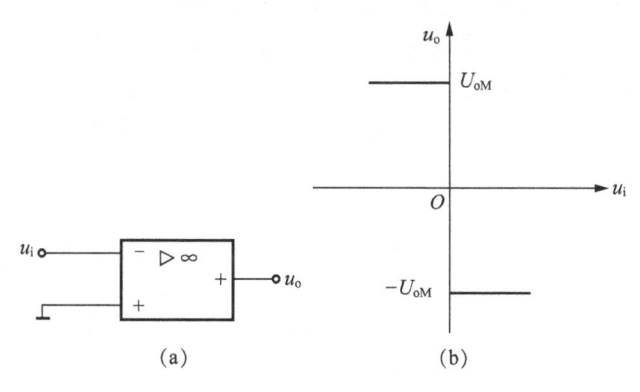

图 4-19　过零比较器及其电压传输特性
（a）过零比较器；（b）电压传输特性

集成运放工作在开环状态，根据运放工作在非线性的特点，输出电压为 $\pm U_{oM}$。当输入电压 $u_i<0$ 时，$u_o=+U_{oM}$；当 $u_i>0$ 时 $u_o=-U_{oM}$。因此，电压传输特性如图 4-19（b）所示。若想获得 u_o 跃变方向相反的电压传输特性，则应在图 4-19（a）中将反相输入端接地，而在同相输入端接输入电压。

为了限制集成运放的差模输入电压，保护其输入级，可加二极管限幅电路，如图 4-20 所示。

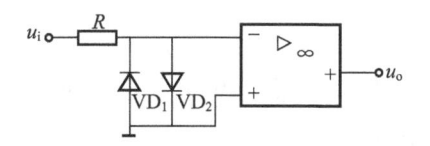

图 4-20　电压比较器输入级的保护电路

在实用电路中为了满足负载的需要，常在集成运放的输出端加稳压管限幅电路，从而获得合适的 U_{oL} 和 U_{oH}，如图 4-21（a）所示。图中 R 为限流电阻，两只稳压管的稳定电压均应小于集成运放的最大输出电压 U_{oM}。限幅电路的稳压管可接在集成运放的输出端和反相输入端之间，如图 4-21（b）所示。

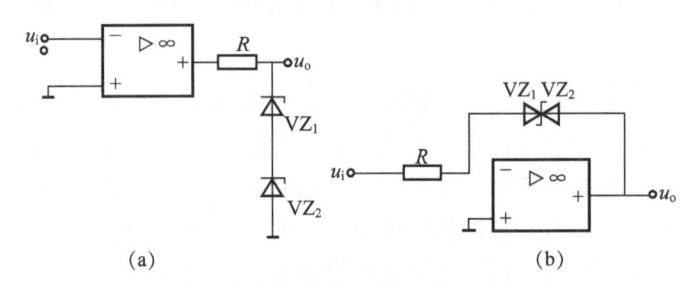

图 4-21 电压比较器的输出限幅电路

2. 一般单限比较器

图 4-22（a）所示的电路是一般单限比较器，U_{REF} 为外加参考电压。集成运放的反相输入端接信号 u_i，同相输入端接参考电压 U_{REF}。由于 $A_{od} \to \infty$，所以当 $u_- < u_+$ 时，$u_i < U_{REF}$，$u_o = A_{od}(u_+ < u_-)$ 理应为无穷大，但受电源电压的限制，u_o 只能为正极限值 u_{oM}，即 $U_{oH} = U_{oM}$；反之，当 $u_- > u_+$ 时，u_o 为负极限值，即 $U_{oL} = -U_{oM}$。其传输特性如图 4-22（b）实线所示。

如果将参考电压 U_{REF} 与 u_i 的输入端互换，即可得到比较器的另一条传输特性，如图 4-22（b）中的虚线所示。

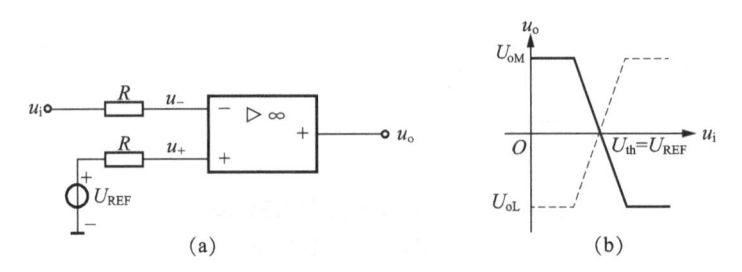

图 4-22 一般单限比较器及其电压传输特性
（a）一般单限比较器；（b）电压传输特性

例 4-5 单限比较器如图 4-23（a）所示。已知 VZ_1 和 VZ_2 的稳定电压 $U_{Z1} = U_{Z2} = 5\text{ V}$，正向压降 $U_{D1(ON)} = U_{D2(ON)} \leq 0.3\text{ V}$，$R_1 = 30\text{ k}\Omega$，$R_2 = 10\text{ k}\Omega$，参考电压 $U_{REF} = 2\text{ V}$。若输入电压 $u_i = 3\sin\omega t\text{ V}$，试画出输出电压的波形。

解：在电路中，根据"虚短"和"虚断"的概念，利用叠加定理，集成运放反相输入端的电位为

$$u_- = \frac{R_1}{R_1+R_2} \cdot u_i + \frac{R_2}{R_1+R_2} \cdot U_{REF}$$

令 $u_- = u_+ = 0$，则求出门限电压

$$U_{th} = -\frac{R_2}{R_1} \cdot U_{REF} = -1 \text{ （V）}$$

即 u_i 在 $U_{th} = -1$ V 附近稍有变化时，电路就会发生翻转，输出电压为 $u_{oH} = U_{Z1} + U_{D2(ON)} = 5.3$ (V)，当 $u_i > U_{th} = -1$ V 时，输出电压为 $U_{oL} = (-U_{Z2}) + [-U_{D1(ON)}] = -5.3$ V。根据以上分析结果和 $u_i = 3\sin\omega t$ V 波形，可画出输出波形如图 4-23（b）所示。

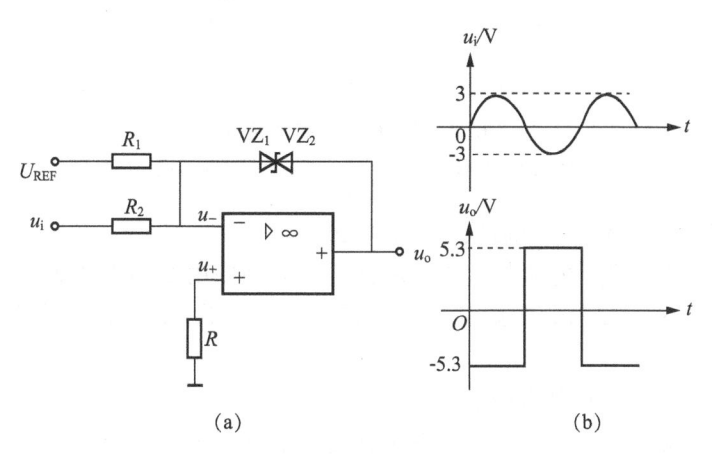

图 4-23 例 4-5 的输入、输出电压波形

通过上例分析，得出分析电压比较器传输特性的方法是：首先研究集成运放输出端所接等于零时的门限电压的限幅电路来确定电压比较器的输出电压；其次写出集成运放同相输入端和反相输入 U_{th}；最后，u_o 在 u_i 过 U_{th} 时的跃变方向决定于 u_i 作用于集成运放的哪个输入端。当 u_i 从反相输入端输入时，$u_i < U_{th}$，$u_o = U_{oH}$；$u_i > U_{th}$ 时，$u_o = U_{oL}$。u_i 从同相输入端输入时，则相反。

*第四节　集成运算放大器应用时的注意事项

本节将对使用运放时应注意的问题，运放的保护措施及运放的使用技巧等方面做一简单的介绍。

一、使用时应注意的问题

（1）根据实用电路要求，选择合适型号。

集成运算放大器的品种繁多，按其性能不同来分类，除高增益的通用型集成运放外，还有高输入阻抗、低漂移、低功耗、高速、高压、高精度和大功率等各种专用型集成运放。要根据实用电路的要求和整机特点，查阅集成运放有关资料，选择额定值、直流参数和交流特性参数都符合要求的集成运放。

（2）按各类运放的外形结构特点、型号和管脚标记，看清它的引线，明了各管脚的作用，正确进行连线。

目前集成运放的常见封装方式有金属壳封装和双列直插式封装，外形如图 4-24 所示。而且以后者居多。双列直插式有 8、10、12、14、16 管脚等种类。虽然它们的外引线排列日趋标准化，但各制造商仍略有区别。因此，使用前必须查阅有关资料，以便正确连线。

图 4-24 集成电路的外形

(a) 金属壳集成电路的外形；(b) 双列直插式集成电路的外形

（3）使用前应对所选的集成运放进行参数测量。

使用运放之前往往要用简易测试法判断其好坏，例如用万用表欧姆挡（"×100 Ω"或"×10 Ω"）对照管脚测试有无短路和断路现象，必要时还可采用测试设备测量运放的主要参数。

（4）要注意调零及消除自激振荡。

由于失调电压及失调电流的存在，输入为零时输出往往不为零，此时一般需外加调零电路。

为防止电路产生自激振荡，应在运放电源端加上去耦电容，有的运放还需外接频率补偿电路。

二、运放的使用技巧

每一种型号的运算放大器都有它确定的性能指标，但在某些具体场合使用时，可能某一项或两项指标不满足使用要求。在这种情况下我们可以在运放的外围附加一些元件，来提高电路的某些指标，这就是运放的使用技巧。

1. 提高输出电压

除高压运放外，一般运放的最大输出电压在供电电压为±15 V 时仅有±12 V 左右。这在高保真音响电路和自动控制电路中均不能满足要求。这时可采用提高输出电压的方法将输出电压幅度扩展。图 4-25 是最简单扩展输出电压的方法。

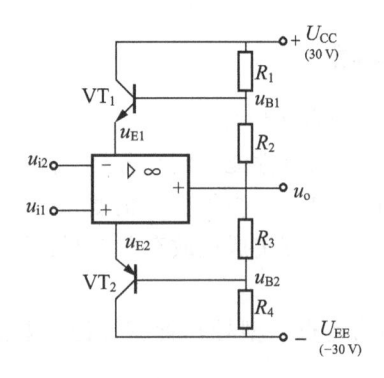

图 4-25 简单输出扩展电压电路

2. 增大输出电流

集成运放的输出电流一般在±10 mA 以下，要想扩大输出电流，最简单的方法是在运放输出加一级射极输出器。图 4-26 为双极性输出时的电流扩展电路。当输出电压为正时，VT₁ 导通，VT₂ 截止；输出电压为负时，VT₁ 截止，VT₂ 导通。由于有射极输出器的电流放大作用，使输出电流得到扩展。电路中两只二极管的作用是给 VT₁、VT₂ 提供合适的直流偏压，以消除交越失真。

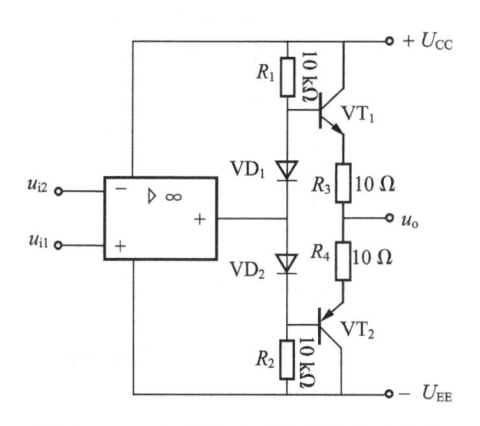

图 4-26 双极性输出时的电流扩展电路

习 题 四

4-1 电路如图 4-27 所示，集成运放输出电压的最大幅值为 ±13 V，填表 4-1。

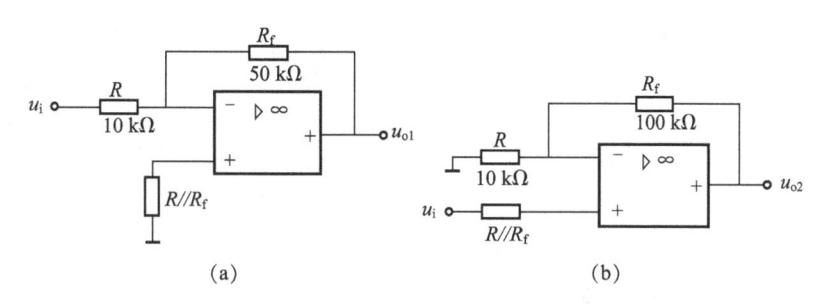

图 4-27 习题 4-1 的图

表 4-1 习题 4-1 的表

u_i/V	0.01	0.1	0.5	1.0	1.5
u_{o1}/V					
u_{o2}/V					

4-2 设计一个比例运算电路，要求输入电阻 R_i = 10 kΩ，比例系数为 -100。

4-3 电路如图 4-28 所示，试求：
（1）输入电阻。
（2）比例系数。

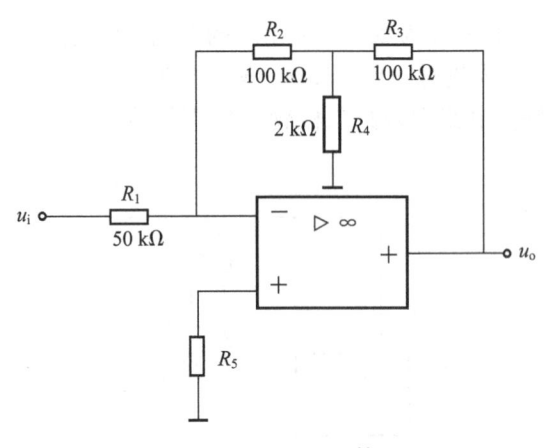

图 4-28 习题 4-3 的图

4-4 电路如图 4-28 所示，集成运放输出电压的最大值为 ±13 V，u_i 为 2 V 的直流信号。分别求出下列各种情况下的输出电压。

(1) R_2 短路；
(2) R_3 短路；
(3) R_4 短路；
(4) R_4 断路。

4-5 试求图 4-29 所示各电路输出电压与输入电压的运算关系式。

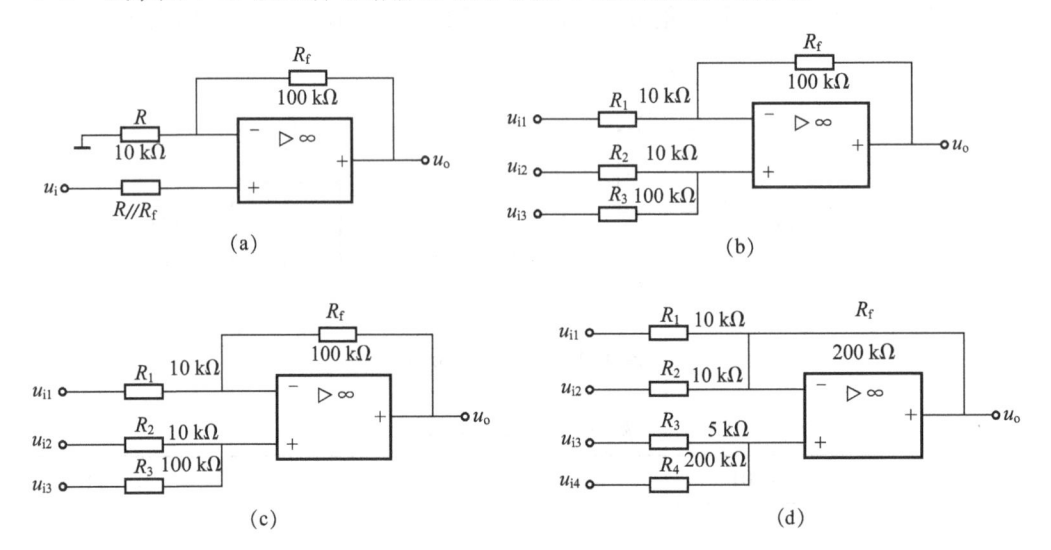

图 4-29 习题 4-5 的图

4-6 电路如图 4-30 所示。
(1) 写出 u_o 与 u_{i1}、u_{i2} 的运算关系式。
(2) 当 R_P 的滑动端在最上端时，若 $u_{i1} = 10$ mV，$u_{i2} = 20$ mV，则 $u_o = ?$
(3) 若 u_o 的最大幅值为 ±14 V，输入电压最大值 $u_{i1max} = 10$ mV，$u_{i2max} = 20$ mV，为了保证集成运放工作在线性区，R_2 的最大值为多少？

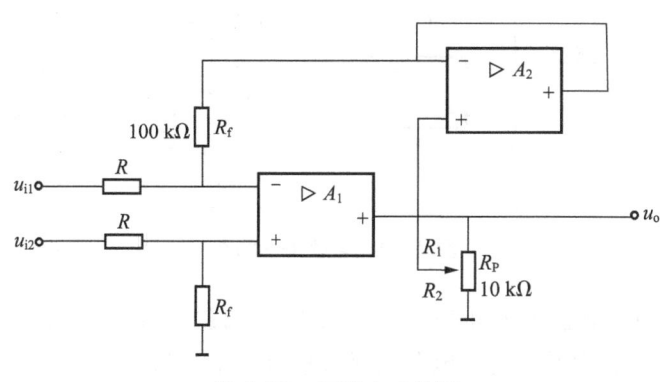

图 4-30 习题 4-6 的图

4-7 在图 4-31 所示电路中，已知输入电压 u_i 的波形如图 4-31（b）所示，当 $t=0$ 时，$u_o=0$，试画出 u_o 的波形。

(a)　　　　(b)

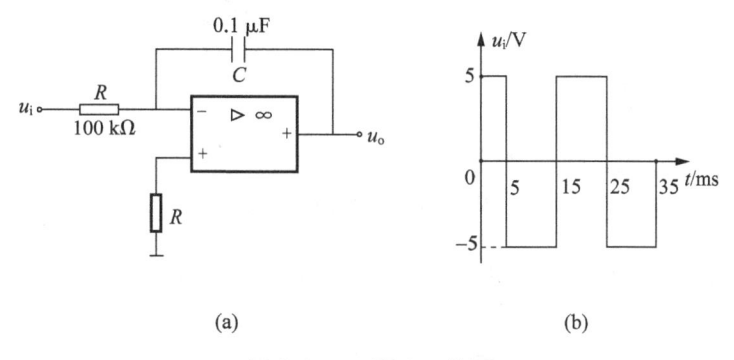

图 4-31 习题 4-7 的图

4-8 在图 4-32 所示电路中，已知 $R_1=R=R'=100\ \text{k}\Omega$，$R_2=R_f=100\ \text{k}\Omega$，$C=1\ \mu\text{F}$。
（1）试求出 u_o 与 u_i 的运算关系。
（2）设当 $t=0$ 时 $u_o=0$，且 u_i 由零跃变为 -1 V，试求 u_o 由 0 上升到 ± 6 V 所需的时间。

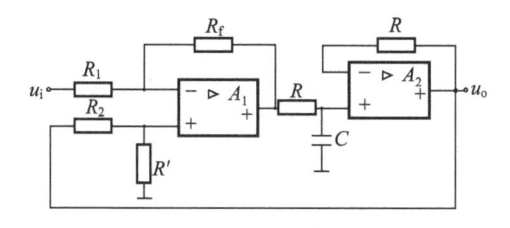

图 4-32 习题 4-8 的图

4-9 图 4-33 所示是一减法运算电路，试推导出 u_o 的表达式。若取 $R_f=100\ \text{k}\Omega$，要求 $u_o=5u_{i1}-2u_{i2}$，问 R_1、R_2 应取何值？

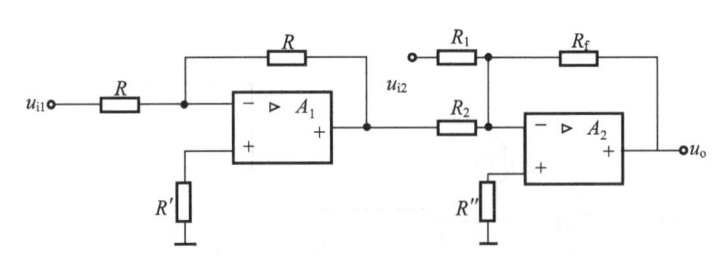

图 4-33 习题 4-9 的图

4-10 试画一只运算放大器和若干电阻构成一加减运算电路，使 $u_o = -u_{i1} + 2u_{i2} + 3u_{i3} - 4u_{i4}$。要求各输入信号的负端接地，电路应保持平衡，并设 $R_f = 30\ \text{k}\Omega$。

4-11 微分电路和它的输入波形分别如图 4-34 所示。试画出其输出电压波形。

(a)　　　　　　　　　(b)

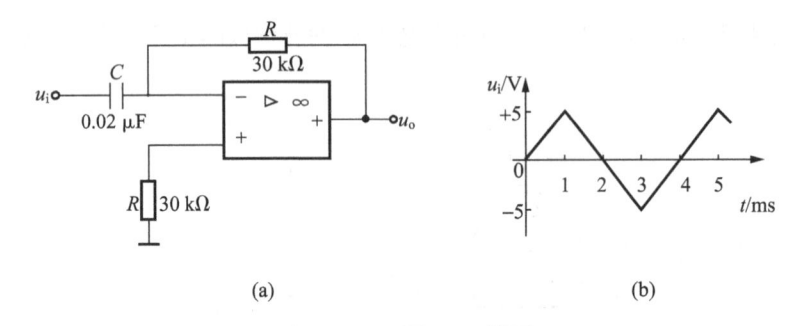

图 4-34 习题 4-11 的图

4-12 试求图 4-35 所示同相积分电路的输出电压 u_o 与输入电压 u_i 的关系？

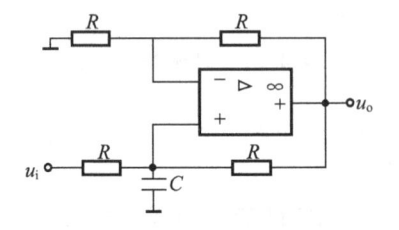

图 4-35 习题 4-12 的图

第五章 负反馈放大电路

反馈在电子电路中的应用非常广泛。正反馈应用于各种振荡电路，用作产生各种波形的信号源；负反馈则是用来改善放大器的性能。在实际放大电路中几乎都采取负反馈措施。

本章从反馈的基本概念入手，给出负反馈放大电路的方框图，介绍负反馈的分类及判别方法，分析负反馈对放大电路性能的影响。

第一节 反馈的基本概念

一、反馈与反馈支路

所谓反馈，就是将放大电路输出信号（电压或电流信号）的全部或一部分，通过反馈支路形成反馈信号引回到输入端，和输入信号作比较（相加或相减），再由比较所得的信号去控制输出。这样一来，输出不但取决于输入，也取决于输出本身。

在第二章的讨论中已经引入过反馈的概念，例如图2-9所示共射极放大电路，其工作点的稳定就是通过直流负反馈来实现的。当温度升高时，三极管参数 β、I_{CEO}、U_{BE} 的变化会导致 I_C 增大，I_C 的增大自然也导致 I_E 增大，于是电阻 R_E 上的压降增加，发射极电位 U_E 升高，由于基极电位 U_B 是稳定不变的，U_E 的升高就使 U_{BE} 下降，这一下降的趋势抵消了温度升高引起的 I_C 的增加，于是就达到了维持集电极电流 I_C 不变的目的。I_C 不变了，工作点就得到了稳定。

第三章讨论典型差分放大电路时，电阻 R_E 对共模信号所起的也是负反馈作用。如图3-3所示，输入的共模电压升高，两只晶体管的发射极电流加大，电阻 R_E 上的压降增加，于是，E 点的电位升高，E 点电位的升高趋向于减小两只三极管的发射结电压 u_{be}，因此共模电压受到抑制。在这里，电阻 R_E 是反馈支路，通过它将输出信号引回到输入端。

二、反馈放大电路的组成

反馈放大电路由基本放大电路、反馈支路（网络）和比较环节组成，用图5-1所示的框图来表示反馈放大电路。图中 A 为基本放大电路，F 为反馈网络，圆圈中间加"×"的符号表示比较环节。其中 X_o、X_i 和 X_f 分别表示放大的输出信号、输入信号和反馈信号，它们

可以是电压也可以是电流。输出信号 X_o 经反馈网络后形成反馈信号 X_f。X_f 与输出信号成正比，即

$$X_f = FX_o$$

式中的比例系数 F 称为反馈系数。根据上式，反馈系数为反馈信号与输出信号的比值，即

$$F = \frac{X_f}{X_o} \tag{5-1}$$

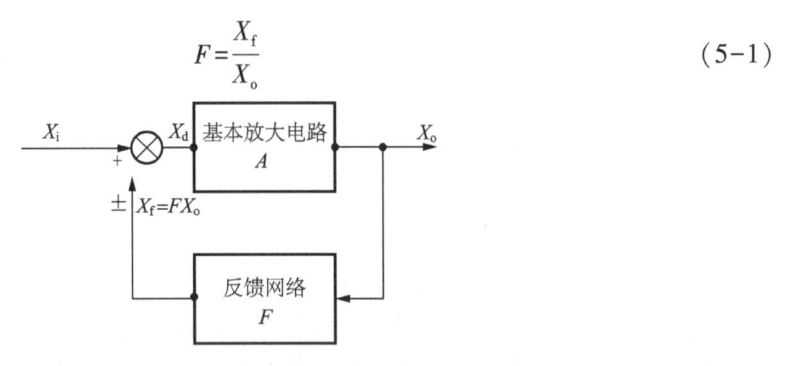

图 5-1 反馈放大电路框图

反馈信号 X_f 通过比较环节与输入信号 X_i 相减或相加，形成差值信号 X_d，这一差值信号是实际输入基本放大电路的信号，称为净输入信号。当比较环节使反馈信号和输入信号相加时，即：

$$X_d = X_i + X_f$$

这时 $X_d > X_i$，反馈信号加强了输入信号，这种反馈为正反馈。当比较环节使反馈信号和输入信号相减时，即：

$$X_d = X_i - X_f \tag{5-2}$$

这时 $X_d < X_i$，反馈信号削弱输入信号，这种反馈称为负反馈。正反馈极易产生振荡，从而使放大电路工作不稳定，负反馈能有效地改善放大电路的各项性能指标，使放大电路稳定、可靠地工作。

分析图 5-1 所示的框图，设基本放大电路的增益（即开环增益）为 A，它等于放大电路的输出信号 X_o 和净输入信号 X_d 的比值，即

$$A = \frac{X_o}{X_d} \tag{5-3}$$

反馈放大电路的增益 A_f（即闭环增益）按定义是输出信号 X_o 和输入信号 X_i 的比值，即

$$A_f = \frac{X_o}{X_i} \tag{5-4}$$

由式（5-2）解出 X_i 代入式（5-4），并将式（5-3）代入，可求得闭环增益 A_f 为

$$A_f = \frac{X_o}{X_d + X_f} = \frac{X_o/X_d}{X_d/X_d + X_f/X_d} = \frac{A}{1+AF} \tag{5-5}$$

式（5-5）表明了开环增益 A、闭环增益 A_f 及反馈系数 F 之间的关系，这是负反馈放大电路的一般表达式，是分析各种负反馈放大电路的基本公式。式中 X_i、X_d 和 X_o 既可以是电压也可以是电流，它们取不同的量可组合成各种不同类型的负反馈放大电路，这时式中 A、A_f 及 F 将有不同的含义。例如，X_i、X_d 和 X_o 都为电压信号时，开环增益 A 是输出电压和净

输入电压之比,即为开环电压增益(或开环电压放大倍数);闭环增益 A_f 是输出电压和输入电压之比,即为闭环电压增益(或闭环电压放大倍数);反馈系数是反馈电压和输出电压之比。X_i、X_d 和 X_o 都为电流信号时,开环增益 A 是输出电流和净输入电流之比,为开环电流增益;闭环增益 A_f 是输出电流和输入电流之比,为闭环电流增益;反馈系数是反馈电流和输出电流之比。

从式(5-5)可以看出,闭环增益 A_f 与 $(1+AF)$ 成反比,负反馈时 $|1+AF|>1$,闭环增益 A_f 总小于开环增益 A,$|1+AF|$ 越大,A_f 下降越严重。$(1+AF)$ 称为反馈深度,它的大小反映了反馈的强弱,乘积 AF 称为环路的增益。

在使用式(5-5)时还要注意:在推导式(5-5)时,假定在开环放大电路中信号只从输入端传向输出端,在反馈网络中信号只从输出端传向输入端,实际上开环放大电路是由三极管、电阻、电容等元器件组成的,这些元器件具有将信号从输入端传向输出端的能力,同时也具有使信号从输出端传向输入端的能力。反馈网络一般由无源元件构成,更是具有双向传输的能力,输入信号经比较环节输入基本放大电路的同时,也经反馈网络直接传输至输出端。这些情况在推导时并没有考虑进去,因此前面的推导是近似的,不过在一般情况下,由此所造成的误差并不大。

第二节 反馈电路的类型与判别

一、负反馈放大电路的基本类型

负反馈放大电路千变万化,要了解每个放大电路的各项性能指标,原则上可使用交直流等效电路分析的方法,分别求出静态工作点、闭环电压放大倍数、输入输出电阻等。但当放大电路的级数在二级以上时这种分析将变得非常复杂。为此,首先研究负反馈的分类,分别研究各类负反馈对放大电路会产生哪些影响,有了这个基础,负反馈电路的分析就可以得到简化。在分析一个具体的负反馈放大电路时,首先确定该电路负反馈类型的归属,然后根据这种类型负反馈放大电路的一般特性,就可以大致知道这一放大电路的特征。在放大电路设计时,情况十分类似:根据放大电路设计要求中对于放大电路性能上的要求选择需要引入的负反馈类型,然后根据选定的反馈类型确定反馈电路的连接方式,有必要时再进行定量的计算。

根据反馈信号取自输出电流还是输出电压,可分为电流负反馈和电压负反馈;根据反馈信号与输入信号是电压相加还是电流相加,又可以分为串联反馈和并联反馈,因此负反馈电路就有四种基本类型。

(1) 电压串联负反馈:负反馈信号取自输出电压,反馈信号与输入信号相串联。
(2) 电压并联负反馈:负反馈信号取自输出电压,反馈信号与输入信号相并联。
(3) 电流串联负反馈:负反馈信号取自输出电流,反馈信号与输入信号相串联。
(4) 电流并联负反馈:负反馈信号取自输出电流,反馈信号与输入信号相并联。

首先讨论四种基本类型如何判别,然后讨论各种类型负反馈对放大电路性能的影响。在反馈类型的判别之前,首先要确定放大电路中是否存在反馈,该反馈是否属负反馈,即需要判别反馈的极性,此外还要确定是直流反馈、交流反馈还是交直流反馈。

二、反馈极性的判别

在讨论负反馈放大电路的分类之前需要学会如何判别反馈的极性，以便确定究竟是负反馈还是正反馈。

判别反馈的极性，可用"瞬时极性判别法"。具体做法是先假定输入信号处于某一个瞬时极性（用"+"表示正极性，"-"表示负极性），然后逐级推出各点瞬时极性，最后判断反馈到输入端的信号的极性与原假定极性相同还是相反，若反馈到输入端的信号与输入端信号同一点，极性相同，则为正反馈，极性相反，则为负反馈，若反馈信号与输入信号不同点，则极性相同为负反馈，极性不同则为正反馈。例如，图 5-2（a）所示的放大电路，电阻 R_f 将输出信号反馈至输入端，为了判别反馈的极性，假设 VT_1 信号的瞬时极性为"+"，则 VT_1 集电极输出信号极性为"-"（集电极信号与基极输入信号相位相反），传至 VT_2 射极，信号极性为"-"（基极与发射极同相位），该信号经电阻 R_f 传至 VT_1 输入端极性为"-"，与原输入信号的极性相反，反馈信号与输入信号同一点，因此属负反馈。

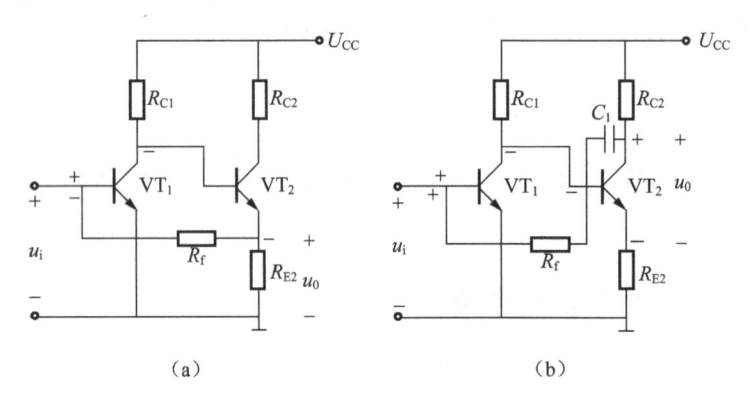

图 5-2 反馈极性的判别

图 5-2（b）所示的电路，设 VT_1 基极输入信号的瞬时极性为"+"，则 VT_1 集电极输出信号极性为"-"，传至 VT_2 的集电极，信号极性为"+"，该信号经电容 C_1、电阻 R_f 传至 VT_1 输入端极性为"+"，与原输入信号的极性相同，反馈信号与输入信号同一点，因此图 5-2（b）所示的为正反馈。

三、直流负反馈与交流负反馈

负反馈可以存在于交流通路中，也可以存在于直流通路中，它们在负反馈放大电路中所起的作用不同，因此还需要讨论如何区分直流反馈和交流反馈。

可分为三种情况。一是反馈只存在于直流通路中，称为直流反馈，直流负反馈在放大电路中常用于稳定静态工作点。例如，在工作点稳定的共发射极放大电路（见图 2-9）中的负反馈即属于这一种。该电路电阻 R_E 是反馈电阻，R_E 两端并联一旁路电容 C_E，形成交流信号通路，因此，电阻 R_E 对交流信号没有反馈作用，这种反馈即为直流负反馈。二是反馈仅存在于交流通路中，这种反馈就属交流反馈。例如，图 5-2（b）中 R_f 和 C_1 所形成的反馈即属交流反馈，由于电容 C_1 的隔直流作用，这一支路不存在直流反馈。三是反馈既存在于交流通路，又存在于直流通路，图 5-3 所示的放大电路中的负反馈即属于这种情况。这是在第二章已经学过的共集电极放大电路，R_E 所形成的直流负反馈，能稳定放大电路的静态工作点，其工作原理和图 2-4 所示共射极放大电路中的负反馈相同；同时，图中 R_E 也对交流信号形成负反馈。

四、电压反馈和电流反馈的判别

电压反馈和电流反馈的判别可采用"两点法"。"两点法"：反馈信号取自于输出信号同一点，则为电压反馈，取自于不同点，则为电流反馈。

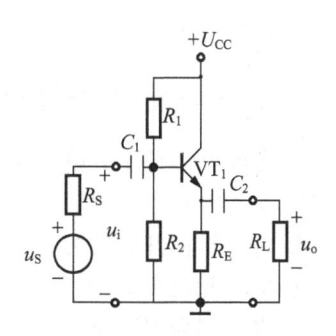

图 5-3 反馈既存在于直流通路又存在于交流通路

例 5-1 共发射极负反馈放大电路如图 5-4 所示，试判别电路中所存在的反馈的极性，确定其属于电流反馈还是电压反馈。

解：

（1）反馈极性的判别：

图中电阻 R_E 为反馈电阻，假设输入端三极管 VT_1 基极信号极性为"+"，发射极输出的信号极性亦为"+"，这一正极性信号趋于减小三极管 b-e 结电压，相当于使基极有一个"-"极性的反馈信号，因此属负反馈。这一判别过程可表示为

$$设 U_B 固定 \to U_E \uparrow \to U_{BE} \downarrow$$

（2）电压反馈、电流反馈的判别：

输出端交流短路，即 VT_1 集电极经电容 C_2 接地（如图中虚线所示），这种情况下 R_E 上的反馈电压并没有消失，因此属电流反馈，这表示反馈信号取自输出电流。

例 5-2 共发射极负反馈放大电路如图 5-5 所示，试确定电路中反馈的极性、判断其属电流反馈还是电压反馈。

解：

（1）反馈极性：

图中 R_f 为反馈电阻。假设三极管基极输入"+"极性信号，则集电极输出"-"极性信号，经电阻 R_f 反馈到基极亦为"-"极性信号，与原输入信号极性相反，因此属负反馈。这一判别过程可表示为

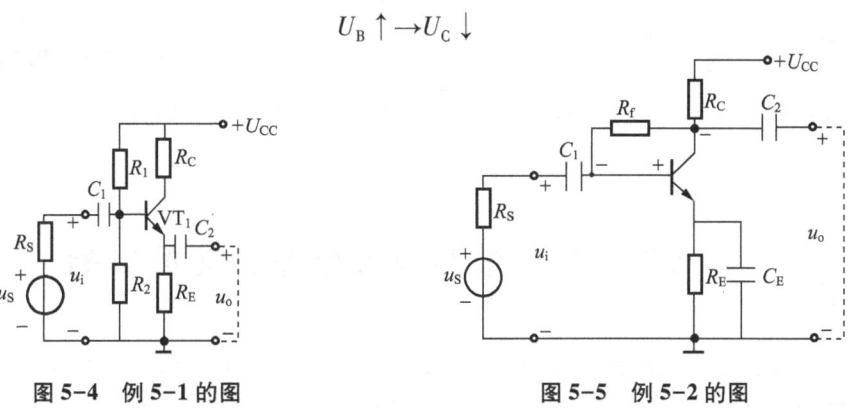

$$U_B \uparrow \to U_C \downarrow$$

图 5-4 例 5-1 的图

图 5-5 例 5-2 的图

（2）用输出短路判别法判别是电流反馈还是电压反馈。

输出端交流短路，即 VT_1 集电极经电容 C_2 接地（如图中虚线所示），这种情况下 R_f 上

的反馈电压消失，这表示反馈信号取自输出电压，因此属电压反馈。

五、串联反馈和并联反馈的判别

是串联反馈还是并联反馈，可根据反馈信号与输入信号的连接方式来判别。输入信号与反馈信号相串联的为串联反馈，这时两信号在输入端是以电压相加减的形式出现的；输入信号与反馈信号相并联的为并联反馈，这时两信号在输入端是以电流相加减的形式出现的。并联反馈的判断也可采用"两点法"，即反馈回来的信号与输入信号同一点，则为并联反馈；不同一点，则为串联反馈。

例 5-3 两级共发射极负反馈放大电路如图 5-6 所示，反馈支路由 R_f、C_f 组成，试确定电路中反馈的极性，判断其属于电压反馈还是电流反馈，属于并联反馈还是串联反馈。

解：

（1）反馈极性的判别：

假设三极管 VT_1 基极输入"+"极性信号，则其集电极输出"-"极性信号，经电容 C_2 耦合，三极管 VT_2 基极输入"-"极性信号，其集电极输出"+"极性信号，这一信号经电容 C_3 电阻 R_f、电容 C_f 耦合，使三极管 VT_1 发射极得到一个"+"极性信号，发射极电压的升高降低发射结电压，相当于在基极输入"-"极性信号，与原输入信号极性相反，因此属负反馈。

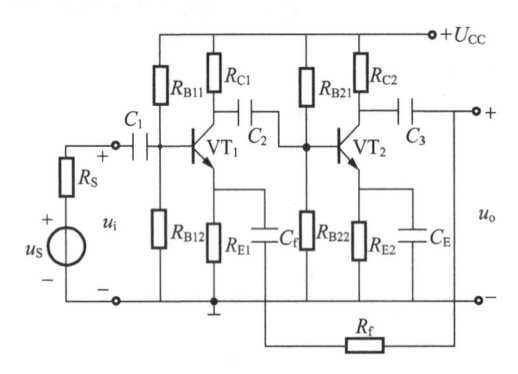

图 5-6 例 5-3 的图

（2）电压负反馈、电流负反馈的判别：

用输出短路判别法，将输出交流短路，这时反馈信号不再存在，可见属电压负反馈。

（3）并联反馈、串联反馈的判别：

为判别是并联反馈还是串联反馈，画出反馈放大电路的输入回路如图 5-7 所示。假定三极管 VT_1 输入信号 u_i，其极性为上"+"下"-"，根据前面的分析，VT_1 基极"+"极性信号引起的反馈信号为 u_F，其极性上"+"下"-"，由图 5-7 所示，信号 u_i 和反馈信号 u_F 在输入回路中的关系是头尾相连接的关系（即电压串联关系），以电压的形式相减，因此属串联负反馈。因此，图 5-6 所示的即为电压串联负反馈电路。

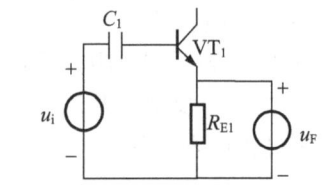

图 5-7 例 5-3 电路的输入回路

第三节　负反馈对放大电路性能的影响

通过前面反馈放大电路框图组成的讨论知道，引入负反馈以后，放大电路的闭环放大倍数总是下降的，以牺牲放大倍数为代价，放大电路的其他性能得到了改善。如提高了放大倍数的稳定性，减小了非线性失真，扩展了通频带；还可以根据需要提高或降低输入、输出电阻。

一、提高放大倍数的稳定性

放大电路的开环放大倍数取决于三极管的电流放大倍数、发射极电阻和负载电阻等，由于温度变化、电源电压波动和负载变动等原因，开环放大倍数是不稳定的。为了说明负反馈在稳定放大电路放大倍数上所起的作用，我们引入开环放大倍数的相对变化量 $\Delta A/A$ 来描述开环放大倍数的稳定程度，其中 ΔA 表示各种原因引起的放大电路开环放大倍数的变化量，该变化量除以放大倍数，即为开环放大倍数的相对变化量。$\Delta A/A$ 越小就表示放大倍数越稳定。同理，$\Delta A_f/A_f$ 反映闭环放大倍数的稳定性。

式（5-5）两边对 $\mathrm{d}A$ 求导可得

$$\frac{\mathrm{d}A_f}{\mathrm{d}A}=\frac{1}{(1+AF)^2} \tag{5-6}$$

由此可得

$$\Delta A_f=\frac{1}{(1+AF)^2}\Delta A \tag{5-7}$$

等式两边除以 A_f 可得

$$\frac{\Delta A_f}{A_f}=\frac{1}{(1+AF)^2}\frac{\Delta A}{A_f}=\frac{1}{(1+AF)}\frac{\Delta A}{A} \tag{5-8}$$

式（5-8）表明，负反馈放大电路闭环放大倍数的不稳定程度 $\Delta A_f/A_f$ 是开环放大倍数不稳定程度 $\Delta A/A$ 的 $1/(1+AF)$，也就是说，由各种原因引起开环放大倍数产生 $\Delta A/A$ 的相对变化量时，引入负反馈后闭环放大倍数的相对变化量 $\Delta A_f/A_f$ 将减小到前者的 $1/(1+AF)$，这将明显提高放大倍数的稳定性。例如 $1+AF=10$ 时，闭环放大倍数的相对变化量是开环的 10%，这表明，假如由于各种原因，开环放大倍数变化了 1%，加入反馈深度 $1+AF=10$ 的负反馈以后，闭环放大倍数的相对变化量将减小为 0.1%。

一种特殊的情况是在深度负反馈的情况下 $|1+AF|\geqslant 1$，这时式（5-5）近似为

$$A_f=\frac{A}{1+AF}\approx\frac{1}{F} \tag{5-9}$$

表明闭环放大倍数是反馈系数 F 的倒数。我们知道，反馈网络一般由电阻、电容组成，由于引起放大倍数不稳定的主要原因是半导体器件参数随温度的变化、反馈系数 F 随温度的变化相对较小，因此，具有深度负反馈的放大电路，其闭环放大倍数具有较高的稳定性。

二、减小非线性失真

第二章中曾指出，静态工作点取得过高或过低会导致放大电路输出信号饱和失真或截止失真。除了这种工作点选择不当引起的失真外，放大电路还存在非线性失真。

严格地说，晶体管和场效应管都是非线性的器件。例如，从图 5-8 所示的晶体管输入特性曲线可以看出，基极电流和发射结电压 u_{BE} 之间的关系并不是严格线性的，基极输入电压 u_{BE} 为正弦波时，基极电流并非是完美的正弦波，其正半周明显偏高。因此，由晶体管组成放大电路时其输出电压也就不会是完美的正弦波。除此之外，放大电路中还可能包含其他非线性元器件（如光电器件等），这些非线性元器件也会造成输出信号偏离正弦波。上述因晶体管等非线性元器件所造成的输出信号失真称为非线性失真。

负反馈如何减小非线性失真呢？下面进行定性的说明。用 A 表示没有引入反馈时的放大电路，输入的正弦波信号经放大后出现非线性失真，输出信号偏离正弦波。如果输出信号的前半周大，后半周小，如图 5-9（a）所示，这表示基本放大器 A 的非线性趋向于使输入信号的前半周有更高的放大倍数。现在加入负反馈［见图 5-9（b）］，输出电压经反馈网络输出反馈信号 X_f，设反馈系数 F 为常数，则所形成的反馈信号 X_f 也是前半周大，后半周小。反馈信号与正常的输入信号 X_i 相减后所形成的净输入信号 $X_d = X_i - X_f$，却变成了前半周小，后半周大，这样就使输出信号的前半周得到压缩，后半周得到扩大，结果使前、后半周的幅度趋于一致，于是就使输出信号的非线性失真变小。

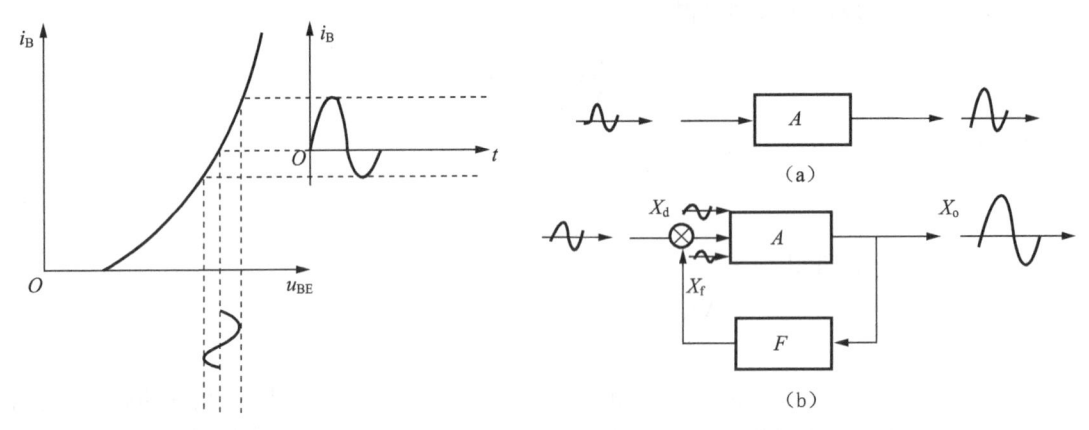

图 5-8　晶体管输入特性曲线

图 5-9　负反馈减小非线性失真

三、展宽通频带

负反馈能展宽放大电路的通频带，展宽的原理和改善非线性失真类似。在低频段和高频段由于输出信号下降，因反馈系数 F 为一固定值，反馈至输入端的反馈信号也下降，于是原输入信号与反馈信号相减后的净输入信号增加，从而使得放大电路输出的下降程度经不加负反馈时为小，这就相当于放大电路的通频得到了展宽。负反馈展宽通频带的情况如图 5-10 所示，图中 f_{BW} 为开环带宽，f_{BWf} 为展宽后的闭环带宽。可以证明

$$f_{BWf} = (1 + A_m F) f_{BW} \tag{5-10}$$

式中　A_m——开环情况下的中频放大倍数。即通频带被展宽了 $(1 + A_m F)$ 倍。加了负反馈以后，闭环中频放大倍数 A_{mf} 因负反馈而下降为

$$A_{mf} = \frac{A}{(1 + A_m F)} A_m \tag{5-11}$$

由式（5-10）和式（5-11）可以看出，闭环放大器的带宽 f_{BWf} 增加了 $(1 + A_m F)$ 倍，同时其中频放大倍数 A_{mf} 比开环小了 $1/(1 + A_m F)$，因此闭环放大倍数和闭环带宽的乘积等于开环放大倍数和开环带宽和乘积，即

$$A_{mf} f_{BWf} = A_m f_{BW} = 常数 \tag{5-12}$$

放大电路的带宽和放大倍数的乘积称为放大电路的带宽增益积，式（5-12）表明负反馈放大电路的带宽增益积为常数，负反馈越深，频带展得越宽，中频放大倍数也下降得越厉害。

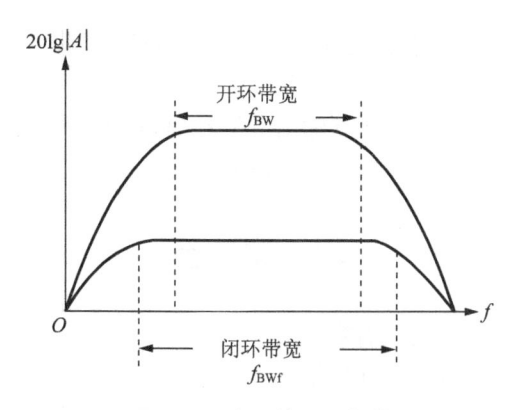

图 5-10 负反馈展宽频带

四、改变输入、输出电阻

放大电路引入负反馈后,其输入、输出电阻也随之变化。不同类型的反馈对输入、输出电阻的影响各不相同,因此,在放大电路设计时可以选择不同类型的负反馈以满足对于输入、输出电阻的不同需要。

1. 串联负反馈使输入电阻增大

无论采用电压负反馈还是电流负反馈,只要输入端属串联负反馈方式,与无反馈时相比其输入电阻都要增加,增加的倍数即为反馈深度（1+AF）,即

$$r_{if} = (1+AF) r_i \tag{5-13}$$

式中　r_{if}——加负反馈后的输入电阻;
　　　r_i——无负反馈时的输入电阻。

2. 并联负反馈使输入电阻减小

无论采用电压负反馈还是电流负反馈,只要输入端属并联负反馈方式,与无反馈时相比,其输入电阻都要减小,减小的倍数即为反馈深度（1+AF）,即

$$r_{if} = \frac{r_i}{1+AF} \tag{5-14}$$

3. 电压负反馈使输出电阻减小

电压负反馈趋向于稳定输出电压,因此将减小输出电阻。这是因为一个电源的内阻（相当于放大器的输出电阻）很低时,其输出电压就不会随负载电阻的变化而发生很大的变化;反之,电源内阻很高,负载电阻变化时输出电压也随之变化,电源内阻越低,输出电压越稳定。电压负反馈能稳定输出电压,说明其输出电阻一定是降低的。

可以证明,电压负反馈放大电路闭环输出电阻 r_{of} 减小的倍数是反馈深度（1+AF）,即

$$r_{of} = \frac{r_o}{1+AF} \tag{5-15}$$

式中　r_{of}——加负反馈后的输出电阻;
　　　r_o——无负反馈时的输出电阻。

4. 电流负反馈使输出电阻增大

电流负反馈趋向于稳定输出电流,因此将增加输出电阻。输出电流的稳定是与高输出电阻相联系的,电源的内阻（相当于放大器的输出电阻）很高。其输出电流就不会因负载电

阻的变化而发生很大的变化，就能稳定输出电流。电流负反馈能稳定输出电流，说明其输出电阻一定是提高的。

可以证明，电流负反馈放大电路闭环输出电阻 r_of 提高的倍数也是反馈深度 $(1+AF)$，即

$$r_\text{of} = (1+AF)\, r_\text{o} \tag{5-16}$$

习 题 五

5-1　什么是反馈？常见的反馈有哪几类？

5-2　试指出下列哪一种情况存在反馈：

(1) 输入与输出之间有信号通路；

(2) 电路中存在反向传输的信号通路。

5-3　在图 5-11 所示的各电路中，试判断：

(1) 反馈网络由哪些元件组成？

(2) 哪些构成本级反馈？哪些构成级间反馈？

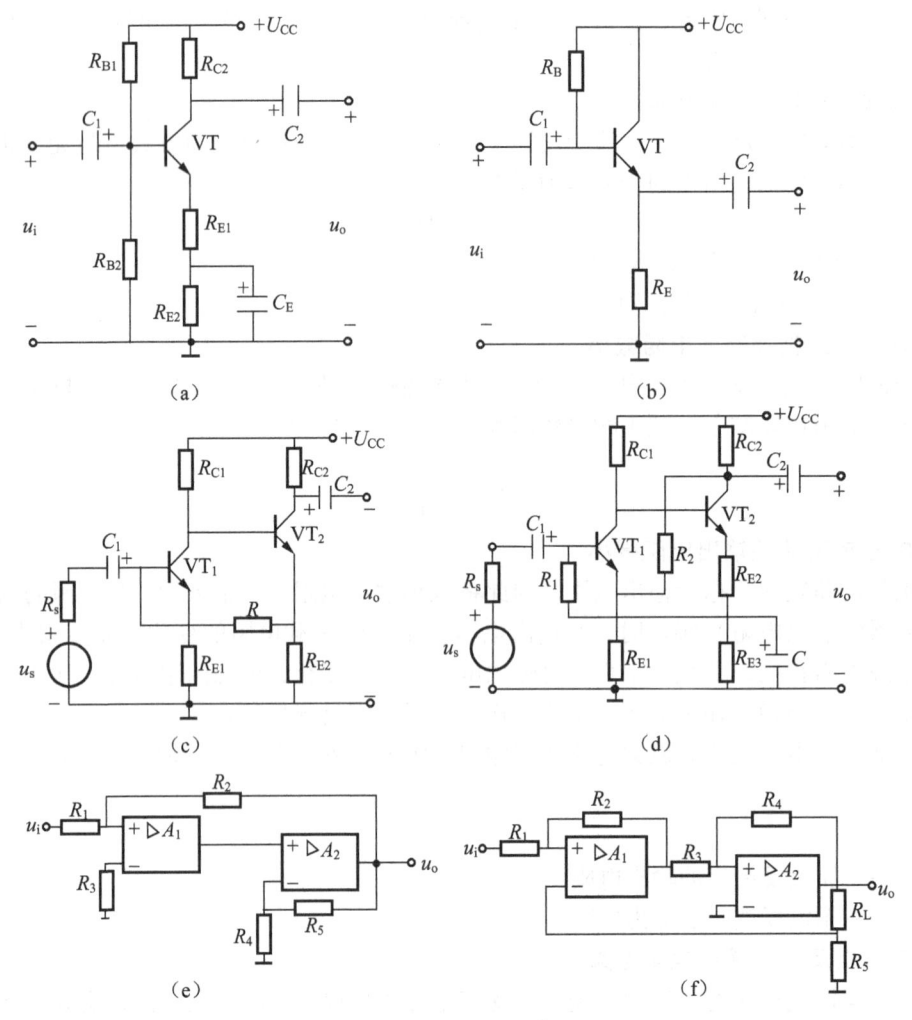

图 5-11　习题 5-3 的图

5-4　在图 5-11 所示的各电路中，若为交流反馈，请分析反馈的极性和组态。

5-5　引入负反馈后，对放大电路的性能产生什么影响？

5-6　简述不同类型的负反馈对放大器的 R_i、R_o 产生何种影响？

5-7　如果要求：（1）稳定静态工作点；（2）稳定输出电压；（3）稳定输出电流；（4）提高输入电阻；（5）降低输出电阻。分别应引入什么类型的反馈？

5-8　为什么负反馈会减少输出波形的非线性失真？

5-9　什么叫自激？有哪些原因会引起自激？如何避免？

5-10　试分析图 5-12 所示电路的反馈元件、反馈极性和组态，并说明这些反馈对放大电路性能各有什么不同的影响？

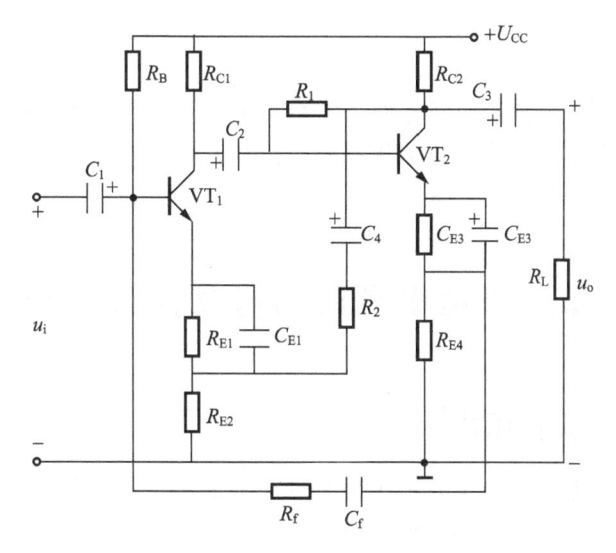

图 5-12　习题 5-10 的图

5-11　指出下面的说法是否正确，并说明理由。

（1）负反馈能改善放大器的非线性失真，截止失真和饱和失真都属于非线性失真，因此当放大器加上负反馈后，就不会出现截止失真和饱和失真了，静态工作点如何设置也就无关紧要了。

（2）负反馈能展宽频带，因此可用低频管代替高频管，只要加上足够深的负反馈即可。

第六章 直流稳压电源

在电子设备和仪器中，内部电子电路通常都由电压稳定的直流电源供电，本章首先讨论整流、滤波和稳压电路，然后介绍三端集成稳压器和串联开关稳压电源。直流稳压电源是电子电路能够正常稳定工作的前提和保障。

第一节 直流电源的结构及各部分的作用

一、直流稳压电源的组成

在工农业生产和日常生活中主要采用交流电，而交流电也是最容易获得的，但在电子线路和自动控制装置等许多方面还需要电压稳定的直流电源供电。为了获得直流电，除了用电池和直流发电机之外，目前广泛采用半导体直流电源。

最简单的小功率直流稳压电源的组成原理方框图如图 6-1 所示，它表示把交流电转换成直流电的过程。各部分作用如下所述。

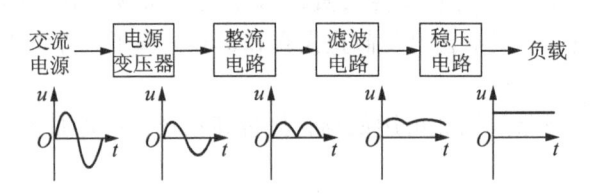

图 6-1 直流稳压电源原理方框图

（1）整流电路是将工频交流电转换为具有直流电成分的脉动直流电。
（2）滤波电路是将脉动直流中的交流成分滤除，减少交流成分，增加直流成分。
（3）稳压电路对整流后的直流电压采用负反馈技术进一步稳定直流电压。在对直流电压的稳定程度要求较低的电路中，稳压环节也可以不要。

二、直流稳压电源工作过程

其工作过程一般为：首先由电源变压器将 220 V 的交流电压变换为所需要的交流电压

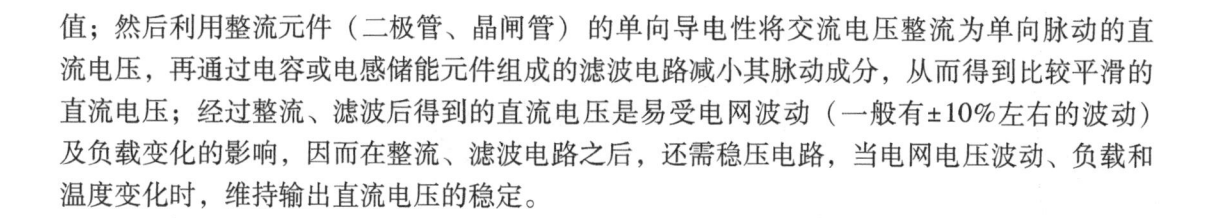

值；然后利用整流元件（二极管、晶闸管）的单向导电性将交流电压整流为单向脉动的直流电压，再通过电容或电感储能元件组成的滤波电路减小其脉动成分，从而得到比较平滑的直流电压；经过整流、滤波后得到的直流电压是易受电网波动（一般有±10%左右的波动）及负载变化的影响，因而在整流、滤波电路之后，还需稳压电路，当电网电压波动、负载和温度变化时，维持输出直流电压的稳定。

第二节 二极管整流电路

整流电路的任务是将交流电变换成直流电。完成这一任务主要靠二极管的单向导电作用，因此二极管是构成整流电路的关键元件（常称之为整流管）。常见的整流电路有单相半波、全波、桥式整流电路。

一、单相半波整流电路

图 6-2 表示一个最简单的单相半波整流电路。图中 T 为电源变压器，它将 220 V 的电网电压变换为合适的交流电压，VD 为整流二极管，电阻 R_L 代表需要用直流电源的负载。

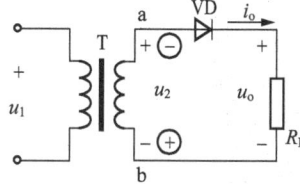

图 6-2 单相半波整流电路

1. 工作原理

设 $u_2=\sqrt{2}U_2\sin\omega t$ V，其中 U_2 为变压器副边电压有效值。在 0~π 时间内，即在变压器副边电压 u_2 的正半周内，其极性是上端为正、下端为负，二极管 VD 承受正向电压而导通，此时有电流流过负载，并且与二极管上流过的电流相等，即 $i_o=i_{VD}$。忽略二极管上的压降，负载上输出电压 $u_o=u_2$，输出波形与 u_2 相同。

在 π~2π 时间内，即在 u_2 负半周时，变压器副边电压上端为负，下端为正，二极管 VD 承受反向电压，此时二极管截止，负载上无电流流过，输出电压 $u_o=0$，此时 u_2 电压全部加在二极管 VD 上。其电路波形如图 6-3 所示。

综合上述，单相半波整流电路的工作原理为：在变压器副边电压 u_2 为正的半个周期内，二极管正向导通，电流经二极管流向负载，在 R_L 上得到一个极性为上正下负的电压；而在 u_2 为负半周时，二极管反向截止，电流等于零。所以在负载电阻 R_L 两端得到的电压 u_o 的极性是单方向的，达到了整流的目的。从上述分析可知，此电路只有半个周期有波形，另外半个周期无波形，因此称其为半波整流电路。

2. 单相半波整流电路的指标

单相半波整流电路不断重复上述过程，则整流输出电压有

$$u_o = \begin{cases} \sqrt{2}U_2\sin\omega t \text{ V} & 0\leq\omega t\leq\pi \\ 0 & \pi\leq\omega t\leq 2\pi \end{cases}$$

负载上输出平均电压（U_o），即单相半波整流电压的平均值为

$$U_o = \frac{1}{2\pi}\int_0^{2\pi}u_o\mathrm{d}(\omega t) = \frac{1}{2\pi}\int_0^{2\pi}\sqrt{2}U_2\sin\omega t\mathrm{d}(\omega t) = \frac{\sqrt{2}}{\pi}U_2 = 0.45U_2 \qquad (6-1)$$

为了选用合适的二极管，还须计算出流过二极管的正向平均电流 I_{VD} 和二极管承受的最

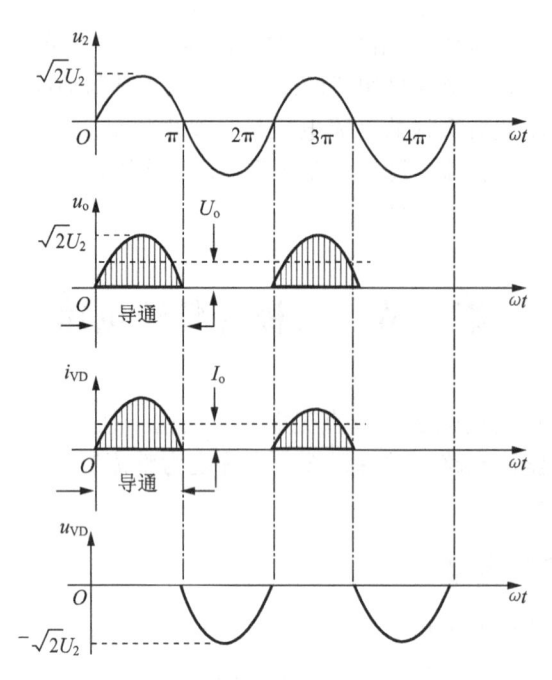

图 6-3 单相半波整流电路波形

高反向电压 U_{RM}。

流经二极管的电流等于负载电流，即

$$I_{VD} = I_o = \frac{U_o}{R_L} = 0.45\frac{U_2}{R_L} \tag{6-2}$$

二极管承受的最大反向电压为变压器副边电压的峰值，即

$$U_{RM} = \sqrt{2}U_2 \tag{6-3}$$

单相半波整流电路比较简单，使用的整流元件少；但由于只利用了交流电压的半个周期，因此变压器利用率和整流效率低，输出电压脉动大，仅适用于负载电流较小（几十毫安以下）且对电源要求不高的场合。

二、单相全波整流电路

图 6-4 所示为全波整流电路，它实际上是由两个半波整流电路组成。变压器次级绕组具有中心抽头，使次级的两个感应电压大小相等，但对地的电位正好相反。

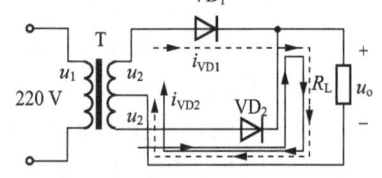

图 6-4 全波整流电路

1. 工作原理

在 u_2 的正半周内，变压器副边电压是上端为正、下端为负，二极管 VD_1 承受正向电压而导通，电流 i_{VD1} 经负载 R_L 回到变压器副边中心抽头；此时二极管 VD_2 因承受反向电压而截止，因此 VD_2 支路中没有电流流过。

在 u_2 的负半周内，变压器副边电压是上端为负、下端为正，二极管 VD_1 因承受反向电压作用而截止，因此 VD_1 支路中没有电流流过；此时二极管 VD_2 承受正向电压而导通，电流 i_{VD2} 经负载 R_L 回到变压器副边中心抽头。

由此可见，在变压器副边电压 u_2 的整个周期内，两个二极管 VD_1、VD_2 轮流导通，使负载上均有电流流过，且流过负载的电流 i_o 是单一方向的全波脉动电流，故这种整流电路称为全波整流电路，其电路工作波形如图 6-5 所示。

2. 单相全波整流电路的指标

（1）输出电压、电流的平均值为：

$$U_o = 0.9 U_2 \quad (6-4)$$
$$I_o = 0.9 U_2 / R_L \quad (6-5)$$

（2）整流二极管的平均电流为：

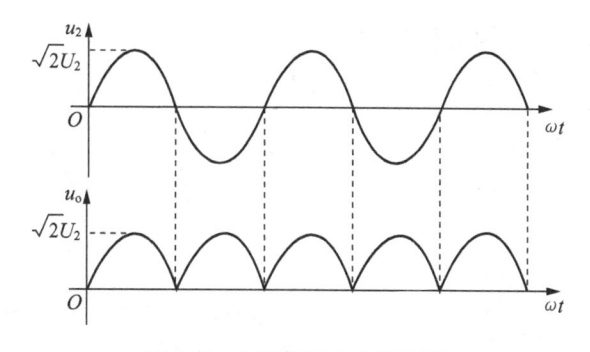

图 6-5 全波整流电路波形图

$$I_{VD} = \frac{1}{2} I_o = 0.45 \frac{U_2}{R_L} \quad (6-6)$$

这个数值与单相半波整流相同，虽然是全波整流，但由于是两个二极管轮流导通，对于单个二极管仍然是半个周期导通，半个周期截止，所以在一个周期内流过每个二极管的平均电流只有负载电流的一半。

（3）整流二极管承受的最大反向电压为：

$$U_{RM} = 2\sqrt{2} U_2 \quad (6-7)$$

这是因为当二极管 VD_1 导通时，在略去二极管 VD_1 的正向压降情况下，此时反向截止的二极管 VD_2 上的反向电压等于变压器整个副边的全部电压，其最大值为 $2\sqrt{2} U_2$。同理，当 VD_2 导通时，作用在 VD_1 上的反向电压也是如此。

单相全波整流电路的整流效率高，输出电压高且波动较小，但变压器必须有中心抽头，二极管承受的反向电压高，电路对变压器和二极管的要求较高。

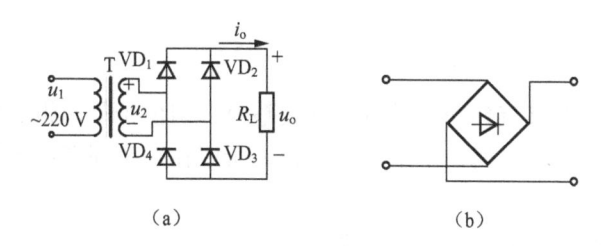

三、单相桥式整流电路

单相桥式整流电路与单相半波、全波整流电路有明显的不足之处，针对这些不足，在实践中又产生了桥式整流电路，如图 6-6 所示。4 个二极管组成一个桥式整流电路，这个桥也可以简化成如图 6-6（b）所示。

图 6-6 桥式整流电路

1. 工作原理

单相桥式整流电路由变压器、4 个二极管和负载组成。当 u_2 为正半周时，二极管 VD_1 和 VD_3 导通，而二极管 VD_2 和 VD_4 截止，负载 R_L 上的电流是自上而下流过负载，负载上得到了与 u_2 正半周相同的电压；在 u_2 的负半周，二极管 VD_2 和 VD_4 导通而 VD_1 和 VD_3 截止，负载 R_L 上的电流仍然是自上而下流过负载，负载上得到了与 u_2 负半周相同的电压。其电路工作波形如图 6-7 所示。

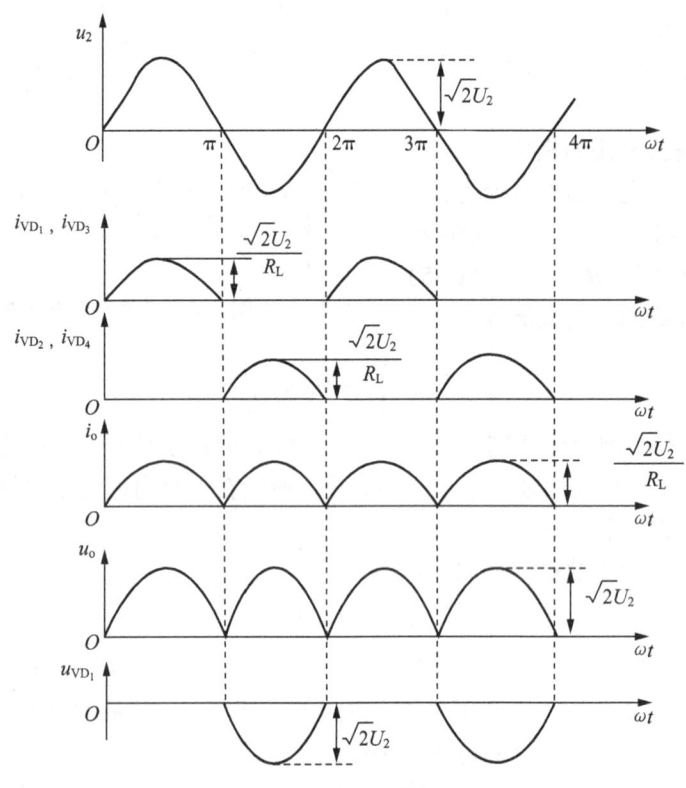

图 6-7 桥式整流电路波形

2. 单相桥式整流电路的指标

（1）输出电压、电流的平均值为：

$$U_o = 0.9U_2 \tag{6-8}$$

$$I_o = 0.9U_2/R_L \tag{6-9}$$

（2）整流二极管的平均电流为：

$$I_{VD} = \frac{1}{2}I_o = 0.45\frac{U_2}{R_L} \tag{6-10}$$

这个数值与单相半波整流相同，虽然是全波整流，但由于是两组二极管轮流导通，对于单个二极管仍然是半个周期导通，半个周期截止，所以在一个周期内流过每个二极管的平均电流只有负载电流的一半。

（3）整流二极管承受的最大反向电压为：

$$U_{RM} = \sqrt{2}U_2 \tag{6-11}$$

综上所述，单相桥式整流电路比单相半波整流电路只是增加了整流二极管的个数，结果使负载上的电压与电流都比单相半波整流提高一倍，而其他参数没有变化。因此，单相桥式整流电路得到了广泛应用。

例 6-1 有一单相桥式整流电路要求输出电压 U_o = 110 V，R_L = 80 Ω，交流电压为 380 V。

(1) 如何选用合适的二极管？(2) 求整流变压器变比和（视在）功率容量。

解：(1)

$$I_o = \frac{U_o}{R_L} = \frac{110}{80} = 1.4 \text{（A）}$$

$$I_{VD} = \frac{1}{2}I_o = 0.7 \text{（A）}$$

$$U_2 = \frac{U_o}{0.9} = 122 \text{（V）}$$

$$U_{RM} = 2\sqrt{2}\,U_2 = \sqrt{2} \times 122 = 172 \text{（V）}$$

由此可选 2CZ12C 二极管，其最大整流电流为 1 A，最高反向电压为 300 V。

(2) 求整流变压器变比和（视在功率）容量：

考虑到变压器副边绕组及管子上的压降，变压器副边电压大约要高出 10%，即

$$U_2 = 122 \times 1.1 = 134 \text{（V）}$$

则变压器变比为

$$n = \frac{380}{134} = 2.8$$

再求变压器容量：变压器副边电流 $I = I_o \times 1.1 = 1.55$（A）。乘 1.1 倍主要是考虑变压器损耗。故整流变压器（视在功率）容量为

$$S = U_2 I = 134 \times 1.55 = 208 \text{（V·A）}$$

第三节　滤波电路

经过整流后，输出电压在方向上没有变化，但输出电压起伏较大，这样的直流电源如作为电子设备的电源大都会产生不良的影响，甚至不能正常工作。为了改善输出电压的脉动性，必须采用滤波电路。常用的滤波电路有电容滤波、电感滤波、LC 滤波和 π 型滤波。

一、电容滤波

最简单的电容滤波电路是在整流电路的负载 R_L 两端并联一只较大容量的电解电容器，如图 6-8（a）所示。

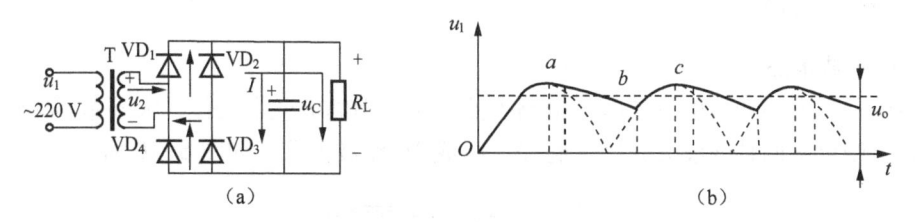

图 6-8　桥式整流电容滤波电路和工作波形

当负载开路时，设电容无能量储存，输出电压从零开始增大，电容器开始充电，充电时

间常数 $\tau=R_{in}C$（其中 R_{in} 为变压器副边绕组和二极管的正向电阻），由于变压器副边绕组和二极管的正向电阻小，电容器充电很快达到 u_2 的最大值 $u_C=\sqrt{2}U_2$，此后 u_2 下降，由于 $u_2<u_C$，4 只二极管处于反向偏置而截止，电容无放电回路。所以 u_o 从最大值下降时，电容可通过负载 R_L 放电，放电时间常数为 $\tau=R_LC$，若 R_L 较大时，放电时间常数比充电时间常数大，u_o 按指数规律下降。u_o 的值再增大后，电容再继续充电，同时向负载提供电流，电容上的电压仍然很快地上升，达到 u_2 的最大值后，电容又通过负载 R_L 放电，这样不断地进行充电和放电，在负载上得到比较平滑的电流电压波形。如图 6-8（b）所示。

在实际应用中，为了保证输出电压的平滑，使脉动万分减小，电容器 C 的容量选择应满足 $R_LC\geqslant(3\sim5)T/2$，其中 T 为交流电的周期。在单相桥式整流电容滤波时的直流电压一般为

$$U_o\approx 1.2U_2 \tag{6-12}$$

电容滤波电路简单，但负载电流不能过大，否则会影响滤波效果，所以电容滤波适用于负载变动不大、电流较小的场合。

二、电感滤波

在整流电路和负载之间，串联一个电感量较大的铁芯线圈就构成了一个简单的电感滤波电路，如图 6-9 所示。

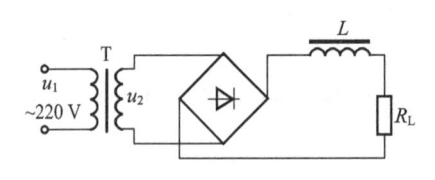

图 6-9 电感滤波电路

根据电感的特点，流过线圈的电流发生变化时，线圈中要产生自感电动势的方向与电流方向相反，自感电动势阻碍电流的增加，同时将能量储存起来，使电流增加缓慢；反之，当电流减小时，自感电流减小缓慢。因而使负载电流和负载电压脉动大为减小。

电感滤波电路外特性较好，带负载能力较强，但是体积大，比较笨重，电阻也较大，因而其上有一定的直流压降，造成输出电压的降低。在单相桥式整流电感滤波时的直流电压一般为

$$U_o\approx 0.9U_2 \tag{6-13}$$

三、复式滤波

1. LC 滤波电路

采用单一的电容或电感滤波时，电路虽然简单，但滤波效果欠佳，大多数场合要求滤波效果更好，则可把两种滤波方式结合起来，组成 LC 滤波电路，如图 6-10 所示。

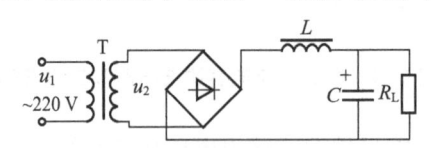

图 6-10 LC 滤波电路

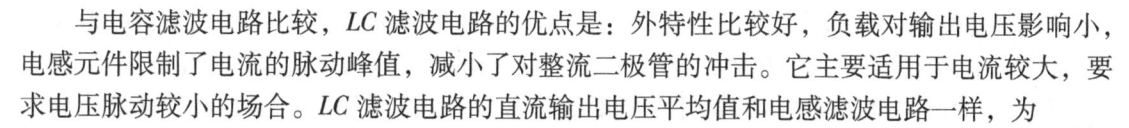

与电容滤波电路比较，LC 滤波电路的优点是：外特性比较好，负载对输出电压影响小，电感元件限制了电流的脉动峰值，减小了对整流二极管的冲击。它主要适用于电流较大，要求电压脉动较小的场合。LC 滤波电路的直流输出电压平均值和电感滤波电路一样，为

$$U_o \approx 0.9 U_2 \tag{6-14}$$

2. π型滤波电路

为了进一步减小输出的脉动成分，可在 LC 滤波电路的输入端再增加一个滤波电容就组成了 LC—π 型滤波电路，如图 6-11（a）所示。这种滤波电路的输出电流波形更加平滑，适当选择电路参数，输出电压同样可以达到 $U_o \approx 1.2 U_2$。

当负载电阻 R_L 较大，负载电流较小时，可用电阻代替电感，组成 RC—π 型滤波电路，如图 6-11（b）所示。这种滤波电路体积小，重量轻，所以得到广泛应用。

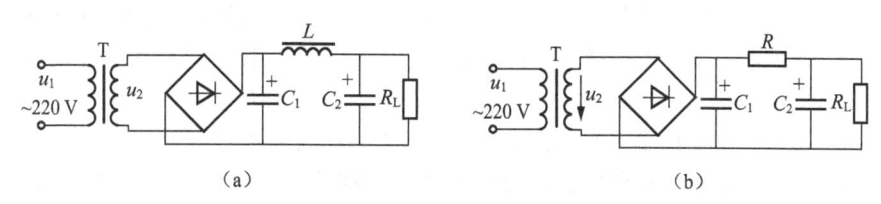

图 6-11 π型滤波电路

（a）LC—π 型滤波电路；（b）RC—π 型滤波电路

第四节 稳 压 电 路

整流、滤波后得到的直流输出电压往往会随交流电压的波动和负载的变化而变化。造成这种直流输出电压不稳定的因素有两个：一是当负载改变时，负载电流将随着改变，由于电源变压器和整流二极管、滤波电容都有一定的等效电阻，因此当负载电流变化时，等效电阻上的压降也变化，即使交流电网电压不变，直流输出电压也会改变；二是电网电压常有一些变化，在正常情况下变化±10%是常见的，当电网电压变化时，即使负载未变，直流输出电压也会改变。当用一个不稳定的电压对负载进行供电时，会引起负载的工作不稳定，甚至不能工作。特别是一些精密仪器、计算机、自动控制设备等都要求有很稳定的直流电源。因此在整流滤波电路后面需要再加一级稳压电路，以获得稳定的直流输出电压。

一、稳压电路的工作原理

利用一个硅稳压管 VZ 和一个限流电阻 R 即可组成一简单稳压电路。电路如图 6-12 所示。图中稳压管 VZ 与负载电阻 R_L 并联，在并联后与整流滤波电路连接时，要串上一个限流电阻 R，由于 VZ 与 R_L 并联，所以也称并联型稳压电路。

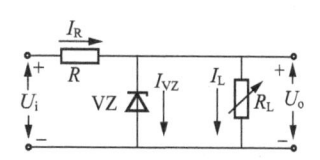

图 6-12 硅稳压管稳压电路

这里要指出的是：硅稳压管的极性不可接反，一定要使它处于反向工作状态，如果接错，硅稳压管正向导通而造成短路，输出电压 U_o 也将趋近于零。

下面来讨论稳压电路工作原理。

(1) 如果输入电压 U_i 不变而负载电阻 R_L 减小，这时负载上电流 I_L 要增加，电阻 R 上的电流 $I_R = I_L + I_{VZ}$ 也有增大的趋势，则 $U_R = I_R R$ 也趋于增大，这将引起输出电压 $U_o = U_{VZ}$ 的下降。稳压管的反向伏安特性已经表明，如果 I_R 基本不变，这样输出电压 $U_o = U_i - I_R R$ 也就基本稳定下来。当负载电阻 R_L 增大时，I_L 减小，I_{VZ} 增加，保证了 I_R 基本不变，同样稳定了输出电压 U_o。稳压过程可表示如下

$$R_L \downarrow \to I_L \uparrow \to I_R \uparrow \to U_R \uparrow \to U_o (U_{VZ}) \downarrow \to I_{VZ} \downarrow \downarrow \to I_R \downarrow \to U_R \downarrow \to U_o \uparrow$$

或
$$R_L \uparrow \to I_L \downarrow \to I_R \downarrow \to U_R \downarrow \to U_o \uparrow$$

(2) 如果负载电阻 R_L 保持不变，而电网电压的波动引起输入电压 U_i 升高时，电路的传输作用使输出电压也就是稳压管两端电压趋于上升。由稳压管反向伏安特性可知，稳压管电流 I_{VZ} 将显著增加，于是电流 $I_R = I_L + I_{VZ}$ 加大，所以电压 $U_R = I_R R$ 升高，即输入电压的增加量基本降落在电阻 R 上，从而使输出电压 U_o 基本上没有变化，达到了稳定输出电压的目的；同理，电压 U_i 降低时，也通过类似过程来稳定输出电压 U_o。稳定过程可表示如下：

$$U_i \uparrow \to U_{VZ} \uparrow \to I_{VZ} \uparrow \to I_R \uparrow \to U_R \uparrow \to U_o \downarrow$$

或
$$U_i \downarrow \to U_{VZ} \downarrow \to I_{VZ} \downarrow \to I_R \downarrow \to U_R \downarrow \to U_o \uparrow$$

由此可见，稳压管稳压电路是依靠稳压管的反向特性，即反向击穿电压有微小的变化引起电流较大的变化，通过限流电阻的电压调整，来达到稳压的目的。

二、硅稳压管稳压电路参数的选择

1. 硅稳压管的选择

可根据下列条件初选管子：

$$U_{VZ} = U_o$$
$$I_{VZmax} \geq (2 \sim 3) I_{Lmax}$$

当 U_i 增加时，会使硅稳压管的 I_{VZ} 增加，所以电流选择应适当大一些。

2. 输入电压 U_i 的确定

U_i 高，R 大，稳定性能好，但损耗大。一般选择 $U_i = (2 \sim 3) U_o$。

3. 限流电阻 R 的选择

限流电阻 R 的选择，主要是确定其阻值和功率。

(1) 阻值的确定：在 U_i 最小和 I_L 最大时，流过稳压管的电流最小，此时电流不能低于稳压管最小稳定电流。

$$I_{VZ} = \frac{U_{imin} - U_{VZ}}{R} - I_{Lmax} \geq I_{VZmin}$$

即

$$R \leq \frac{U_{imin} - U_{VZ}}{I_{VZmin} + I_{Lmax}} \tag{6-15}$$

在 U_i 最高和 I_L 最小时，流过稳压管的电流最大，此时应保证电流 I_{VZ} 不大于稳压管最大稳定电流值。

$$I_{VZ} = \frac{U_{imax} - U_{VZ}}{R} - I_{Lmin} \leq I_{VZmax}$$

即

$$R \geqslant \frac{U_{\text{imax}} - U_{\text{VZ}}}{I_{\text{VZmax}} + I_{\text{Lmin}}} \qquad (6-16)$$

限流电阻 R 的阻值应同时满足以上两式。

（2）功率的确定：

$$P_R = (2 \sim 3) \frac{U_{\text{RM}}^2}{R} = (2 \sim 3) \frac{(U_{\text{imax}} - U_{\text{VZ}})^2}{R} \qquad (6-17)$$

P_R 应适当选择大一些。

例 6-2 选择图 6-12 稳压电路元件参数。要求：$U_o = 10$ V，$I_L = 0 \sim 10$ mA，U_i 波动范围为 ±10%。

解：（1）选择稳压管：

$$U_{\text{VZ}} = U_o = 10 \text{ (V)}$$
$$I_{\text{VZ}} = 2I_{\text{Lmax}} = 2 \times 10 \times 10^{-3} = 20 \text{ (mA)}$$

查手册得 2CW7 管参数为

$$U_{\text{VZ}} = (9 \sim 10.5) \text{ V}, \quad I_{\text{VZmax}} = 23 \text{ mA}, \quad I_{\text{VZmin}} = 5 \text{ mA}, \quad P_{\text{RM}} = 0.25 \text{ W}$$

符合要求，故选 2CW7。

（2）确定 U_i：

$$U_i = (2 \sim 3) U_o = 2.5 \times 10 = 25 \text{ (V)}$$

（3）选择 R：

$$U_{\text{imax}} = 1.1 U_i = 27.5 \text{ (V)}$$
$$U_{\text{imin}} = 0.9 U_i = 22.5 \text{ (V)}$$
$$\frac{U_{\text{imax}} - U_{\text{VZ}}}{I_{\text{VZmax}} + I_{\text{Lmin}}} \leqslant R \leqslant \frac{U_{\text{imin}} - U_{\text{VZ}}}{I_{\text{VZmin}} + I_{\text{Lmax}}}$$
$$\frac{27.5 - 10}{23 + 0} \leqslant R \leqslant \frac{22.5 - 10}{5 + 10}$$
$$761 \text{ }\Omega \leqslant R \leqslant 833 \text{ }\Omega$$

取 $R = 820$ Ω。

电阻功率为：

$$P_R = 2.5 \times \frac{(U_{\text{imax}} - U_{\text{VZ}})^2}{R} = 2.5 \times \frac{(27.5 - 10)^2}{820} = 0.93 \text{ (W)}$$

取 $P_R = 1$ W。

第五节　集成稳压器

随着集成工艺的发展，稳压电路也制成了集成器件。它将调节管、比较放大单元、启动单元和保护环节等元件都集成在一块芯片上，具有体积小、重量轻、使用调整方便、运行可靠和价格低等一系列优点，因而得到广泛的应用。集成稳压器的规格种类繁多，具体电路结构也有差异。按内部工作方式分为串联型（调整电路与负载相串联）、并联型（调整电路与负载相并联）和开关型（调整电路工作在开关状态）。按引出端子分类，有三端固定式、三端可调式和多端可调式稳压器等。实际应用中最简便的是三端集成稳压器，它只有 3 个引线端；不稳定电压输入端（一般与整流滤波电路输出相连）、稳定电压输出端（与负载相连）和公共接地端。

一、固定式三端集成稳压器

1. 正电压输出稳压器

常用的三端固定正电压稳压器有 7800 系列，型号中的 00 两位数表示输出电压的稳定值，分别为 5 V、6 V、9 V、12 V、15 V、18 V、24 V。例如，7812 的输出电压为 12 V，7805 的输出电压是 5 V。

按输出电流大小不同，又分为：CW7800 系列，最大输出电流为 1~1.5 A；CW78M00 系列，最大输出电流为 0.5 A；CW78L00 系列，最大输出电流为 100 mA 左右。

7800 系列三端稳压器的外部引脚如图 6-13（a）所示，1 脚为输入端，2 脚为输出端，3 脚为公共接地端。

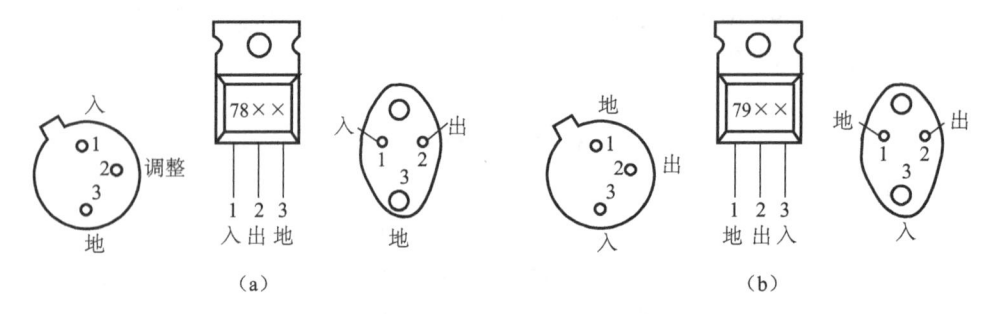

图 6-13 三端集成稳压器外形和引线端排列

2. 负电压输出稳压器

常用的三端负电压稳压器有 7900 系列，型号中的 00 两位表示输出电压的稳定值，和 7800 系列相对应，分别为-5 V、-6 V、-9 V、-12 V、-15 V、-18 V、-24 V。

按输出电流大小不同，和 7800 系列一样，也分为：CW7900 系列、CW79M00 系列和 CW79L00 系列。管脚如图 6-13（b）所示，1 脚为公共端，2 脚为输出端，3 脚为输入端。

3. 固定式三端集成稳压器应用举例

图 6-14（a）所示是应用 78L×× 输出固定电压 U_o 的典型电路图。正常工作时，输入、输出电压差应大于 2~3 V。电路中接入电容 C_1、C_2 是用来实现频率补偿的，可防止稳压器产生高频自激振荡并抑制电路引入的高频干扰。C_3 是电解电容，以减小稳压电源输出端由

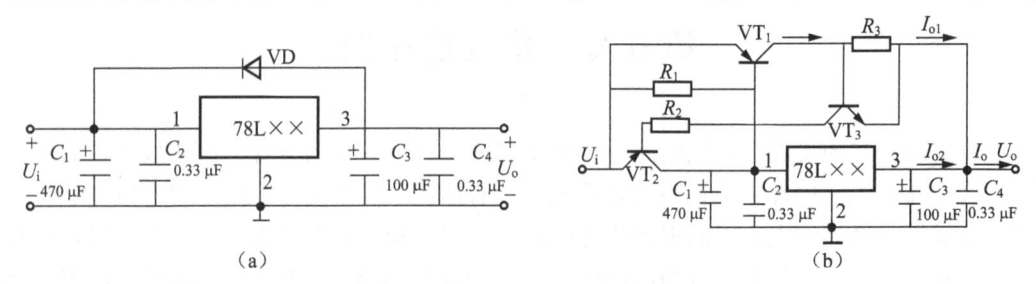

图 6-14 固定式三端集成稳压器的应用电路

输入电源引入的低频干扰。VD 是保护二极管，当输入端意外短路时，给输出电容器 C_3 一个放电通路，防止 C_3 两端电压作用于调整管的 be 结，造成调整管 be 结击穿而损坏。

图 6-14（b）是扩大 78L×× 输出电流的电路，并具有过流保护功能。电路中加入了功率三极管 VT_1，向输出端提供额外的电流 I_{o1}，使输出电流 I_o 增加为 $I_o = I_{o1} + I_{o2}$。其工作原理为：正常工作时，VT_2、VT_3 截止，电阻 R_1 上的电流产生压降使 VT_1 导通，使输出电流增加。若 I_o 过流（即超过某个限额），则 I_{o1} 也增加，电流检测电阻 R_3 上压降增大，使 VT_3 上压降，使 VT_3 导通，导致 VT_2 趋于饱和，使 VT_1 管基-射间电压 U_{BE1} 降低，限制了功率管 VT_1 的电流 I_{C1}，保护功率管不致因过流而损坏。

二、可调式三端集成稳压器

可调三端集成稳压器的调压范围为 1.25~37 V，输出电流可达 1.5 A。常用的有 LM117、LM217、LM317、LM337 和 LM337L 系列。图 6-15（a）所示为正可调输出稳压器，图 6-15（b）所示为负可调输出稳压器。

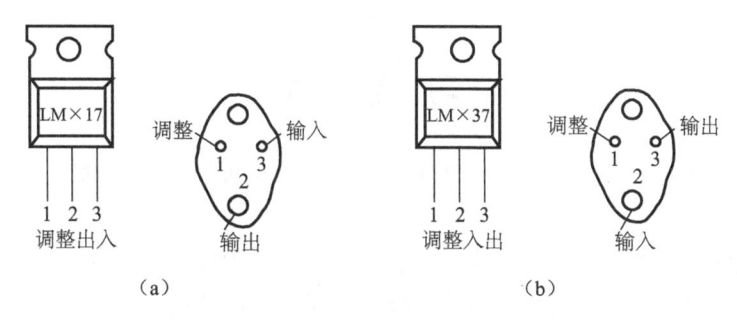

图 6-15 可调三端集成稳压器外形及引线端排列

图 6-16 所示为可调式三端稳压器的典型应用电路，由 LM117 和 LM137 组成正、负输出电压可调的稳压器。为保证空载情况下输出电压稳定，R_1 和 R_1' 不宜高于 240 Ω，典型值为（120~240）Ω。R_2 和 R_2' 的大小根据输出电压调节范围确定。该电路输入电压 U_i 分别为 ±25 V，则输出电压可调范围为 ±（1.2~20）V。

图 6-17 所示为并联扩流的稳压电路，它是用两个可调式稳压器 LM317 组成。输入电压 $U_i = 25$ V，输出电流 $I_o = I_{o1} + I_{o2} = 3$ A，输出电压可调节范围为 ±（1.2~22 V）。电路中的集成

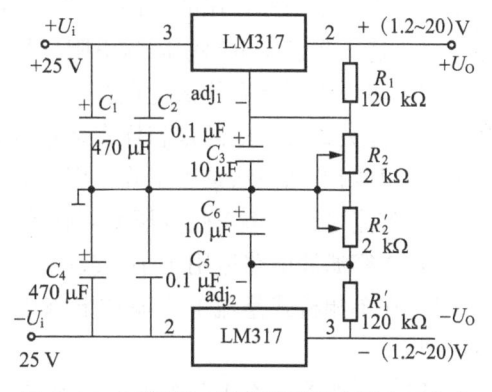

图 6-16 可调式三端稳压器的典型应用电路

运放 μA741 用来平衡两稳压器的输出电流。例如，LM317-1 输出电流 I_{o1} 大于 LM317-2 输出电流 I_{o2} 时，电阻 R_1 上的电压降增加，运放的同相端电位降低，运放输出端电压降低，通过调整端 adj1 使输出电压 U_o 下降，输出电流 I_{o1} 减小，恢复平衡；反之亦然。改变电阻 R_4 可调节输出电压的数值。

注意：这类稳压器是依靠外接电阻来调节输出电压的，为保证输出电压的精度和稳定性，要选择精度高的电阻，同时电阻要紧靠稳压器，防止输出电流在连线电阻上产生误差电压。

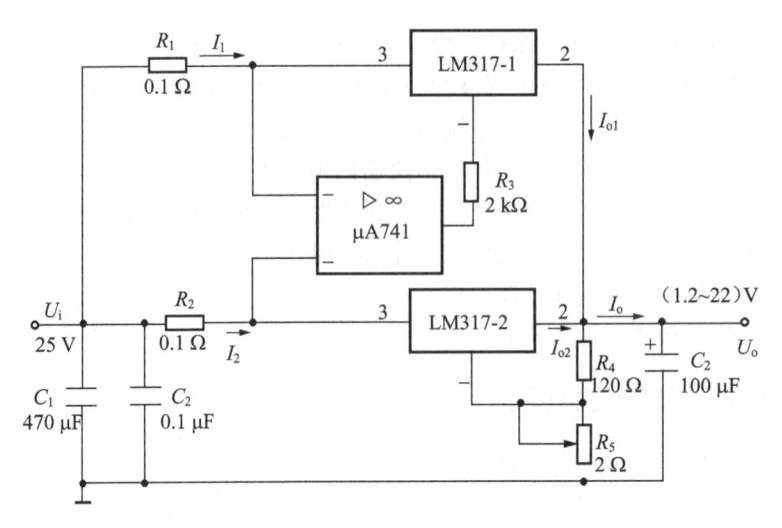

图 6-17 并联扩流的稳压电路

习 题 六

6-1 桥式整流电路为何能将交流电变为直流电？这种直流电能否直接用来作为晶体管放大器的整流电源？

6-2 桥式整流电路接入电容滤波后，输出直流电压为什么会升高？

6-3 什么叫滤波器？我们所介绍的几种滤波器，它们如何起滤波作用？

6-4 倍压整流电路工作原理如何？它们为什么能提高电压？

6-5 为什么未经稳压的电源在实际中应用得较少？

6-6 稳压管稳压电路中限流电阻应根据什么来选择？

6-7 集成稳压器有什么优点？

6-8 开关式稳压电源是怎样实现稳压的？

6-9 判断下列说法是否正确，用"√"或"×"表示判断结果，并填入空格内。

(1) 整流电路可将正弦电压变为脉动的直流电压。（　　）

(2) 电容滤波电路适用于小负载电流，而电感滤波电路适用于大负载电流。（　　）

(3) 在单相桥式整流电容滤波电路中，若有一只整流管断开，输出电压平均值变为原来的一半。（　　）

6-10 判断下列说法是否正确，用"√"或"×"表示判断结果，并填入空格内。

(1) 对于理想的稳压电路，$\Delta U_o / U_i = 0$，$R_o = 0$。（　　）

(2) 线性直流电源中的调整管工作在放大状态，开关型直流电源中的调整管工作在开关状态。（　　）

(3) 因为串联型稳压电路中引入了深度负反馈，因此也可能产生自激振荡。（　　）

(4) 在稳压管稳压电路中，稳压管的最大稳定电流必须大于最大负载电流；而且，其最大稳定电流与最小稳定电流之差应大于负载电流的变化范围。（　　）

6-11 选择合适答案填入空格内。

(1) 整流的目的是_____。
A. 将交流变为直流　　B. 高频变为低频　　C. 将正弦波变为方波
(2) 在单相桥式整流电路中，若有一只整流管接反，则_____。
A. 输出电压约为 $2U_{VD}$　　B. 变为半波整流　　C. 整流管将因电流过大而烧坏
(3) 直流稳压电源中滤波电路的作用是_____。
A. 将交流变为直流
B. 将高频变为低频
C. 将交、直流混合量中的交流成分滤掉

6-12　选择合适答案填入空格内。
(1) 若要组成输出电压可调、最大输出电流为 3 A 的直流稳压电源，则应采用_____。
A. 电容滤波稳压管稳压电路　　　B. 电感滤波稳压管稳压电路
C. 电容滤波串联型稳压电路　　　D. 电感滤波串联型稳压电路
(2) 串联型稳压电路中的放大环节所放大的对象是_____。
A. 基准电压　　　B. 采样电压　　　C. 基准电压与采样电压之差
(3) 开关型直流电源比线性直流电源效率高的原因是_____。
A. 调整管工作在开关状态
B. 输出端有 LC 滤波电路
C. 可以不用电源变压器

6-13　电路如图 6-18 所示，变压器副边电压有效值为 $2U_2$。

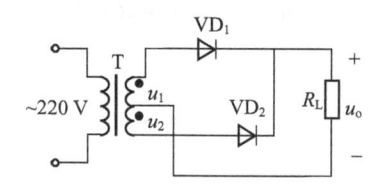

图 6-18　习题 6-13 的图

(1) 画出 u_2、u_{VD1} 和 u_o 的波形。
(2) 求出输出电压平均值 U_o 和输出电流平均值 I_o 的表达式。
(3) 二极管的平均电流 I_{VD} 和所承受的最大反向电压 U_{RM} 的表达式。

6-14　分别判断如图 6-19 所示各电路能否作为滤波电路，简述理由。

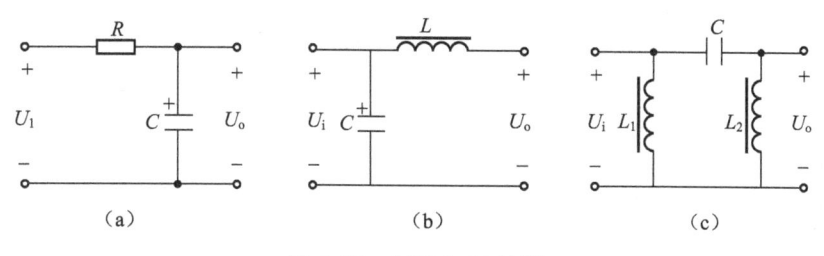

图 6-19　习题 6-14 的图

6-15　在桥式整流电路中，变压器副绕组电压 $U_2 = 15$ V，负载 $R_L = 1$ kΩ，若输出直流

电压 U_o 和输出负载电流 I_L，则应选用反向工作电压为多大的二极管？

6-16　如果上题中有一个二极管开路，则输出直流电压和电流分别为多大？

6-17　在输出电压 $u_o = 9$ V，负载电流 $R_L = 20$ mA 时，桥式整流电容滤波电路的输入电压（那个变压器副边电压）应为多大？若电网频率为 50 Hz，则滤波电容应选多大？

6-18　在习题 6-17 中，稳压管的稳压值 $U_{VZ} = 9$ V，最大工作电流为 25 mA，最小工作电流为 5 mA；负载电阻在 300～450 kΩ 之间变动，$U_i = 15$ V，试确定限流电阻 R 的选择范围。

6-19　有一桥式整流电容滤波电路，已知交流电压源电压为 220 V，$R_L = 50$ Ω，还要求输出直流电压为 12 V。（1）求每只二极管的电流和最大反向工作电压；（2）选择滤波电容的容量和耐压值。

6-20　有一硅二极管稳压器，要求稳压输出 12 V，最小工作电流为 5 mA，负载电流在 0～6 mA 之间变化，电网电压变化±10%。试画出电路图和选择元件参数。

6-21　电路如图 6-20 所示。合理连线，构成 5 V 的直流电源。

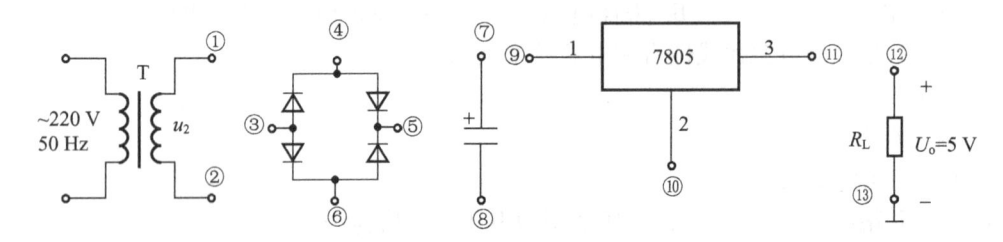

图 6-20　习题 6-21 的图

第七章 数字逻辑基础

数字信号是指在时间和幅值上都是断续变化的离散信号。用以加工、传递、处理数字信号的电路称为数字电路。研究数字电路时注重电路输出、输入间的逻辑关系，因此不能采用模拟电路的分析方法。主要的分析工具是逻辑代数，电路的功能用真值表、逻辑表达式或波形图表示。数字电路按组成的结构可分为分立元件电路和集成电路两大类。集成电路按集成度分为小规模、中规模、大规模和超大规模集成电路。根据电路逻辑功能的不同，数字电路又可分为组合逻辑电路和时序逻辑电路两大类。数字电路与模拟电路比较有诸多优点：便于高度集成化，可靠性高、抗干扰能力强，数字信息便于长期保存，产品系列多、通用性强、成本低，保密性好。

第一节 数制与编码

一、数制

我们把一组多位数码中每一位的构成方法以及从低位到高位的进位规则称为数制。按进位的原则进行计数，称为进位计数制。每一种进位计数制都有一组特定的数码，例如十进制数有10个数码，二进制数只有两个数码，而十六进制数有16个数码，每种进位计数制中允许使用的数码总数称为基数或底数。常用的数制有十进制、二进制、八进制和十六进制。

1. 十进制

十进制是以10为基数的一种计数体制，一共有0、1、2、3、4、5、6、7、8、9十个数码，低位向高位的进位规则是"逢十进一"。一个十进制数通常表示成 $(N)_{10}$ 或者 $(N)_D$，低位向高位借位规则是"借一作十"，任意一个十进制数 N 都可按其权位展开成多项式的形式。即

$$(N)_D = (K_{n-1} \cdots K_1 K_0)_D$$
$$= K_{n-1} 10^{n-1} + \cdots + K_1 10^1 + K_0 10^0$$
$$= \sum_{i=0}^{n-1} K_i 10^i$$

其中，K_i 为第 i 位的数码，10^i 为第 i 位的权。因此，十进制数的数值就是各位加权系数之

和。比如把 276 按照位权展开：
$$(276)_{10} = 2\times 10^2 + 7\times 10^1 + 6\times 10^0$$

2. 二进制

二进制数是以 2 为基数的一种计数体制，只有 0 和 1 两个数码，其低位向高位的进位规则是"逢二进一"。低位向高位借位规则是"借一作二"，一个二进制数通常表示成 $(N)_2$ 或者 $(N)_B$，任意一个 n 位二进制正整数对应十进制的数值为

$$(N)_2 = a_{n-1}a_{n-2}\cdots a_1 a_0 = a_{n-1}\times 2^{n-1} + a_{n-2}\times 2^{n-2} + \cdots + a_1\times 2^1 + a_0\times 2^0 = \sum_{i=0}^{n-1} a_i \times 2^i$$

其中，a_i 为二进制数第 i 位的数码，2^i 为第 i 位的权。

例 7-1 将 $(1101)_2$ 转换为十进制数。

解：$(1101)_2$
$= 1\times 2^3 + 1\times 2^2 + 0\times 2^1 + 1\times 2^0$
$= 8+4+0+1$
$= (13)_{10}$

由此可见将一个二进制数按照位权展开求和即可转换为十进制数。二进制运算规律如下：

加法：0+0=0；0+1=1；1+0=1；1+1=0（同时向高位进 1）

减法：0-0=0；1-1=0；1-0=1；0-1=1（同时向高位借 1）

乘法：0×0=0；0×1=0；1×0=0；1×1=1

除法：0÷1=0；1÷1=1

3. 八进制

八进制是以 8 为基数的计数体制，有 0、1、2、3、4、5、6、7 八个数码。低位向高位的进位规则是"逢八进一"。低位向高位借位规则是"借一作八"，八进制数表示成 $(N)_8$ 或者 $(N)_O$，各位的权为 8 的幂，把一个八进制数按位权展开的加权系数和就是对应的十进制数。如：

$$(128)_8 = (1\times 8^2 + 2\times 8^1 + 8\times 8^0)_{10}$$
$$= (64+16+8)_{10}$$
$$= (88)_{10}$$

4. 十六进制

十六进制是以 16 为基数的计数体制，有 0、1、2、3、4、5、6、7、8、9、A、B、C、D、E、F 十六个数码。低位向高位的进位规则是"逢十六进一"。低位向高位借位规则是"借一作十六"，十六进制数表示成 $(N)_{16}$ 或者 $(N)_H$，各位的权为 16 的幂，把一个十六进制数按位权展开的加权系数和就是对应的十进制数。如：

$$(4E6)_{16} = 4\times 16^2 + 14\times 16^1 + 6\times 16^0 = (1254)_{10}$$

二、数制的转换

1. 非十进制转换成十进制

二进制、八进制、十六进制转换成十进制，只要把它们按照位权展开，求出各加权系数之和，就得到相应进制数所对应的十进制数。如：

$$(10011)_B = 1\times 2^4 + 0\times 2^3 + 0\times 2^2 + 1\times 2^1 + 1\times 2^0 = (19)_D$$

$$(128)_8 = (1×8^2+2×8^1+8×8^0)_{10}$$
$$= (64+16+8)_{10} = (88)_{10}$$
$$(5D)_{16} = (5×16^1+13×16^0)_{10}$$
$$= (80+13)_{10} = (93)_{10}$$

2. 十进制数转换成二进制

将一个十进制数转换成二进制，分为整数部分转换和小数部分转换。整数转换——除 2 取余法（直到商为 0 为止）。

例 7-2 求 $[29]_{10} = [\qquad]_2$。

解：

```
除数    被除数           余数
       ┌─────
    商2│ 29 ········  余1 ········ 低位  ↑
      2│ 14 ········  余0              │
      2│ 7  ········  余1              │
      2│ 3  ········  余1              │
      2│ 1  ········  余1 ········ 高位 │
        1
```

所以 $[29]_{10} = [11101]_2$

十进制数与十六、八进制数的转换，可以先进行十进制数与二进制数的转换，再进行二进制数与十六、八进制数进行转换。

3. 二进制、八进制和十六进制的相互转换

1）二进制和八进制的相互转换

一个二进制数转换成八进制，只需把二进制数从小数点位置向两边按 3 位二进制数划分开，不足 3 位的补 0，然后把 3 位二进制数表示的八进制数写出来就是对应的八进制数。如：

$$(101011100101)_2 = (101\ 011\ 100\ 101)_2 = (5345)_8$$

将一个八进制数转换成二进制，只要把八进制数的每一位用 3 位二进制数表示出来即为对应的二进制数，如：

$$(6574)_8 = (110\ 101\ 111\ 100)_2 = (110101111100)_2$$

2）二进制和十六进制的相互转换

一个二进制数转换成十六进制，只需把二进制数从小数点位置向两边按 4 位二进制数划分开，不足 4 位的补 0，然后把 4 位二进制数表示的十六进制数写出来就是对应的十六进制数。十六进制数转换成二进制，只需将每一位十六进制数用 4 位二进制数表示即可。如：

$$(10111010110)_2 = (0101\ 1101\ 0110)_2 = (5D6)_{16}$$
$$(9A7E)_{16} = (1001\ 1010\ 0111\ 1110)_2 = (1001101001111110)_2$$

三、编码

数字设备只能识别 0 和 1，为了沟通人-机联系，用一定位数的二进制数码的组合来表示十进制数码和字母等符号。这种特写的 0 和 1 的组合称为代码，建立代码与信息之间的一一对应关系称为编码。

1. 二-十进制编码（BCD 码）

二-十进制编码是用 4 位二进制码的 10 种组合表示十进制数 0~9，简称 BCD 码（Binary Coded Decimal）。这种编码至少需要用 4 位二进制码元，而 4 位二进制码元可以有 16 种组合。当用这些组合表示十进制数 0~9 时，有 6 种组合不用，所以二-十进制编码有多种，常见的有 8421BCD 码、2421BCD 码和 5421BCD 码，如表 7-1 所示。

表 7-1 常用的二-十进制代码表

十进制数	有权码				无权码
	8421 码	5421 码	2421（A）	2421（B）	余 3 码
0	0000	0000	0000	0000	0011
1	0001	0001	0001	0001	0100
2	0010	0010	0010	0010	0101
3	0011	0011	0011	0011	0110
4	0100	0100	0100	0100	0111
5	0101	1000	0101	1011	1000
6	0110	1001	0110	1100	1001
7	0111	1010	0111	1101	1010
8	1000	1011	1110	1110	1011
9	1001	1100	1111	1111	1100

1）8421BCD 码

8421BCD 码是最基本和最常用的 BCD 码，它和 4 位自然二进制码相似，各位的权值为 8、4、2、1，故称为有权 BCD 码。和 4 位自然二进制码不同的是，它只选用了 4 位二进制码中前 10 组代码，即用 0000~1001 分别代表它所对应的十进制数，余下的 6 组代码不用。可以用 8421BCD 码表示十进制数，如：

$$(473)_{10} = (010001110011)_{8421BCD}$$
$$(4.79)_{10} = (0100.01111001)_{8421BCD}$$

2）5421BCD 码和 2421BCD 码

5421BCD 码和 2421BCD 码为有权 BCD 码，它们从高位到低位的权值分别为 5、4、2、1 和 2、4、2、1。这两种有权 BCD 码中，有的十进制数码存在两种加权方法，例如，5421BCD 码中的数码 5，既可以用 1000 表示，也可以用 0101 表示，2421BCD 码中的数码 6，既可以用 1100 表示，也可以用 0110 表示。这说明 5421BCD 码和 2421BCD 码的编码方案都不是唯一的，表 7-1 只列出了一种编码方案。

表 7-1 中 2421BCD（B）码的 10 个数码中，0 和 9、1 和 8、2 和 7、3 和 6、4 和 5 的代码的对应位恰好一个是 0 时，另一个就是 1。我们称 0 和 9、1 和 8 互为反码。因此 2421BCD 码具有对 9 互补的特点，它是一种对 9 的自补代码（即只要对某一组代码各位取反就可以得到 9 的补码），在运算电路中使用比较方便。

2. 可靠性代码——奇偶校验码

代码在数字系统或计算机中形成与传送过程中，都可能发生错误。为使代码不易出错，或者出错时容易发现，甚至能查出错误的位置，除提高计算机本身的可靠性外，人们还采用可靠性编码。常用的可靠性代码有奇偶校验码、格雷码等，本书重点介绍奇偶校验码。

代码（或数据）在传输和处理过程中，有时会出现代码中的某一位由 0 错变成 1，或 1 错变成 0。奇偶校验码是一种具有检验出这种错误的代码，奇偶校验码由信息位和一位奇偶检验位两部分组成。信息位是位数不限的任一种二进制代码。检验位仅有一位，它可以放在信息位的前面，也可以放在信息位的后面。它的编码方式有两种：使得一组代码中信息位和检验位中"1"的个数之和为奇数，称为奇检验；另一种使得一组代码中信息位和检验位中"1"的个数之和为偶数，称为偶检验。

表 7-2 列出了由 4 位信息位及 1 位奇偶校验位构成的 5 位奇偶校验码。这种编码的特点是：使每一组代码中含有 1 的个数总是奇数或偶数。这样，一旦某一组代码在传送过程中出现 1 的个数不是奇或偶数时，就会被发现。必须指出，奇偶校验码只能发现代码的一位（或奇数位）出错，而不能发现两位（或偶数位）出错。由于两位出错的概率远低于一位出错的概率，所以用奇偶校验码来检测代码在传送过程中的错误是有效的。

表 7-2 奇偶校验码表

十进制数	奇校验码		偶校验码	
	信息位	校验位	信息位	校验位
0	0000	1	0000	0
1	0001	0	0001	1
2	0010	0	0010	1
3	0011	1	0011	0
4	0100	0	0100	1
5	0101	1	0101	0
6	0110	1	0110	0
7	0111	0	0111	1
8	1000	0	1000	1
9	1001	1	1001	0

第二节 逻辑函数的表示方法

一、三种基本逻辑运算

1. 与运算

只有当决定一件事情的条件全部具备之后，这件事情才会发生。我们把这种因果关系称为与逻辑。与逻辑举例：图 7-1（a）所示，A、B 是两个串联开关，L 是灯，用开关控制灯亮和灭的关系如图 7-1（b）所示。设 1 表示开关闭合或灯亮；0 表示开关不闭合或灯不亮，则得真值表如图7-1（c）所示。

开关A	开关B	灯L
不闭合	不闭合	不亮
不闭合	闭合	不亮
闭合	不闭合	不亮
闭合	闭合	亮

A	B	L
0	0	0
0	1	0
1	0	0
1	1	1

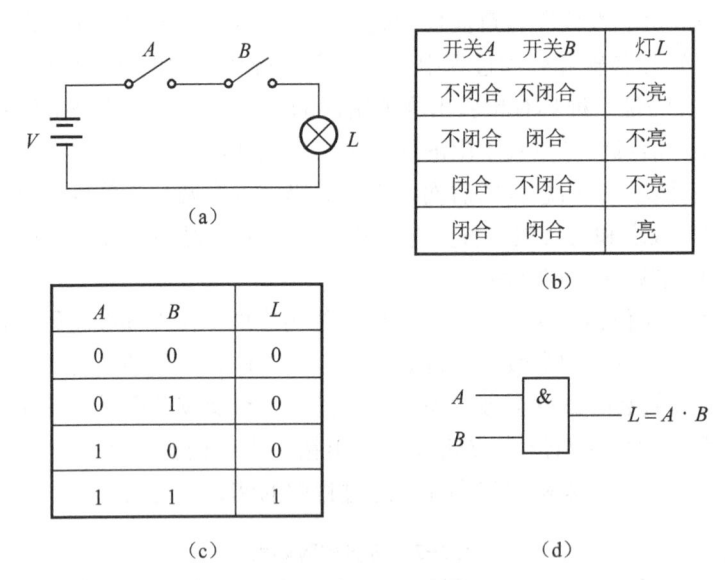

图7-1 与逻辑运算
(a) 电路图；(b) 真值表；(c) 逻辑真值表；(d) 逻辑符号

若用逻辑表达式来描述，则可写为

$$L = A \cdot B$$

与运算的规则为：输入有0，输出为0；输入全1，输出为1。

数字电路中能实现与运算的电路称为与门电路，其逻辑符号如图7-1（d）所示。与运算可以推广到多变量：

$$L = A \cdot B \cdot C \cdot \cdots\cdots$$

2. 或运算

当决定一件事情的几个条件中，只要有一个或一个以上条件具备，这件事情就发生。我们把这种因果关系称为或逻辑。或逻辑举例：如图7-2（a）所示，或运算的真值表如图7-2（b）所示，逻辑真值表如图7-2（c）所示。若用逻辑表达式来描述，则可写为

$$L = A + B$$

或运算的规则为：输入有1，输出为1；输入全0，输出为0。

在数字电路中能实现或运算的电路称为或门电路，其逻辑符号如图7-2（d）所示。或运算也可以推广到多变量：

$$L = A + B + C + \cdots$$

3. 非运算

某事情发生与否，仅取决于一个条件，而且是对该条件的否定。即条件具备时事情不发生；条件不具备时事情才发生。

非逻辑举例：例如图7-3（a）所示的电路，当开关A闭合时，灯不亮；而当A不闭合时，灯亮。其真值表如图7-3（b）所示，逻辑真值表如图7-3（c）所示。若用逻辑表达式来描述，则可写为：

$$L = \overline{A}$$

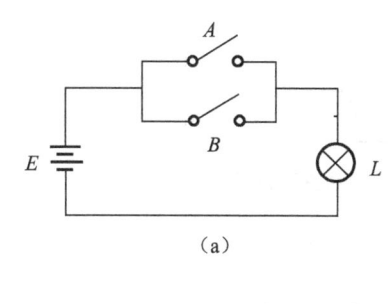

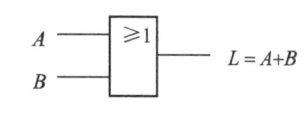

图 7-2 或逻辑运算
（a）电路图；（b）真值表；（c）逻辑真值表；（d）逻辑符号

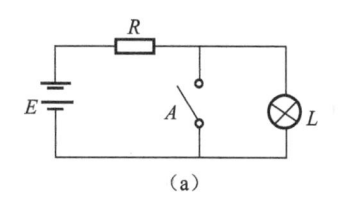

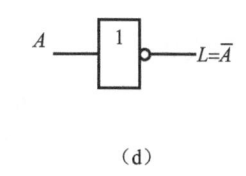

图 7-3 非逻辑运算
（a）电路图；（b）真值表；（c）逻辑真值表；（d）逻辑符号

二、复合逻辑运算

在数字系统中，除应用与、或、非三种基本逻辑运算之外，还广泛应用与、或、非的不同组合，最常见的复合逻辑运算有与非、或非、与或非、异或和同或等。

1. 与非运算

与非逻辑运算的实质是对与运算的结果再进行非运算。其逻辑表达式为：

$$Y = \overline{A \cdot B} \quad 或者 \quad Y = \overline{AB}$$

与非逻辑的逻辑符号如图 7-4 所示：

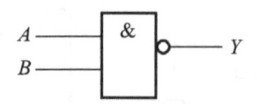

图 7-4　与非逻辑的逻辑符号

与非运算真值表如表 7-3 所示：

表 7-3　与非运算真值表

条件 A	条件 B	结果 Y
0	0	1
0	1	1
1	0	1
1	1	0

与非逻辑的运算法则是：有 0 出 1，全 1 出 0。

2. 或非运算

"或"和"非"的复合运算称为或非运算，先"或"后"非"。其逻辑表达式为：

$$Y=\overline{A+B}$$

或非逻辑的逻辑符号如图 7-5 所示：

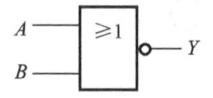

图 7-5　或非逻辑的逻辑符号

或非运算的真值表如表 7-4 所示：

表 7-4　或非运算真值表

条件 A	条件 B	结果 Y
0	0	1
0	1	0
1	0	0
1	1	0

或非逻辑运算法则是：有 1 出 0，全 0 出 1。

3. 与或非运算

"与""或"和"非"的复合运算称为与或非运算。先"与"后"或"再"非"。其逻辑表达式为：

$$Y=\overline{AB+CD}$$

与或非逻辑的逻辑符号如图 7-6 所示：

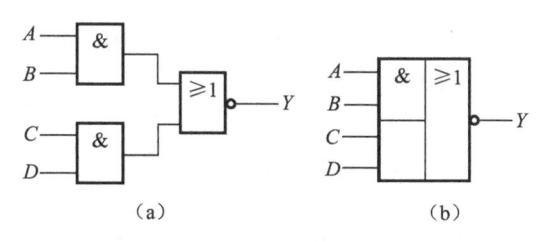

图 7-6　与或非逻辑的逻辑符号

4. 异或运算

所谓异或运算，是指两个输入变量取值相同时输出为 0，取值不相同时输出为 1。其逻辑表达式为：

$$Y=\bar{A}B+A\bar{B}=A\oplus B$$

式中，符号"⊕"表示异或运算。

异或逻辑的逻辑符号如图 7-7 所示：

图 7-7　异或逻辑的逻辑符号

异或逻辑运算的规则为：相同为 0，相异为 1。

5. 同或运算

所谓同或运算，是指两个输入变量取值相同时输出为 1，取值不相同时输出为 0。其逻辑表达式为：

$$Y=A\odot B$$
$$=\overline{A\oplus B}$$
$$=AB+\bar{A}\bar{B}$$

式中，符号"⊙"表示同或运算。同或逻辑的逻辑符号如图 7-8 所示：

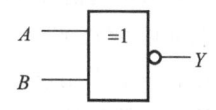

图 7-8　同或逻辑的逻辑符号

同或逻辑运算的规则为：相同为 1，相异为 0。

三、逻辑函数及其表示方法

1. 逻辑变量和逻辑函数

在数字系统中，开关的接通与断开，电压的高和低，信号的有和无，晶体管的导通与截止等两种稳定的物理状态，均可用 1 和 0 这两种不同的逻辑值来表征，这种仅有两个取值的自变量称为逻辑变量，通常用字母 A、B、C、…来表示。逻辑变量取值只能是逻辑 0 或者逻辑 1。逻辑 0 和逻辑 1 不代表数值大小，仅表示相互矛盾、相互对立的两种逻辑状态。

如果对应于输入逻辑变量 A、B、C、…的每一组确定值，输出逻辑变量 Y 就有唯一确定的值，则称 Y 是 A、B、C、…的逻辑函数。记为：

$$Y=f(A,B,C,\cdots)$$

所以逻辑函数是用有限个与、或、非等逻辑运算符，应用逻辑关系将若干个逻辑变量 A、B、C 等连接起来的表达式。

注意：与普通代数不同的是，在逻辑代数中，不管是变量还是函数，其取值都只能是 0 或 1，并且这里的 0 和 1 只表示两种不同的状态，没有数量的含义。

2. 逻辑函数的表示方法

1）真值表

真值表是用数字符号表示逻辑函数的一种方法。它反映了各输入逻辑变量的取值组合与函数值之间的对应关系。对一个确定的逻辑函数来说，它的真值表也唯一被确定。真值表的特点：能够直观、明了地反映变量取值与函数值的对应关系。

例 7-3 一个多数表决电路，有三个输入端，一个输出端，它的功能是输出与输入的多数一致。试列出该电路的真值表。

解：根据题意，设三个输入变量为 A、B、C，输出为 Y。当三个输入变量中有两个及两个以上为 1 时，输出为 1；输入有两个及两个以上为 0 时，输出为 0。由此，可列出真值表，见表 7-5。

表 7-5　一个多数表决电路真值表

$A\ B\ C$	Y	$A\ B\ C$	Y
0　0　0	0	1　0　0	0
0　0　1	0	1　0　1	1
0　1　0	0	1　1　0	1
0　1　1	1	1　1　1	1

2）逻辑函数式

逻辑函数式是用与、或、非等运算关系组合起来的逻辑代数式。它是数字电路输出量与输入量之间逻辑函数关系的表达式，也称函数式或代数式。逻辑函数式的优点：形式简洁，书写方便，直接反映了变量间的运算关系，便于用逻辑图实现该函数。

例 7-4 写出如图 7-9 所示逻辑图的函数表达式。

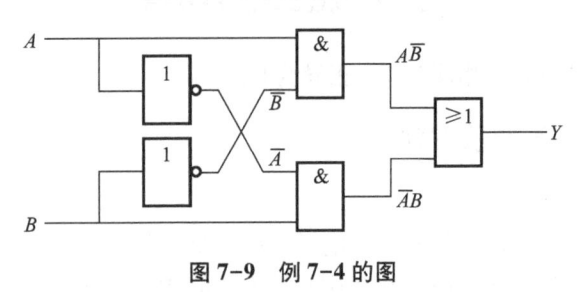

图 7-9　例 7-4 的图

解：根据门电路的逻辑符号和对应的逻辑运算，由前向后逐级推算，即可写出输出函数

Y 的表达式：

$$Y=\overline{A}B+A\overline{B}$$

3）逻辑图

逻辑图是用逻辑符号表示逻辑函数的方法。其特点为：逻辑符号与数字电路器件有明显的对应关系，比较接近于工程实际。它可以把实际电路的组成和功能清楚地表示出来，另外又可以从已知的逻辑图方便地选取电路器件，制作成实际数字电路。

例 7-5　画出与函数式 $Y=AB+BC+AC$ 对应的逻辑图。

解：分析表达式，并根据运算顺序，首先应用三个与门分别实现 A 与 B、B 与 C 和 A 与 C，然后再用或门将三个与项相加。其逻辑图如图 7-10 所示。

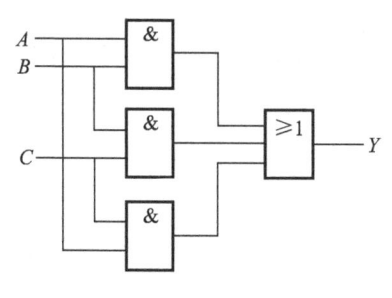

图 7-10　例 7-5 的图

4）波形图

波形图反映了逻辑变量的取值时间变化的规律，所以也叫作时序图。波形图可以直观地表达输出变量与输入变量之间的逻辑关系。图 7-11 所示为函数 $F=A\overline{B}\overline{C}+AB\overline{C}+\overline{A}BC+ABC$ 的输入 A、B、C 和 F 输出的波形图：

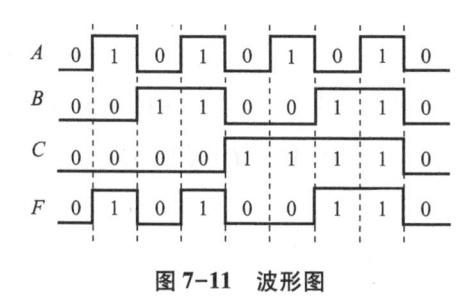

图 7-11　波形图

波形图的特点：能清楚地表达出变量间的时间关系和函数值随时间变化的规律。

第三节　逻辑代数的基本定律及规则

一、基本公式

根据基本逻辑运算，可以推导出逻辑代数的基本公式与定律，这些公式、定律的正确性可借助真值表来验证。

1. 逻辑常量运算公式

$0 \cdot 0 = 0$ $1+1=1$

$0 \cdot 1 = 0$ $1+0=1$

$1 \cdot 1 = 1$ $0+0=0$

$\bar{0} = 1$ $\bar{1} = 0$

2. 0-1 律

$$0+A=A \qquad 1+A=1 \qquad 1 \cdot A = A \qquad 0 \cdot A = 0$$

3. 重叠律

$$A+A=A \qquad A \cdot A = A$$

4. 互补律

$$A+\bar{A}=1 \qquad A \cdot \bar{A} = 0$$

5. 还原律

$$\bar{\bar{A}} = A$$

二、基本定律

1. 交换律

$$AB=BA \qquad A+B=B+A$$

2. 结合律

$$(A+B)+C=A+(B+C) \qquad (A \cdot B) \cdot C = A \cdot (B \cdot C)$$

3. 分配律

$$A(B+C)=AB+AC \qquad A+BC=(A+B)(A+C)$$

4. 吸收律

$$\begin{cases} A+A \cdot B = A \\ A \cdot (A+B) = A \end{cases} \qquad \begin{cases} A \cdot (\bar{A}+B) = A \cdot B \\ A+\bar{A} \cdot B = A+B \end{cases}$$

$$AB+\bar{A}C+BC=AB+\bar{A}C$$

5. 反演律（摩根定律）

$$\overline{A \cdot B} = \bar{A}+\bar{B} \qquad \overline{A+B} = \bar{A} \cdot \bar{B}$$

推广公式：

$$\overline{A_1 \cdot A_2 \cdots \cdot A_n} = \bar{A}_1+\bar{A}_2+\cdots+\bar{A}_n$$

$$\overline{A_1+A_2+\cdots+A_n} = \bar{A}_1 \cdot \bar{A}_2 \cdots \cdot \bar{A}_n$$

三、基本规则

逻辑代数有 3 条重要规则，即代入规则、反演规则和对偶规则。

1. 代入规则

任何一个含有变量 A 的逻辑等式，如果将所有出现 A 的位置都代之以同一个逻辑函数 F，则等式仍然成立。这个规则称为代入规则。

例如，给定逻辑等式 $A(B+C)=AB+AC$，若等式中的 C 都用 $(C+D)$ 代替，则该逻辑

等式仍然成立，即

$$A[B+(C+D)]=AB+A(C+D)$$

代入规则的正确性是显然的，因为任何逻辑函数都和逻辑变量一样，只有 0 和 1 两种可能的取值。利用代入规则可以将逻辑代数公理、定理中的变量用任意函数代替，从而推导出更多的等式。这些等式可直接当作公式使用，无须另加证明。例如，若用逻辑函数 $F = f(A_1, A_2, \cdots, A_n)$ 代替公理 $A+\overline{A}=1$ 中的变量 A，便可得到等式：

$$f(A_1, A_2, \cdots, A_n)+\overline{f}(A_1, A_2, \cdots, A_n)=1$$

即一个函数和其反函数进行"或"运算，其结果为 1。

2. 反演规则

对于任意一个逻辑函数式 F，做如下处理：

（1）若把式中的运算符"·"换成"+"，"+"换成"·"；

（2）常量"0"换成"1"，"1"换成"0"；

（3）原变量换成反变量，反变量换成原变量；

那么得到的新函数式为原函数式 F 的反函数式 $\overline{F}$，这个规则就是反演规则。

例 7-6 $Y=A\overline{B}+C\overline{D}E$，用反演律求其反函数。

解：其反函数为：

$$\overline{Y}=(\overline{A}+B)(\overline{C}+D+\overline{E})$$

应用反演规则时应注意以下两点：

（1）保持原函数的运算次序——先"与"后"或"，必要时适当地加入括号。

（2）不属于单个变量上的非号的处理方法：非号保留，而非号下面的函数式按反演规则变换。

3. 对偶规则

对偶式对于任意一个逻辑函数，做如下处理：

（1）若把式中的运算符"·"换成"+"，"+"换成"·"。

（2）常量"0"换成"1"，"1"换成"0"。

得到的新函数为原函数 F 的对偶式 F'，也称对偶函数。

对偶规则：如果两个函数式相等，则它们对应的对偶式也相等。即

若 $\qquad\qquad\qquad F_1=F_2$

则 $\qquad\qquad\qquad F_1'=F_2'$

使公式的数目增加一倍。

若两个逻辑函数表达式 F 和 G 相等，则其对偶式 F' 和 G' 也相等。这一规则称为对偶规则。根据对偶规则，当已证明某两个逻辑表达式相等时，即可知道它们的对偶式也相等。

例 7-7 $F=AB+\overline{AC}+1\cdot B$，用对偶规则求对偶式。

解：其对偶式为：

$$F'=(A+B)\cdot\overline{(\overline{A}+C)}\cdot(0+B)$$

第四节　逻辑函数的标准表达式及其化简

一、逻辑函数的常见形式

一个逻辑函数的表达式可以有与或表达式、或与表达式、与非-与非表达式、或非-或非表达式、与或非表达式5种表示形式。

(1) 与或表达式：$Y=\overline{A}B+AC$

(2) 或与表达式：$Y=(A+B)(\overline{A}+C)$

(3) 与非-与非表达式：$Y=\overline{\overline{\overline{A}B}\cdot\overline{AC}}$

(4) 或非-或非表达式：$Y=\overline{\overline{A+B}+\overline{\overline{A}+C}}$

(5) 与或非表达式：$Y=\overline{\overline{A}B+A\overline{C}}$

其中，与或表达式、或与表达式是逻辑函数的两种最基本的表达形式。逻辑函数的最简"与或表达式"的标准：

(1) 与项最少，即表达式中"+"号最少。

(2) 每个与项中的变量数最少，即表达式中"·"号最少。

二、逻辑函数的化简

对于一个逻辑函数来说，如果表达式比较简单，那么实现这个逻辑函数所需要的元件（门电路）就比较少。所以化简的意义是：节约器材、降低成本、提高可靠性。在与或表达式中，若与项个数最少，且每个与项中变量的个数也最少，则该式就是最简与或式，函数的最简与或式不是唯一的。

用基本公式和常用公式进行推演的化简方法叫作公式化简法，也叫代数化简法。能否快速准确地得到最简结果，与对公式掌握的熟练程度及化简经验密切相关。代数化简法通常有以下几种。

1. 并项法

利用 $A+\overline{A}=1$，将两项合并为一项，消去一个变量（或者利用全体最小项之和恒为"1"的概念，把 2^n 项合并为一项，消去 n 个变量）。

例7-8　$F=(A\overline{B}+\overline{A}B)C+(AB+\overline{AB})C=(A\overline{B}+\overline{A}B+AB+\overline{AB})C=C$

或者：$F=(A\overline{B}+\overline{A}B)C+(AB+\overline{AB})C=(A\oplus B)C+(\overline{A\oplus B})C=C$

或者：$F=(A\overline{B}+\overline{A}B)C+(AB+\overline{AB})C=A\overline{B}C+\overline{A}BC+ABC+\overline{AB}C$

$\qquad =AC(\overline{B}+B)+\overline{A}C(B+\overline{B})=AC+\overline{A}C=C$

例7-9　$F=\overline{A}B\,\overline{C}+A\,\overline{C}+B\overline{C}=(\overline{A}B+A+B)\overline{C}$

$\qquad =(\overline{\overline{A}B}+\overline{A+B})\,\overline{C}=(\overline{AB}+\overline{AB})\,\overline{C}$

$\qquad =\overline{C}$

2. 吸收法

利用 $A+AB=A$ 吸收多余项。

例 7-10　$F=AC+ABCD(E+F)=AC+ACBD(E+F)=AC$

例 7-11　$F=\bar{A}+A\overline{\bar{B}C}(B+\overline{AC}+D)+BC=\bar{A}+(\bar{A}+BC)(B+\overline{AC}\,\bar{D})+BC$

$\qquad\qquad=(\bar{A}+BC)+(\bar{A}+BC)(B+\overline{AC}\,\bar{D})$

$\qquad\qquad=\bar{A}+BC$

3. 消去法

利用 $A+\bar{A}B=A+B$ 消去多余的因子。

例 7-12　$F=AB+\bar{A}C+\bar{B}C=AB+(\bar{A}+\bar{B})C=AB+\overline{AB}C=AB+C$

4. 消项法

利用 $AB+AC+BC=AB+AC$ 消去多余的项。消项法与吸收法类似，都是消去一个多余的项。只是前者运用冗余定理，后者利用吸收律。

例 7-13　$F=A\bar{B}+AC+\bar{C}D+AD=A\bar{B}+AC+\bar{C}D$

5. 配项法

利用 $A=AB+A\bar{B}$，对不能直接应用公式化简的乘积项配上 $B+\bar{B}$ 进行化简。

例 7-14　$F=A\bar{B}+B\bar{C}+\bar{B}C+\bar{A}B$

$\qquad\quad=A\bar{B}+B\bar{C}+(A+\bar{A})\bar{B}C+\bar{A}B(C+\bar{C})$

$\qquad\quad=A\bar{B}+B\bar{C}+A\bar{B}C+\bar{A}\bar{B}C+\bar{A}BC+\bar{A}B\bar{C}$

$\qquad\quad=(A\bar{B}+A\bar{B}C)+(B\bar{C}+\bar{A}B\bar{C})+(\bar{A}BC+\bar{A}\bar{B}C)$

$\qquad\quad=A\bar{B}+\bar{A}C+B\bar{C}$

或者：$F=A\bar{B}+B\bar{C}+\bar{B}C+\bar{A}B$

$\qquad\quad=A\bar{B}(C+\bar{C})+B\bar{C}(A+\bar{A})+\bar{B}C+\bar{A}B$

$\qquad\quad=A\bar{B}C+A\bar{B}\bar{C}+AB\bar{C}+\bar{A}B\bar{C}+\bar{B}C+\bar{A}B$

$\qquad\quad=\bar{B}C+A\bar{C}+\bar{A}B$

在实际化简时，上述方法要综合利用。公式法化简的优点是没有任何局限性；缺点是化简结果是否最简不易看出。

例 7-15　$F=(A+B)(A+\bar{B})(\bar{A}+B)(\bar{A}D+C)+\overline{\bar{A}+\bar{B}+C}(BC\bar{D}+C\bar{D})$

$\qquad\quad=AB(\bar{A}D+C)+AB\bar{C}(C\bar{D})$

$\qquad\quad=ABC$

公式法化简时采用与或式比较方便，基本公式比较容易记忆和套用（习惯问题）。当遇到或与式的时候，可以利用对偶规则，将或与式转换为与或式。化为最简式后，再利用对偶规则换回或与式（原函数的最简式）。

例如例 7-15：$F=(A+B)(A+\bar{B})(\bar{A}+B)(\bar{A}D+C)+\overline{\bar{A}+\bar{B}+C}(BC\bar{D}+C\bar{D})$

$\qquad\quad=(A+B)(A+\bar{B})(\bar{A}+B)(\bar{A}D+C)$

$$F' = AB + A\bar{B} + \bar{A}B + \bar{A}C + CD$$
$$= A + \bar{A}B + \bar{A}C + CD$$
$$= A + B + C + CD$$
$$= A + B + C$$
$$F = (F')' = \overline{ABC}$$

习 题 七

7-1 将下列十进制数转换为二进制。

(1) $(186)_{10}$ (2) $(35)_{10}$ (3) $(98)_{10}$ (4) $(192)_{10}$

7-2 将下列二进制数转换为十进制和八进制。

(1) $(11001010)_2$ (2) $(101110)_2$ (3) $(100011)_2$

7-3 将下列八进制转换为二进制和十六进制。

(1) $(326)_8$ (2) $(136)_8$ (3) $(725)_8$ (4) $(656)_8$

7-4 将下列十六进制转换为二进制和十进制。

(1) $(6CE)_{16}$ (2) $(8ED)_{16}$ (3) $(A98)_{16}$ (4) $(D82)_{16}$

7-5 已知逻辑函数 Y 的真值表如表 7-6 所示，写出 Y 的逻辑函数式。

表 7-6 逻辑函数 Y 的真值表

A	B	C	Y
0	0	0	1
0	0	1	1
0	1	0	1
0	1	1	0
1	0	0	0
1	0	1	0
1	1	0	0
1	1	1	1

7-6 试用列真值表的方法证明下列异或运算公式。

(1) $A \oplus 0 = A$ (2) $A \oplus 1 = \bar{A}$ (3) $A \oplus A = 0$ (4) $A \oplus \bar{A} = 1$

7-7 用逻辑代数的基本公式和常用公式将下列逻辑函数化为最简与或形式。

(1) $Y = A\bar{B} + B + \bar{A}B$

(2) $Y = A\bar{B}C + \bar{A} + B + \bar{C}$

(3) $Y = \overline{\overline{ABC} + A\bar{B}}$

(4) $Y = A\overline{B}CD + ABD + A\overline{C}D$

(5) $Y = A\overline{B}\;\overline{(\overline{A}CD + AD + \overline{BC})}\;(\overline{A} + B)$

7-8 写出图 7-12 中各逻辑图的逻辑函数式，并化简为最简与或式。

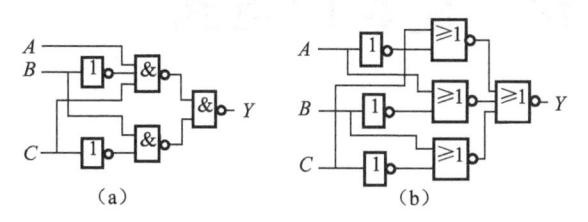

图 7-12 习题 7-8 的图

7-9 求下列函数的反函数并化为最简与或形式。

(1) $Y = AB + C$

(2) $Y = (A + BC)\overline{CD}$

(3) $Y = \overline{(A + \overline{B})\;(\overline{A} + C)}AC + BC$

(4) $Y = \overline{\overline{ABC} + \overline{CD}\;(AC + BD)}$

(5) $Y = A\overline{D} + \overline{AC} + \overline{BCD} + C$

7-10 将下列各函数式化为最小项之和的形式。

(1) $Y = \overline{A}BC + AC + \overline{B}C$

(2) $Y = A\overline{BCD} + BCD + \overline{A}D$

(3) $Y = A + B + CD$

(4) $Y = AB + \overline{\overline{BC}\;(\overline{C} + \overline{D})}$

7-11 证明下列逻辑恒等式。

(1) $A\overline{B} + B + \overline{A}B = A + B$

(2) $(A + \overline{C})\;(B + D)\;(B + \overline{D}) = AB + B\overline{C}$

(3) $(A + B + \overline{C})\;\overline{CD} + (B + \overline{C})\;(A\overline{BD} + \overline{BC}) = 1$

(4) $\overline{ABCD} + \overline{AB}\;CD + A\;\overline{BC}\;D + ABCD = A\overline{C} + \overline{AC} + B\overline{D} + \overline{BD}$

7-12 用公式法化简下列函数。

(1) $F = A\overline{BC} + A\overline{B}C + AB\overline{C} + ABC$

(2) $F = \overline{ABC} + \overline{AB}C + ABC + AB\overline{C}$

(3) $F = A + \overline{A}BCD + A\overline{BC} + BC + \overline{BC}$

(4) $F = \overline{ABC} + AC + B + C$

(5) $F = (A + \overline{A}C)\;(A + CD + D)$

第八章 逻辑门电路

所谓"逻辑"是指事件的前因后果所遵循的规律，反映事物逻辑关系的变量称为逻辑变量。如果把数字电路的输入信号看作"条件"，把输出信号看作"结果"，那么数字电路的输入与输出信号之间存在着一定的因果关系，即存在逻辑关系，能实现一定逻辑功能的电路称为逻辑门电路。它是构成数字电路的基本单元。基本逻辑门电路有：与门、或门和非门，复合逻辑门电路有：与非门、或非门、与或非门、异或门等。集成技术迅速发展和广泛运用的今天，分立元件门电路已经很少有人用了，但不管功能多么强，结构多么复杂的集成门电路，都是以分立元件门电路为基础，经过改造演变过来的，了解分立元件门电路的工作原理，有助于学习和掌握集成门电路。分立元件门电路包括二极管门电路和三极管门电路两类。

第一节 基本逻辑门

一、逻辑电路基本知识

1. 逻辑状态的表示方法

用数字符号 0 和 1 表示相互对立的逻辑状态，称为逻辑 0 和逻辑 1。常见的对立逻辑状态如表 8-1 所示。

表 8-1 常见的对立逻辑状态示例

一种状态	高电位	有脉冲	闭合	真	上	是	…	1
另一种状态	低电位	无脉冲	断开	假	下	非	…	0

2. 高、低电平规定

用高电平、低电平来描述电位的高低。高低电平不是一个固定值，而是一个电平变化范围，如图 8-1 所示。在集成逻辑门电路中规定：

标准高电平 U_{SH}——高电平的下限值。

标准低电平 U_{SL}——低电平的上限值。

应用时，高电平应大于或等于 U_{SH}；低电平应小于或等于 U_{SL}。

3. 正、负逻辑规定

正逻辑：用 1 表示高电平，用 0 表示低电平的逻辑体制。如图 8-1（a）所示。

负逻辑：用 1 表示低电平，用 0 表示高电平的逻辑体制。如图 8-1（b）所示。

图 8-1 正逻辑和负逻辑
（a）正逻辑；（b）负逻辑

二、基本逻辑门电路

1. 与逻辑

1）与逻辑关系

如图 8-2 所示，开关 A 与 B 串联在回路中，两个开关都闭合时，信号灯发亮。若其中任一个开关断开，信号灯就不会亮。这里开关 A、B 的闭合与信号灯亮的关系称为逻辑与，也称为逻辑乘。因此与逻辑可概括为：

只有当决定一个事件的所有条件都成立时，事件才会发生，这种逻辑关系称为与逻辑关系。如果用 Y 来表示某一个事件的发生与否，用 A 和 B 分别表示决定这个事件发生的两个条件，那么与逻辑可表示为：

$$Y = A \cdot B$$

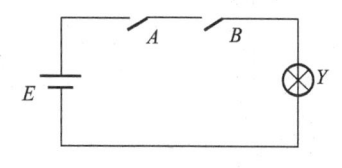

图 8-2 开关控制与门电路

一般把 $Y=A \cdot B$ 称为与逻辑代数表达式，A、B、Y 都是逻辑变量，逻辑变量只有两种状态，通常用 0 或 1 来表示，作为逻辑取值的 0 和 1 并不表示数值的大小，而是表示事物的正反两种逻辑状态，可以是条件的有或无、事件的发生或不发生、灯的亮或灭等。

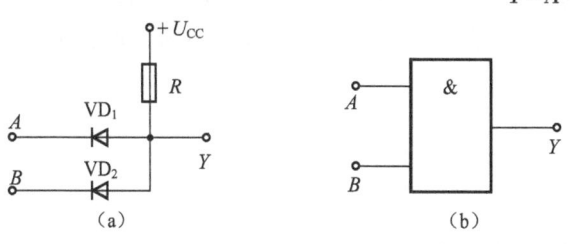

图 8-3 与门电路及逻辑符号
（a）与门电路；（b）逻辑符号

2）与门电路

二极管与门电路如图 8-3（a）所示。工作原理如下：

① $U_A = U_B = 0$ V 时，VD_1 管、VD_2 管均导通，输出电位 $U_Y = 0$ V。

② $U_A = 0$ V，$U_B = 3$ V 时，VD_1 管两端所承受的正向电压大而优先导通，U_Y 被钳位于 0 V，VD_2 管反偏而截止。此时输出电位 $U_Y = 0$ V。

③ $U_A = 3$ V，$U_B = 0$ V 时，VD_2 管两端所承受的正向电压大而优先导通，VD_1 管反偏而截止。此时输出电位 $U_Y = 0$ V。

④ $U_A = 3$ V，$U_B = 3$ V 时，VD_1 管、VD_2 管均导通，输出电位 $U_Y = 3$ V。

可见，输出对输入呈现与逻辑关系，即 $Y = A \cdot B$，其逻辑符号如图 8-3（b）所示。其真值表如表 8-2 所示。输入端的个数当然可以多于两个，有几个输入端就有几个二极管。

127

表 8-2 "与门"真值表

输　　入		输　　出
A	B	Y
0	0	0
0	1	0
1	0	0
1	1	1

由以上真值表可归纳出与门的逻辑功能为：有 0 出 0，全 1 出 1。

2 输入的有与门集成块 7408、7409、CD4081，3 输入的与门集成块有 7411、7415、CD4073，4 输入的与门集成块有 7421、CD4082。

2. 或逻辑

1）或逻辑关系

如果把图 8-2 中的开关 A、B 改为并联再和电灯连接起来，开关控制电路如图 8-4 所示，显然，灯亮的条件是：开关 A 或 B 至少有一个闭合。所以这种灯亮与开关闭合的关系是"或"逻辑，因此或逻辑可概括为：在决定一个事件发生的几个条件中，只要其中一个或者一个以上的条件成立，事件就会发生，这种电路关系称为或逻辑关系。或逻辑可表示为：

$$Y=A+B$$

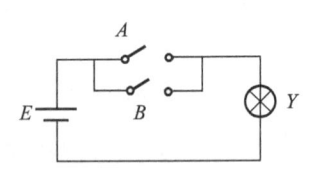

图 8-4 开关控制或门电路

式中，"+"为或逻辑运算符号，$A+B$ 读成"A 或 B"。

2）或门电路

二极管或门电路如图 8-5（a）所示。工作原理如下：

① $U_A = V_B = 0$ V 时，VD_1 管、VD_2 管均导通，输出电位 $U_Y = 0$ V。

② $U_A = 0$，$U_B = 3$ V 时，VD_2 管两端所承受的正向电压大而优先导通，U_Y 被钳位于 3 V，VD_1 管反偏而截止。此时输出电位 $U_Y = 3$ V。

③ $U_A = 3$ V，$U_B = 0$ V 时，VD_1 管两端所承受的正向电压大而优先导通，此时 VD_2 管反偏而截止。此时输出电位 $U_Y = 3$ V。

④ $U_A = 3$ V，$U_B = 3$ V 时，VD_1 管、VD_2 管均导通，输出电位 $U_Y = 3$ V。

由以上分析可知，这个电路只要输入信号中有一个为高电平时，输出就为高电平，因此对输出获得高电平而言，输入信号和输出信号之间具有或逻辑关系。逻辑式为 $Y = A + B$，逻辑符号如图 8-5（b）所示。

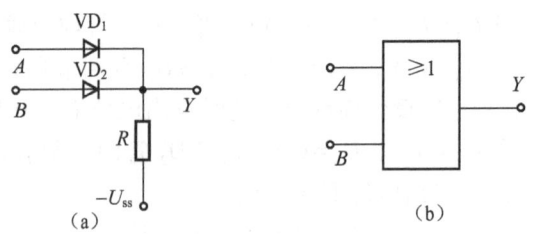

图 8-5 或门电路及逻辑符号
（a）或门电路；（b）逻辑符号

其真值表如表 8-3 所示：

表 8-3 "或门"真值表

输	入	输 出
A	B	Y
0	0	0
0	1	1
1	0	1
1	1	1

由以上真值表可归纳出或门的逻辑功能为：全 0 出 0，有 1 出 1。
集成块 7432 是 2 输入端四个或门。

3. 非逻辑和非门

1）非逻辑关系

如图 8-6 所示，要使电灯通电，开关 A 必须断开，所以这个电路就电灯通电与开关闭合而言符合非逻辑关系，故非逻辑可概括为：在事件中，结果总是和条件呈相反状态，这种逻辑关系称为非逻辑关系。非逻辑可表示为：

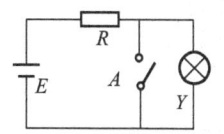

图 8-6 开关控制非门电路

$$Y=\overline{A}$$

2）非门电路

三极管非门电路如图 8-7（a）所示。工作原理如下：

① $U_A=3$ V，VT 导通，$Y≈0$；

② $U_A=0$ V，VT 截止，$Y≈U_G$。

非门的真值表如表 8-4 所示：

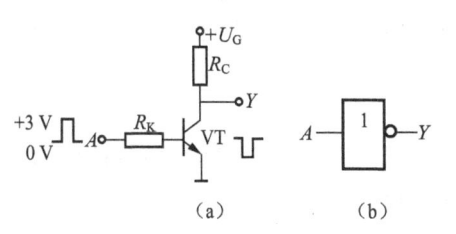

图 8-7 非门电路及逻辑符号
（a）电路；（b）逻辑符号

表 8-4 "非门"真值表

输 入	输 出
A	Y
0	1
1	0

由以上真值表可归纳出或门的逻辑功能为：有 0 出 1，有 1 出 0。
非门集成块有 SN74AHC1G04。

第二节　数字逻辑电路系列

数字集成电路产品的种类很多，若按电路结构来分，可分成 TTL 和 MOS 两大系列。TTL 集成逻辑电路由双极性半导体为元件构成，而 CMOS 集成电路是由金属氧化物-半导体场效应管为元件构成的。而 TTL 和 CMOS 各自又有自己的系列产品。

一、TTL 数字集成系列

TTL 电路以双极型晶体管为开关元件，所以又称双极型集成电路。双极型数字集成电路是利用电子和空穴两种不同极性的载流子进行电传导的器件。它具有速度高（开关速度快）、驱动能力强等优点，但其功耗较大，集成度相对较低。

根据应用领域的不同，它分为 54 系列和 74 系列，54 系列为军品，工作温度范围为 -55 ℃~125 ℃，其集成电路更适合在温度条件恶劣、供电电源变化大的环境中工作。74 系列工作温度范围为 0 ℃~70 ℃，一般用于工业设备和消费类电子产品，其集成电路适合在常规条件下工作。74 系列数字集成电路是国际上通用的标准电路。TTL 数字集成电路现已形成几种国际标准化的系列产品：74××（标准）、74S××（肖特基）、74LS××（低功耗肖特基）、74AS××（先进肖特基）、74ALS××（先进低功耗肖特基）、74F××（高速），其逻辑功能完全相同。

1. CT74 系列的子系列

1）74 系列

74 系列是最早的产品，是 TTL 的中速器件。与国产 CT1000 系列对应，现在还在使用。

2）74H 系列

74H 系列是 74 系列的改进型。在电路结构上，输出级采用了复合管结构，但电路的功耗比较大，目前已不再使用。

3）74S 系列

74S 系列是 TTL 的高速肖特基系列，TTL 的三极管、二极管采用肖特基结构能够极大地提高开关速度，所以该系列产品速度较高，但品种比 74LS 系列少。

4）74LS 系列

74LS 系列是 TTL 低功耗肖特基系列，是目前 TTL 数字集成电路中的主要应用产品系列。品种和生产厂家很多，价格很低。

5）74ALS 系列

74ALS 系列是 TTL 低功耗肖特基系列，是 74LS 系列的换代产品，其速度、功耗都有较大的改进，但价格、品种等方面还未赶上 74LS 系列。

6）74AS 系列

74AS 系列是 74S 系列的换代产品，其速度、功耗都有所改进。

7）74F 系列

74F 系列是相似于 74ALS 系列和 74AS 系列的高速系列产品，品种较少。

对于同一功能编号的各系列 TTL 集成电路，它们的引脚排列与逻辑功能完全相同。比如，7404、74LS04、74AS04、74F04、74ALS04 等各集成电路的引脚图与逻辑功能完全一致，但它们在电路的速度和功耗方面存在着明显的差别。

2. 国内外 TTL 系列产品对照

国内外 TTL 系列产品对照见表 8-5。

表 8-5　国内外 TTL 系列产品对照表

名称	国产系列	国际对应系列
通用标准系列	CT1000（CT54/74）	54/74
高速系列	CT2000（CT54/74H）	54H/74H
肖基特系列	CT3000（CT54/74S）	54S/74S
低功耗肖基特系列	CT4000（CT54/74S）	54LS/74LS

3. 使用 TTL 集成电路应注意的事项

（1）TTL 集成电路的电源电压不能高于+5.5 V 使用，不能将电源与地颠倒错接，否则将会因为过大电流而造成器件损坏。

（2）电路的各输入端不能直接与高于+5.5 V 和低于-0.5 V 的低内阻电源连接，因为低内阻电源能提供较大的电流，导致器件过热而烧坏。

（3）除三态和集电极开路的电路外，输出端不允许并联使用。

（4）输出端不允许与电源或地短路。否则可能造成器件损坏。但可以通过电阻与地相连，提高输出电平。

（5）在电源接通时，不要移动或插入集成电路，因为电流的冲击可能会造成其永久性损坏。

（6）多余的输入端最好不要悬空。虽然悬空相当于高电平，并不影响与非门的逻辑功能，但悬空容易受干扰，有时会造成电路的误动作，在时序电路中表现更为明显。因此，多余输入端一般不采用悬空办法，而是根据需要处理。例如，与门、与非门的多余输入端可直接接到 U_{CC} 上；也可将不同的输入端通过一个公用电阻（几千欧）连到 U_{CC} 上；或将多余的输入端和使用端并联。不用的或门和或非门等器件的所有输入端接地。

*二、CMOS 数字集成系列

MOS 电路又称场效应集成电路，属于单极型数字集成电路。单极型数字集成电路中只利用一种极性的载流子（电子或空穴）进行电传导。它的主要优点是输入阻抗高、功耗低、抗干扰能力强且适合大规模集成。特别是其主导产品 CMOS 集成电路有着特殊的优点，如静态功耗几乎为零，输出逻辑电平可为 U_{DD} 或 U_{SS}，上升和下降时间处于同数量级等，因而 CMOS 集成电路产品已成为集成电路的主流之一。

CMOS 数字集成电路的品种包括 4000 系列的 CMOS 电路以及 74 系列的高速 CMOS 电路。其中 74 系列的高速 CMOS 电路又分为三大类：74HC 为 CMOS 工作电平；74HCT 为 TTL 工作电平（它可与 74LS 系列互换使用）；74HCU 适用于无缓冲级的 CMOS 电路。74 系列高速 CMOS 电路的逻辑功能和引脚排列与相应的 74LS 系列的品种相同，工作速度也相当高，功耗大为降低。

1. CMOS 数字集成电路的特点

（1）静态功耗低。在 $U_{DD}=5$ V 时，中规模电路的静态功耗小于 100 μW。

（2）电源电压范围宽。CC4000 系列的 CMOS 门电路的电源电压范围为 3~18 V。因此使用该种器件时，电源电压灵活方便，甚至未加稳压的电源也可使用。

(3) 输入阻抗高。CMOS 电路的输入端均有保护二极管和串联电阻构成的保护电路,在正常工作范围内,保护二极管均处于反向偏置状态,直流输入阻抗取决于这些二极管的泄漏电流。

(4) 带负载能力强。在低频工作时,一个输出端可驱动 50 个以上的 CMOS 器件的输入端。

(5) 抗干扰能力强。CMOS 电路抗干扰能力是指电路在干扰噪声的作用下,能维持电路原来的逻辑状态并正确进行状态的转换。

(6) 逻辑摆幅大。空载时的输出高电平 $U_{OH} \approx U_{DD}$,输出低电平 $U_{OL} \approx U_{SS}$。

(7) 稳定性好,具有较强的抗辐射能力。

2. CMOS 逻辑门电路的系列

(1) 基本的 COMS——4000 系列。这是早期的 CMOS 集成逻辑门产品,工作电源电压为 3~18 V。优点是功耗低、噪声容限大、扇出系数大等;缺点是工作速度比较低,平均传输延迟时间为几十纳秒,最高工作频率小于 5 MHz。

(2) 高速的 CMOS——HC 系列。74HC COMS 系列是高速 COMS 系列集成电路,具有 74LS 系列的工作速度和 CMOS 系列固有的低功耗及工作电源电压范围宽的特点。74HC 系列工作电源电压范围为 2~6 V,平均传输延迟时间小于 10 ns,最高工作频率可达 50 MHz。

(3) 与 TTL 兼容的高速 CMOS——HCT 系列。HCT 系列的主要特点是与 TTL 器件电压兼容,它的电源电压范围为 4.5~5.5 V,输入电压参数为 $U_{IH(min)}$ = 2.6 V,$U_{IL(max)}$ = 0.8 V,与 TTL 完全相同。

(4) 先进的 CMOS-AC(ACT)系列。该系列的工作频率得到了继续提高,同时保持了 CMOS 超低功耗的特点。其中 ACT 系列与 TTL 器件电压兼容,电源电压范围为 4.5~5.5 V。

国内外 CMOS 系列集成电路对照见表 8-6。

表 8-6 国内外 CMOS 系列集成电路对照表

国产系列	国际对应系列
CC4000	CD4000/MC14000
CC4500	CD4500/MC14500

3. 使用 CMOS 电路的注意事项

CMOS 集成电路由于输入电阻很高,因此极易接受静电电荷。为了防止产生静电击穿,生产 CMOS 时,在输入端都要加上标准保护电路,但这并不能保证绝对安全,因此使用 CMOS 集成电路时,必须采取以下预防措施。

(1) 存放 CMOS 集成电路时要屏蔽,一般放在金属容器中,也可以用金属箔将引脚短路。

(2) CMOS 集成电路可以在很宽的电源电压范围内提供正常的逻辑功能,但电源的上限电压(即使是瞬态电压)不得超过电路允许极限值,电源的下限电压(即使是瞬态电压)不得低于系统工作所必需的电源电压最低值 U_{min},更不得低于 U_{SS}。

(3) 焊接 CMOS 集成电路时,一般用 20 W 内热式电烙铁,而且烙铁要有良好的接地线。也可以利用电烙铁断电后的余热快速焊接。禁止在电路通电的情况下焊接。

（4）为了防止输入端保护二极管因正向偏置而引起损坏，输入电压必须处在 U_{DD} 和 U_{SS} 之间，即 $U_{SS}<u_1<U_{DD}$。

（5）调试 CMOS 电路时，如果信号电源和电路板用两组电源，则刚开机时应先接通电路板电源，后开信号源电源。关机时则应先关信号源电源，后断电路板电源。即在 CMOS 本身还没有接通电源的情况下，不允许有输入信号输入。

（6）多余输入端绝对不能悬空。否则不但容易受外界噪声干扰，而且输入电位不定，破坏了正常的逻辑关系，也消耗不少的功率。因此，应根据电路的逻辑功能需要分别情况加以处理。例如，与门和与非门的多余输入端应接到 U_{DD} 或高电平；或门和或非门的多余输入端应接到 U_{SS} 或低电平；如果电路的工作速度不高，不需要特别考虑功耗时，也可以将多余的输入端和使用端并联。多余输入端，包括没有被使用但已接通电源的 CMOS 电路所有输入端。例如，一片集成电路上有 4 个与门，电路中只用其中一个，其他 3 个门的所有输入端必须按多余输入端处理。

（7）输入端连接长线时，由于分布电容和分布电感的影响，容易构成 LC 振荡，可能使输入保护二极管损坏，因此必须在输入端串接一个 10~20 kΩ 的保护电阻 R。

（8）CMOS 电路装在印刷电路板上时，印刷电路板上总有输入端，当电路从机器中拔出时，输入端必然出现悬空，所以应在各输入端上接入限流保护电阻。如果要在印刷电路板上安装 CMOS 集成电路，则必须在与它有关的其他元件安装之后再装 CMOS 电路，避免 CMOS 器件输入端悬空。

（9）插拔电路板电源插头时，应该注意先切断电源，防止在插拔过程中烧坏 CMOS 的输入端保护二极管。

*三、TTL 与 CMOS 集成电路性能比较

具有相同逻辑功能的 TTL 集成电路和 CMOS 集成电路由于电路结构不同，性能上也有很大差异。具体比较如下：

（1）CMOS 集成电路的输入阻抗很高，可达 10^8 Ω 以上，且在频率不高的情况下，电路的带负载能力比 TTL 集成电路强。

（2）CMOS 集成电路的导通电阻比 TTL 集成电路的导通电阻大得多，所以 CMOS 集成电路的工作速度比 TTL 集成电路慢。

（3）CMOS 集成电路的电源电压范围为 3~18 V，这使它的输出电压摆幅大，因此其干扰能力比 TTL 集成电路强，这与严格限制电源电压的 TTL 集成电路要优越得多。

（4）由于 CMOS 集成电路静态时栅极电流几乎为 0，因此该电路功耗比 TTL 电路功耗小。

（5）由于 CMOS 集成电路内部电路功耗小，发热量小，所以 CMOS 集成电路集成度比 TTL 集成电路集成度高。

（6）CMOS 集成电路的稳定性能好，抗辐射能力强，可在特殊情况下工作。

（7）由于 CMOS 集成电路的输入阻抗很高，使其容易受静电感应而击穿，虽然制作集成电路时在其内部设置了保护电路，但在存放和使用时应注意静电屏蔽，焊接时电烙铁应注意良好的接地，尤其是 CMOS 集成电路不用的多余输入端不能悬空，应根据需要接地或接电源。

习 题 八

8-1 对应图 8-8 所示的各种情况，分别画出 F 的波形。

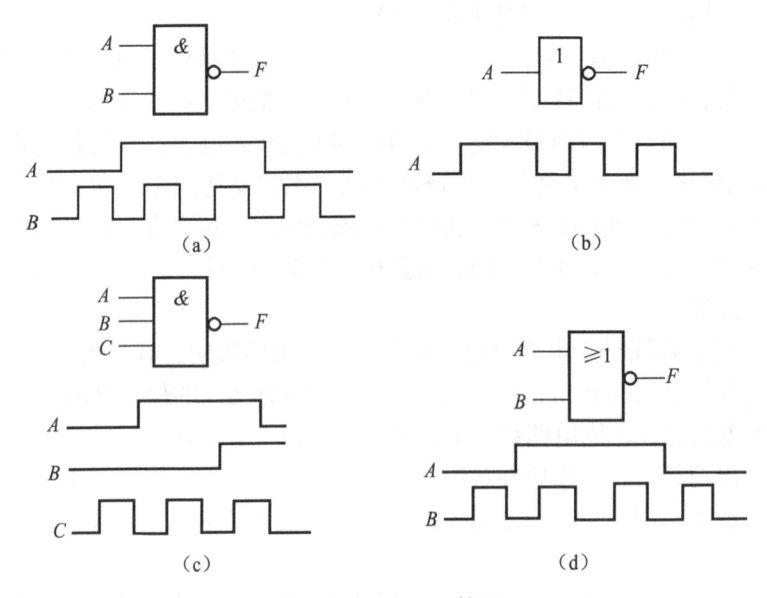

图 8-8 习题 8-1 的图

8-2 在图 8-9 所示二极管门电路中，设二极管导通压降 U_{VD} = +0.7 V，内阻 r_{VD}<10 Ω。设输入信号的 U_{IH} = +5 V，U_{IL} = 0 V，则它的输出信号 U_{OH} 和 U_{OL} 各等于几伏？

图 8-9 习题 8-2 的图

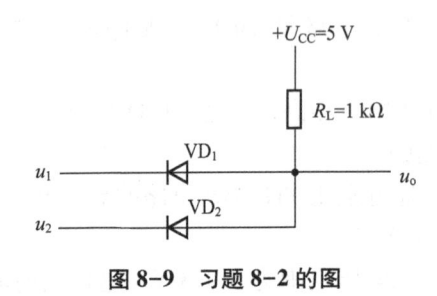

8-3 在图 8-10 所示 TTL 电路中，哪些能实现"线与"逻辑功能？

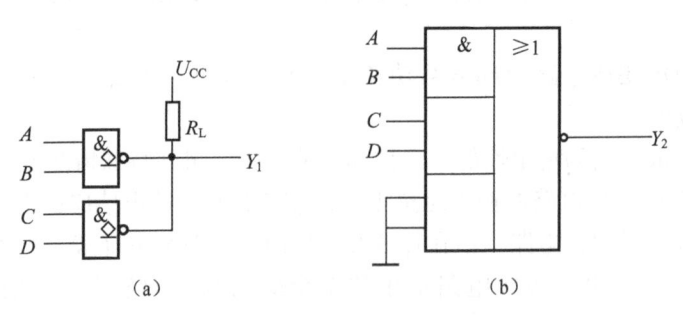

图 8-10 习题 8-3 的图

第八章　逻辑门电路

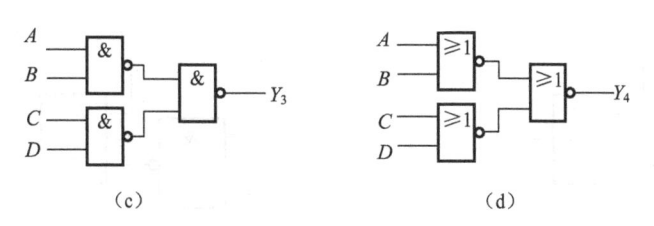

(c)　　　　　　　　　(d)

图 8-10　习题 8-3 的图（续）

8-4　试判断图 8-11 所示的门电路输出与输入之间的逻辑关系哪些是正确的，哪些是错误的。把错误的改正过来。

$Y_1 = \overline{A+B}$

(a)

$Y_2 = \overline{A+B}$

(b)

$Y_3 = \overline{AB}$

(c)

$Y_4 = \overline{AB}$

(d)

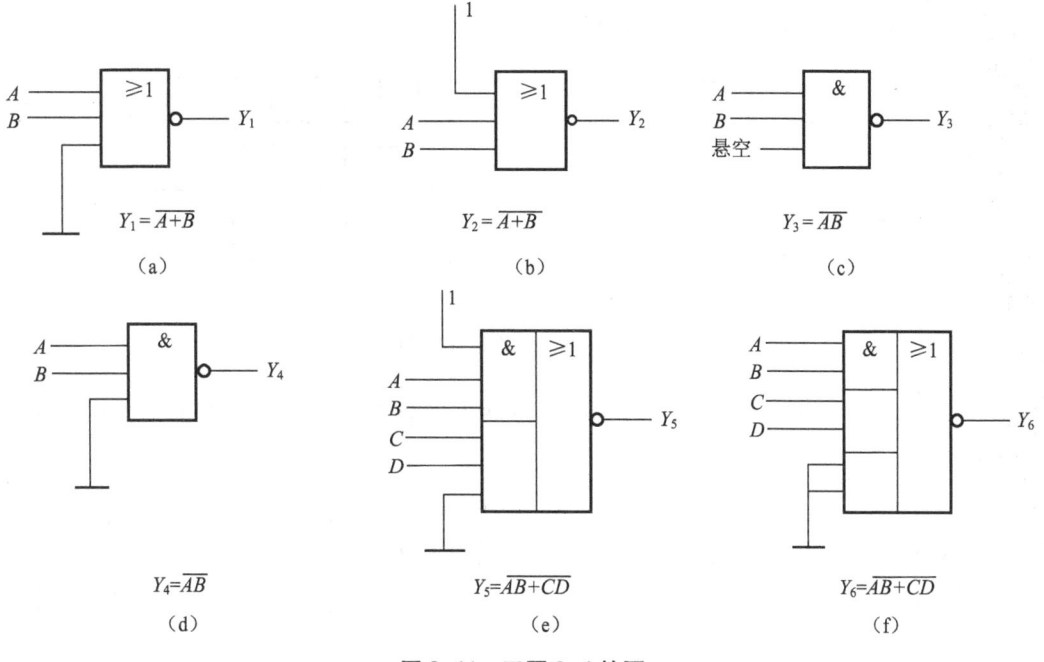

$Y_5 = \overline{AB+CD}$

(e)

$Y_6 = \overline{AB+CD}$

(f)

图 8-11　习题 8-4 的图

8-5　在图 8-12 所示的 TTL 门电路中，要求实现规定的逻辑功能时，连接有无错误？有错误的请改正。

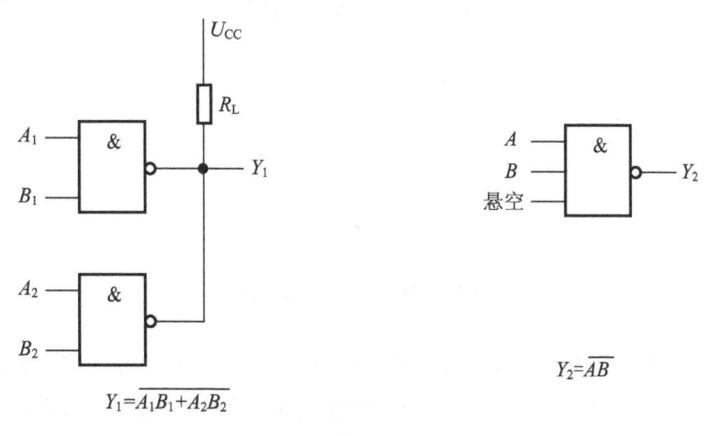

$Y_1 = \overline{A_1B_1 + A_2B_2}$

$Y_2 = \overline{AB}$

图 8-12　习题 8-5 的图

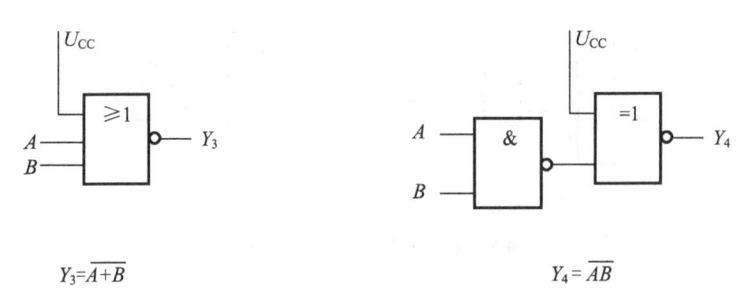

$Y_3 = \overline{A+B}$　　　　　　　　　　　$Y_4 = \overline{AB}$

图 8-12　习题 8-5 的图（续）

8-6　已知门电路的输入 A、B 和输出 Y 的波形如图 8-13 所示，试分别列出它们的真值表，写出逻辑表达式，并画出逻辑电路图。

（a）　　　　　　　　　　　　　（b）

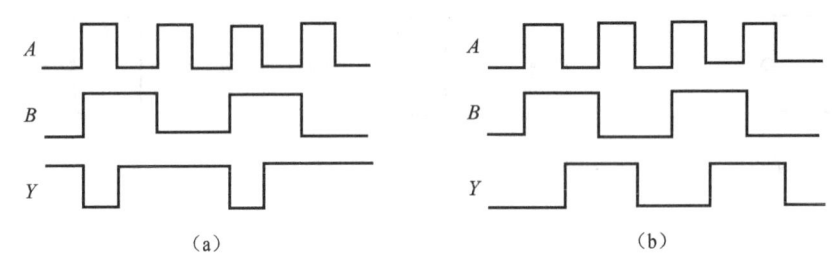

图 8-13　习题 8-6 的图

8-7　判断图 8-14 所示的 TTL 三态门电路能否按照要求的逻辑关系正常工作。如有错误，请改正。

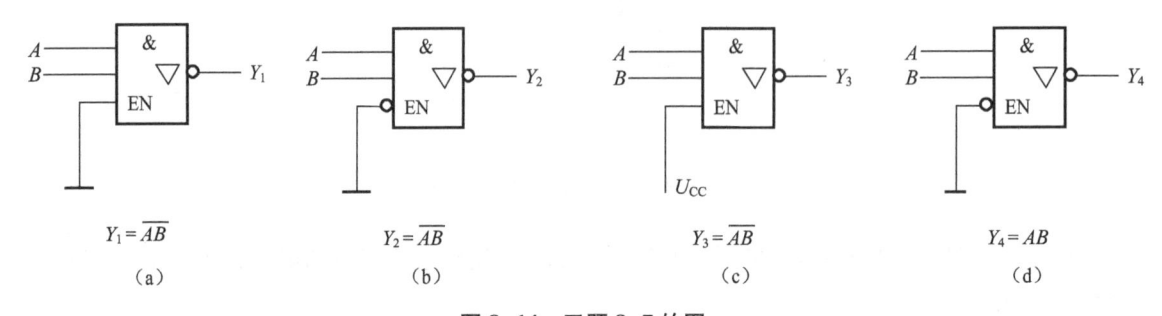

$Y_1 = \overline{AB}$　　$Y_2 = \overline{AB}$　　$Y_3 = \overline{AB}$　　$Y_4 = AB$
（a）　　　　（b）　　　　（c）　　　　（d）

图 8-14　习题 8-7 的图

8-8　写出图 8-15 中逻辑函数表达式。

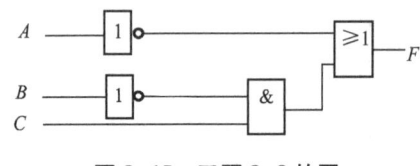

图 8-15　习题 8-8 的图

8-9　如果与门的两个输入端中，A、B 为信号输入端。设 A、B 的信号波形如图 8-16 所示，试画出输出波形。如果是与非门、或门、或非门则又如何？分别画出输出波形，最后总结上述 4 种门电路的控制作用。

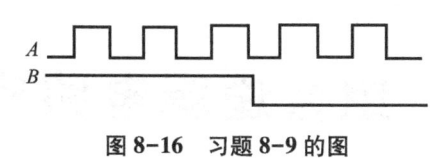

图 8-16 习题 8-9 的图

8-10 对应图 8-17 所示的电路及输入信号波形，分别画出 F_1、F_2、F_3 的波形。

图 8-17 习题 8-10 的图

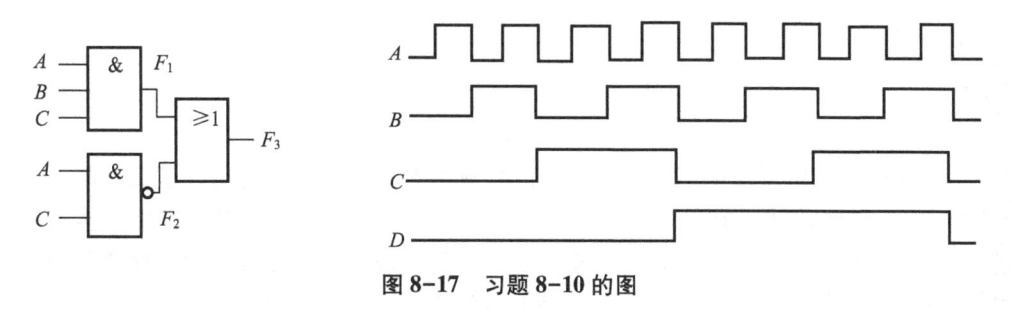

第九章　组合逻辑电路应用

数字电路根据逻辑功能的不同特点，可以分成两大类，一类称为组合逻辑电路（简称组合电路），另一类称为时序逻辑电路（简称时序电路）。组合逻辑电路在逻辑功能上的特点是任意时刻的输出仅仅取决于该时刻的输入，与电路原来的状态无关。而时序逻辑电路在逻辑功能上的特点是任意时刻的输出不仅取决于当时的输入信号，而且还取决于电路原来的状态，或者说，还与以前的输出有关。

组合逻辑电路是指在任何时刻，输出状态只决定于同一时刻各输入状态的组合，而与电路以前状态无关，与其他时间的输入无关。组合逻辑电路的一般框图如图 9-1 所示。

图 9-1　组合逻辑电路框图

图中，a_1、a_2、$\cdots$、a_n 为某一时刻的输入，y_1、y_2、$\cdots$、y_m 为该时刻的输出，其逻辑功能可以用如下逻辑函数来描述：

$$\begin{cases} y_1 = f_1(a_1, a_2, \cdots, a_n) \\ y_2 = f_2(a_1, a_2, \cdots, a_n) \\ \vdots \\ y_m = f_m(a_1, a_2, \cdots, a_n) \end{cases}$$

组合逻辑电路的特点：电路中无记忆元件，输出与输入之间无反馈。常用的组合逻辑电路有半加器、全加器、编码器、译码器和数据选择器等。描述组合逻辑电路的方法主要有逻辑表达式、真值表和逻辑图。

第一节　组合逻辑电路的分析和设计方法

对组合逻辑电路的分析是根据给定的逻辑图，找出输入信号和输出信号之间的关系，从而确定它的逻辑功能。而组合逻辑电路的设计是根据给出的实际问题，求出实现这一逻辑功能的最佳逻辑电路。

一、组合逻辑电路的分析

对于已经给出的一个组合逻辑电路,用逻辑代数原理去分析它的性质,判断它的逻辑功能,称为组合逻辑电路的分析,其分析步骤如下:

(1) 由逻辑图写表达式。根据给定的逻辑电路,从输入端开始,逐级推导出输出端的逻辑函数表达式。
(2) 化简逻辑表达式。
(3) 列真值表。根据输出函数表达式列出真值表。
(4) 描述逻辑功能。用文字概括出电路的逻辑功能。

例 9-1 试分析图 9-2 所示逻辑电路的功能。

解:第一步,由逻辑图可以写出输出 Y 的逻辑表达式为

$$F=\overline{\overline{AB}\cdot\overline{AC}\cdot\overline{BC}}$$

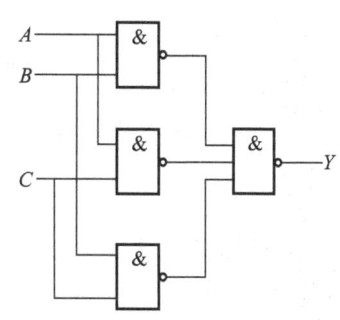

图 9-2 例 9-1 的逻辑电路图

第二步,化简表达式,可变换为

$$Y=AB+AC+BC$$

第三步,列出真值表,如表 9-1 所示。

表 9-1 例 9-1 的真值表

A	B	C	Y
0	0	0	0
0	0	1	0
0	1	0	0
0	1	1	1
1	0	0	0
1	0	1	1
1	1	0	1
1	1	1	1

第四步,确定电路的逻辑功能。由真值表可知,三个变量输入 A、B、C,只要两个及两个以上变量取值为 1 时,输出才为 1。可见电路可实现三人表决逻辑功能。

例 9-2 分析图 9-3 所示电路的逻辑功能。

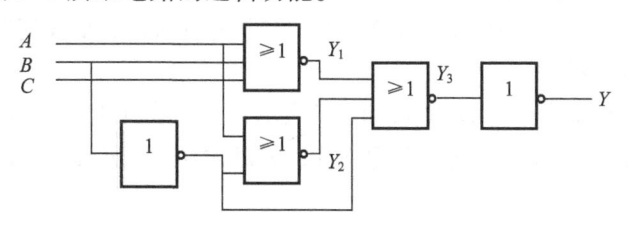

图 9-3 例 9-2 的图

解： 第一步，写出函数表达式为

$$\left.\begin{array}{l}Y_1=\overline{A+B+C}\\Y_2=\overline{A+\overline{B}}\\Y_3=\overline{Y_1+Y_2+\overline{B}}\end{array}\right\}Y=\overline{Y_3}=Y_1+Y_2+\overline{B}=\overline{A+B+C}+\overline{A+\overline{B}}+\overline{B}$$

第二步，化简表达式为

$$Y=\overline{A}\,\overline{B}\,\overline{C}+\overline{A}B+\overline{B}=\overline{A}B+\overline{B}=\overline{A}+\overline{B}$$

电路的输出 Y 只与输入 A、B 有关，而与输入 C 无关。Y 和 A、B 的逻辑关系为：A、B 中只要一个为 0，$Y=1$；A、B 全为 1 时，$Y=0$。所以 Y 和 A、B 的逻辑关系为与非运算的关系。

二、组合逻辑电路的设计

与分析过程相反，组合逻辑电路的设计是根据给出的实际逻辑问题，求出实现这一逻辑功能的最佳逻辑电路。工程上的最佳设计，通常需要用多个指标去衡量，主要考虑的问题有以下几个方面：

（1）所用的逻辑器件数目最少，器件的种类最少，且器件之间的连线最少。这样的电路称"最小化"（最简）电路。

（2）满足速度要求，应使级数最少，以减少门电路的延迟时间。

（3）功耗小，工作稳定可靠。

组合逻辑电路的设计一般可按以下步骤进行：

（1）逻辑抽象。将文字描述的逻辑命题转换成真值表叫逻辑抽象。首先要分析逻辑命题，确定输入、输出变量；然后用二值逻辑的 0、1 两种状态分别对输入、输出变量进行逻辑赋值，即确定 0、1 的具体含义；最后根据输出与输入之间的逻辑关系列出真值表。

（2）根据真值表，写出相应的逻辑函数表达式。

（3）将逻辑函数表达式化简，并变换为与门电路相对应的最简式。

（4）根据化简的逻辑函数表达式画出逻辑电路图。

（5）工艺设计。包括设计机箱、面板、电源、显示电路、控制开关等等。最后还必须完成组装、测试。

例 9-3 某工厂有三条生产线，耗电分别为 1 号线 10 kW，2 号线 20 kW，3 号线 30 kW，生产线的电力由两台发电机提供，其中 1 号机 20 kW，2 号机 40 kW。试设计一个供电控制电路，根据生产线的开工情况启动发电机，使电力负荷达到最佳配置。

解： 第一步，逻辑抽象。

确定输入变量：1～3 号生产线以 A、B、C 表示，生产线开工为 1，停工为 0；输出变量：1～2 号发电机以 Y_1、Y_2 表示，发电机启动为 1，关机为 0；列出真值表，见表 9-2。

表 9-2 例 9-3 真值表

输入			输出	
A	B	C	Y_1	Y_2
0	0	0	0	0
0	0	1	0	1
0	1	0	1	0
0	1	1	1	1
1	0	0	1	0
1	0	1	0	1
1	1	0	0	1
1	1	1	1	1

第二步，写出逻辑函数式。

$$Y_1 = \overline{A}B\overline{C} + \overline{A}BC + A\overline{B}\overline{C} + ABC$$
$$Y_2 = \overline{A}\overline{B}C + \overline{A}BC + A\overline{B}C + AB\overline{C} + ABC$$

第三步，化简函数表达式。

与或式 $\quad Y_1 = \overline{A}B + BC + A\overline{B}\overline{C} \quad Y_2 = C + AB$

第四步，画出逻辑电路图，如图 9-4 所示。

例 9-4 用与非门设计一个举重裁判表决电路。设举重比赛有 3 个裁判，一个主裁判和两个副裁判。只有当两个或两个以上裁判判明成功，并且其中有一个为主裁判时，表明举重成功。

解：第一步，逻辑抽象。

输入变量：主裁判为 A，副裁判为 B、C。判明成功为 1，失败为 0；输出变量：举重成功与否用变量 Y 表示，成功为 1，失败为 0；列出真值表，见表 9-3。

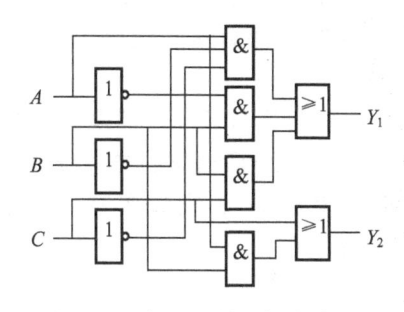

图 9-4 例 9-3 的逻辑电路图

表 9-3 例 9-4 真值表

输入			输出
A	B	C	Y
0	0	0	0
0	0	1	0
0	1	0	0
0	1	1	0
1	0	0	0
1	0	1	1
1	1	0	1
1	1	1	1

第二步，写出逻辑函数表达式。

$$Y=A\overline{B}C+AB\overline{C}+ABC$$

第三步，化简函数表达式。

$$Y=AB+AC=\overline{\overline{AB+AC}}=\overline{\overline{AB}\cdot\overline{AC}}$$

第四步，画出逻辑电路图，如图 9-5 所示。

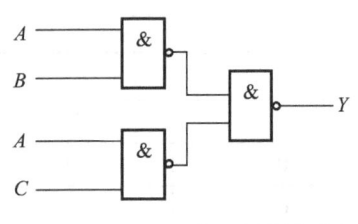

图 9-5　例 9-4 的逻辑电路图

第二节　编　码　器

生活中常用十进制数及文字、符号等表示事物。数字电路只能以二进制信号工作。因此，在数字电路中，需要用二进制代码表示某个事物或特定对象，这一过程称为编码，实现编码操作的逻辑电路称为编码器。使用编码技术可以大大减少数字电路系统中信号传输线的条数，同时便于信号的接收和处理。用 n 位二进制代码可对 $N \leqslant 2^n$ 个输入信号进行编码，输出相应的 n 位二进制代码。按照被编码信号的不同特点和要求，有普通编码器、优先编码器、二-十进制编码器之分。

一、二进制编码器

二进制编码器：实现以二进制数进行编码的电子电路称二进制编码器。n 位二进制数可对 2^n 个事件进行编码，如 8 位计算机中地址寄存器是 8 位，可对 $2^8=256$ 个指令进行编码。

编码器是由若干个门电路组合而成的，输入端是各事件代号，如 n 个事件用 $I_0 \sim I_{n-1}$ 表示，输出端是相应的二进制代码。3 位二进制编码器有 8 个输入端和 3 个输出端，所以常称为 8 线-3 线编码器，能把 8 个信息编成 3 位二进制代码，其逻辑电路图如图 9-6 所示。

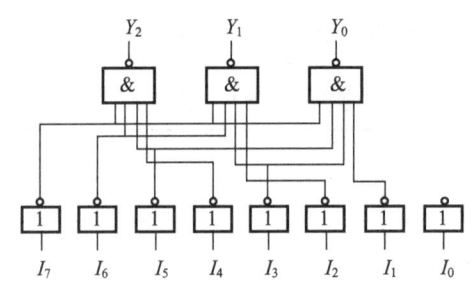

图 9-6　3 位二进制编码器

根据图 9-6 写出编码器的输出逻辑函数为

$$Y_2=\overline{\overline{I_4}\,\overline{I_5}\,\overline{I_6}\,\overline{I_7}} \qquad Y_1=\overline{\overline{I_2}\,\overline{I_3}\,\overline{I_6}\,\overline{I_7}} \qquad Y_0=\overline{\overline{I_1}\,\overline{I_3}\,\overline{I_5}\,\overline{I_7}}$$

根据上面的逻辑函数表达式列出真值表，见表 9-4。

表 9-4 3 位二进制编码器真值表

输入								输出		
I_0	I_1	I_2	I_3	I_4	I_5	I_6	I_7	Y_2	Y_1	Y_0
1	0	0	0	0	0	0	0	0	0	0
0	1	0	0	0	0	0	0	0	0	1
0	0	1	0	0	0	0	0	0	1	0
0	0	0	1	0	0	0	0	0	1	1
0	0	0	0	1	0	0	0	1	0	0
0	0	0	0	0	1	0	0	1	0	1
0	0	0	0	0	0	1	0	1	1	0
0	0	0	0	0	0	0	1	1	1	1

由真值表可见，编码器在任何时刻只能对一个输入信号编码，不允许两个或两个以上的输入信号同时请求编码，否则输出编码会发生混乱。其中 I_0 属于隐性编码，即另外 7 个输入无效时，输出即为 I_0 的编码。由于该编码器有 8 个输入，3 个输出，所以又称为 8 线-3 线编码器。

二、二-十进制编码器

二-十进制编码器：用 4 位二进制对十进制的 10 个数字 0~9 进行编码的电路称二-十进制编码器，常用的是 8421 加权码，简称 BCD 码。输入是 10 个有效数字 0~9，输出是 10 个 4 位二进制代码 0000~1001。键控 8421BCD 码编码器逻辑图如图 9-7 所示。左端的 10 个按键 S_0~S_9 代表输入的 10 个十进制数符号 0~9，输入为低电平有效，即某一按键按下，对应

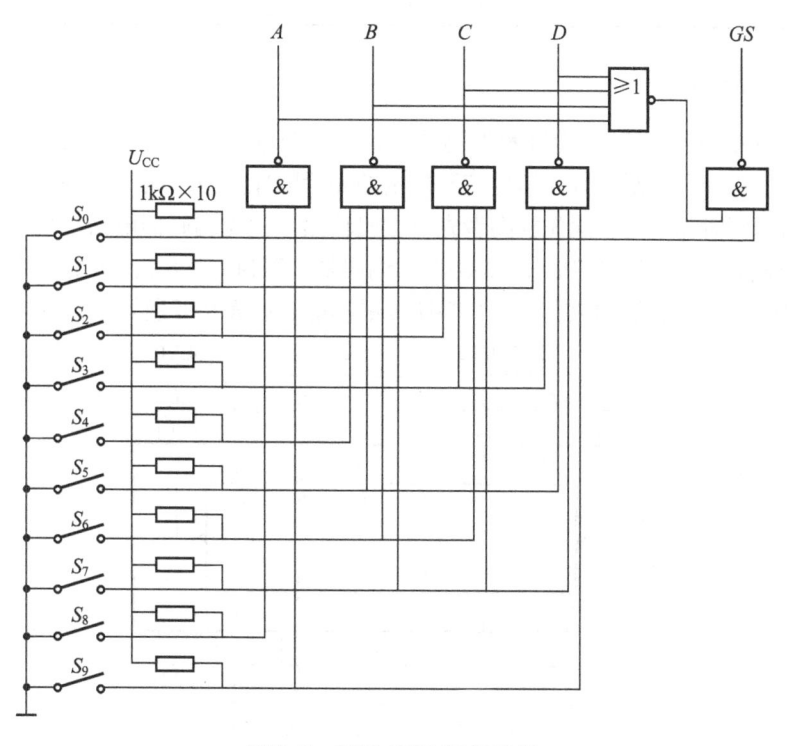

图 9-7 8421 BCD 码编码器

的输入信号为 0。输出对应的 8421 码，为 4 位码，所以有 4 个输出端 A、B、C、D。其中 GS 为控制使能标志，当按下 $S_0 \sim S_9$ 任意一个键时，GS=1，表示有信号输入；当 $S_0 \sim S_9$ 均没按下时，GS=0，表示没有信号输入，此时的输出代码 0000 为无效代码。

由其逻辑图可写出逻辑函数为

$$A = \overline{\overline{S_8} + \overline{S_9}} = \overline{\overline{S_8}\,\overline{S_9}} \quad B = \overline{\overline{S_4} + \overline{S_5} + \overline{S_6} + \overline{S_7}} = \overline{\overline{S_4}\,\overline{S_5}\,\overline{S_6}\,\overline{S_7}}$$

$$C = \overline{\overline{S_2} + \overline{S_3} + \overline{S_6} + \overline{S_7}} = \overline{\overline{S_2}\,\overline{S_3}\,\overline{S_6}\,\overline{S_7}} \quad D = \overline{\overline{S_1} + \overline{S_3} + \overline{S_5} + \overline{S_7} + \overline{S_9}} = \overline{\overline{S_1}\,\overline{S_3}\,\overline{S_5}\,\overline{S_7}\,\overline{S_9}}$$

由逻辑函数表达式列出真值表，见表 9-5。

表 9-5　键控 8421 BCD 码编码器真值表

输入											输出			
S_9	S_8	S_7	S_6	S_5	S_4	S_3	S_2	S_1	S_0	A	B	C	D	GS
1	1	1	1	1	1	1	1	1	1	0	0	0	0	0
1	1	1	1	1	1	1	1	1	0	0	0	0	0	1
1	1	1	1	1	1	1	1	0	1	0	0	0	1	1
1	1	1	1	1	1	1	0	1	1	0	0	1	0	1
1	1	1	1	1	1	0	1	1	1	0	0	1	1	1
1	1	1	1	1	0	1	1	1	1	0	1	0	0	1
1	1	1	1	0	1	1	1	1	1	0	1	0	1	1
1	1	1	0	1	1	1	1	1	1	0	1	1	0	1
1	1	0	1	1	1	1	1	1	1	0	1	1	1	1
1	0	1	1	1	1	1	1	1	1	1	0	0	0	1
0	1	1	1	1	1	1	1	1	1	1	0	0	1	1

三、优先编码器

在使用二进制编码器和二-十进制编码器中，当两个以上信号同时输入编码器时将产生错误码输出，而优先编码器则对输入信号依照规定的先后顺序进行编码。这种先后顺序称为优先权。当多个信号同时输入时，优先权高者先行编码输出。优先编码器电路结构复杂，通常做成中规模集成电路，如 74147 为 10 线-4 线优先编码器，74148 为 8 线-3 线编码器，等等。如图 9-8 所示为 74LS148 的管脚功能图，CT74148 的功能表如表 9-6 所示。

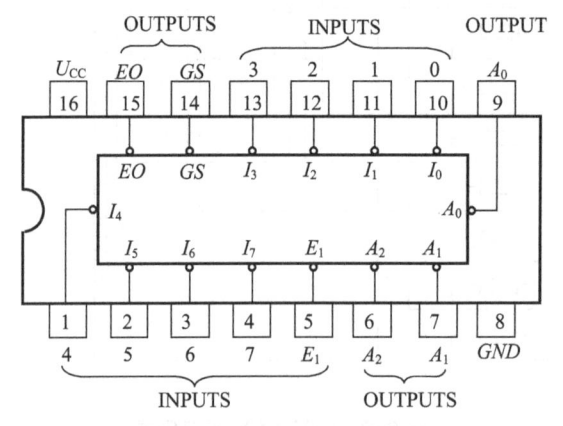

图 9-8　74LS148 管脚功能图

表 9-6 CT74148 优先编码器真值表

输入									输出				
EI	I_0	I_1	I_2	I_3	I_4	I_5	I_6	I_7	A_2	A_1	A_0	GS	EO
1	×	×	×	×	×	×	×	×	1	1	1	1	1
0	1	1	1	1	1	1	1	1	1	1	1	1	0
0	×	×	×	×	×	×	×	0	0	0	0	0	1
0	×	×	×	×	×	×	0	1	0	0	1	0	1
0	×	×	×	×	×	0	1	1	0	1	0	0	1
0	×	×	×	×	0	1	1	1	0	1	1	0	1
0	×	×	×	0	1	1	1	1	1	0	0	0	1
0	×	×	0	1	1	1	1	1	1	0	1	0	1
0	×	0	1	1	1	1	1	1	1	1	0	0	1
0	0	1	1	1	1	1	1	1	1	1	1	0	1

其中 $I_0 \sim I_7$ 为编码输入端，低电平有效。$A_0 \sim A_2$ 为编码输出端，也为低电平有效，即反码输出。其他功能：EI 为使能输入端，低电平有效。优先顺序为 $I_7 \rightarrow I_0$，即 I_7 的优先级最高，然后是 I_6、I_5、…、I_0。GS 为编码器的工作标志，低电平有效。EO 为使能输出端，高电平有效。

四、编码器的应用

1. 编码器的扩展

集成编码器的输入输出端的数目都是一定的，利用编码器的输入使能端 EI、输出使能端 EO 和优先编码工作标志 GS，可以扩展编码器的输入输出端。

图 9-9 所示为用两片 74148 优先编码器串行扩展实现的 16 线-4 线优先编码器。

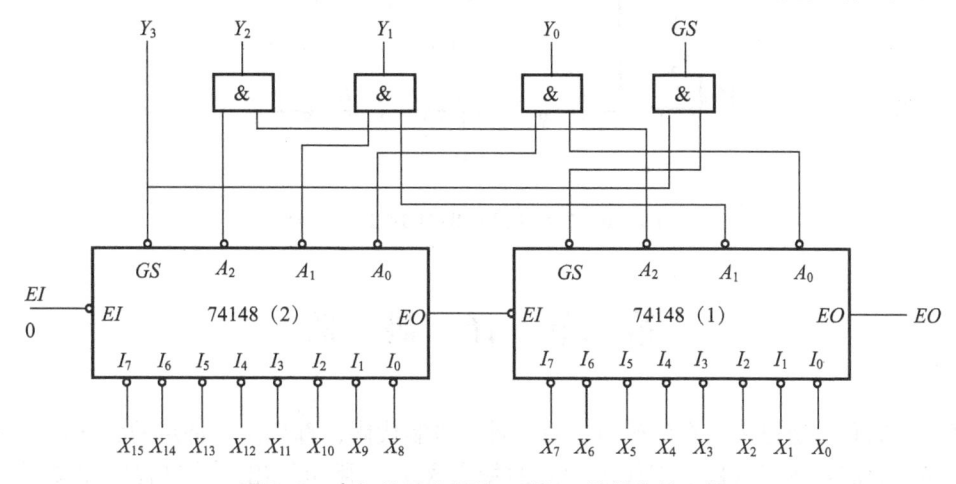

图 9-9 串行扩展实现的 16 线-4 线优先编码器

它共有 16 个编码输入端，用 $X_0 \sim X_{15}$ 表示；有 4 个编码输出端，用 $Y_0 \sim Y_3$ 表示。片 1 为低位片，其输入端 $I_0 \sim I_7$ 作为总输入端 $X_0 \sim X_7$；片 2 为高位片，其输入端 $I_0 \sim I_7$ 作为总输入端 $X_8 \sim X_{15}$。两片的输出端 A_0、A_1、A_2 分别相与，作为总输出端 Y_0、Y_1、Y_2，片 2 的 GS 端作为总输出端 Y_3。片 1 的输出使能端 EO 作为电路总的输出使能端；片 2 的输入使能端 EI 作为电路总的输入使能端，在本电路中接 0，处于允许编码状态。片 2 的输出使能端 EO 接片 1 的输入使能端 EI，控制片 1 工作。两片的工作标志 GS 相与，作为总的工作标志 GS 端。

电路的工作原理为：当片 2 的输入端没有信号输入，即 $X_8 \sim X_{15}$ 全为 1 时，$GS_2 = 1$（即 $Y_3 = 1$），$EO_2 = 0$（即 $EI_1 = 0$），片 1 处于允许编码状态。设此时 $X_5 = 0$，则片 1 的输出为 $A_2 A_1 A_0 = 010$，由于片 2 输出 $A_2 A_1 A_0 = 111$，所以总输出 $Y_3 Y_2 Y_1 Y_0 = 1010$。

当片 2 有信号输入时，$EO_2 = 1$（即 $EI_1 = 1$），片 1 处于禁止编码状态。设此时 $X_{12} = 0$（即片 2 的 $I_4 = 0$），则片 2 的输出为 $A_2 A_1 A_0 = 011$，且 $GS_2 = 0$。由于片 1 输出 $A_2 A_1 A_0 = 111$，所以总输出 $Y_3 Y_2 Y_1 Y_0 = 0011$。

2. 组成 8421BCD 编码器

如图 9-10 所示是用 74148 和门电路组成的 8421BCD 编码器，输入仍为低电平有效，输出为 8421BCD 码。工作原理如下：

当 I_9、I_8 无输入（即 I_9、I_8 均为高平）时，与非门 G_4 的输出 $Y_3 = 0$，同时使 74148 的 $EI = 0$，允许 74148 工作，74148 对输入 $I_0 \sim I_7$ 进行编码。如 $I_5 = 0$，则 $A_2 A_1 A_0 = 010$，经门 G_1、G_2、G_3 处理后，$Y_2 Y_1 Y_0 = 101$，所以总输出 $Y_3 Y_2 Y_1 Y_0 = 0101$。这正好是 5 的 8421BCD 码。当 I_9 或 I_8 有输入（低电平）时，与非门 G_4 的输出 $Y_3 = 1$，同时使 74148 的 $EI = 1$，禁止 74148 工作，使 $A_2 A_1 A_0 = 111$。如果此时 $I_9 = 0$，总输出 $Y_3 Y_2 Y_1 Y_0 = 1001$。如果 $I_8 = 0$，总输出 $Y_3 Y_2 Y_1 Y_0 = 1000$。正好是 9 和 8 的 8421BCD 码。

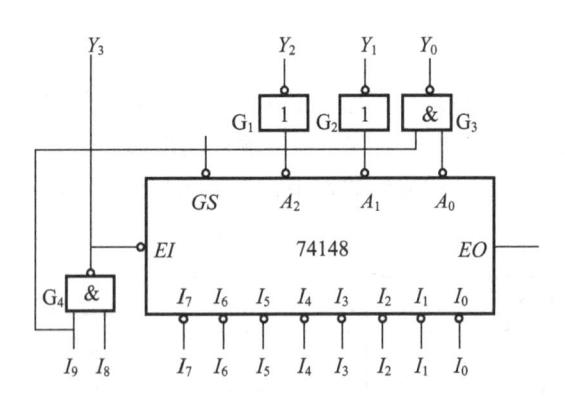

图 9-10 74148 组成 8421 BCD 编码器

第三节 译 码 器

译码是编码的逆过程，在编码时，每一种二进制代码，都赋予了特定的含义，即都表示了一个确定的信号或者对象。把代码状态的特定含义"翻译"出来的过程叫作译码，实现译码操作的电路称为译码器。或者说，译码器是可以将输入二进制代码的状态翻译成输出信号，以表示其原来含义的电路。根据需要，输出信号可以是脉冲，也可以是高电平或者低电平。

译码器是组合逻辑电路的一个重要的器件，可以分为变量译码和显示译码两类。变量译码一般是一种较少输入变为较多输出的器件，一般分为 2^n 译码和 8421BCD 码译码两类。显示译码主要解决将二进制数显示成对应的十或十六进制数的转换功能，一般其可分为驱动 LED 和驱动 LCD 两类。

一、变量译码器

1. 二进制译码器

假设译码器有 n 个输入信号和 N 个输出信号，如果 $N=2^n$，就称为全译码器，常见的全译码器有 2 线-4 线译码器、3 线-8 线译码器、4 线-16 线译码器等。如果 $N<2^n$，称为部分译码器，如二-十进制译码器（也称作 4 线-10 线译码器）等。下面以 2 线-4 线译码器为例说明译码器的工作原理和电路结构。2 线-4 线译码器的功能如表 9-7 所示。

表 9-7　2 线-4 线译码器功能表

输入			输出			
EI	A	B	Y_0	Y_1	Y_2	Y_3
1	×	×	1	1	1	1
0	0	0	0	1	1	1
0	0	1	1	0	1	1
0	1	0	1	1	0	1
0	1	1	1	1	1	0

由表可写出各输出函数表达式为

$$Y_0 = \overline{\overline{EI}\,\overline{A}\,\overline{B}} \quad Y_1 = \overline{\overline{EI}\,\overline{A}\,B} \quad Y_2 = \overline{\overline{EI}\,A\,\overline{B}} \quad Y_3 = \overline{\overline{EI}\,A\,B}$$

用门电路实现 2 线-4 线译码器的逻辑电路和等效逻辑功能图如图 9-11 所示。

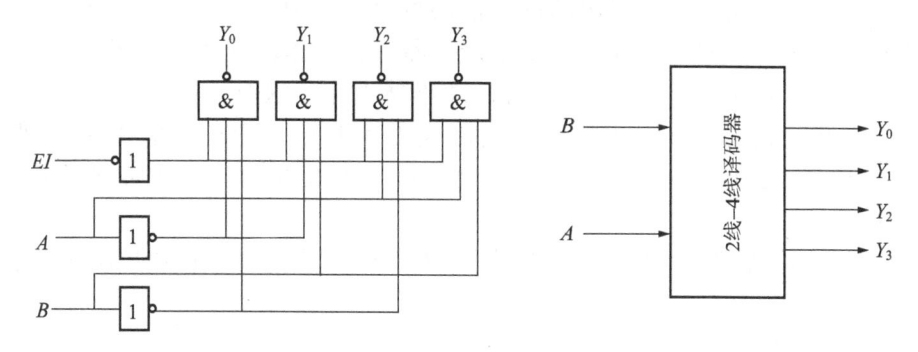

图 9-11　2 线-4 线译码器逻辑图和等效逻辑功能图

2. 3线-8线译码器 74LS138

74LS138 是一种典型的二进制译码器,其逻辑图和引脚图如图 9-12 所示。它有 3 个输入端 A_2、A_1、A_0,8 个输出端 $\overline{Y}_0 \sim \overline{Y}_7$,所以常称为 3 线-8 线译码器,属于全译码器。输出为低电平有效,G_1、$\overline{G}_{2A}$ 和 $\overline{G}_{2B}$ 为使能输入端。

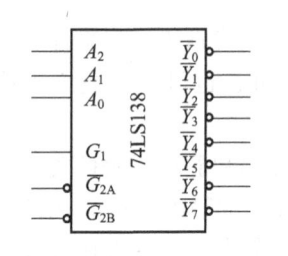

图 9-12 集成 3 线-8 线译码器 74LS138

其真值表如表 9-8 所示。

表 9-8 3 线-8 线译码器 74LS138 功能表

输入						输出							
G_1	$\overline{G}_{2A}$	$\overline{G}_{2B}$	A_2	A_1	A_0	$\overline{Y}_0$	$\overline{Y}_1$	$\overline{Y}_2$	$\overline{Y}_3$	$\overline{Y}_4$	$\overline{Y}_5$	$\overline{Y}_6$	$\overline{Y}_7$
×	1	×	×	×	×	1	1	1	1	1	1	1	1
×	×	1	×	×	×	1	1	1	1	1	1	1	1
0	×	×	×	×	×	1	1	1	1	1	1	1	1
1	0	0	0	0	0	0	1	1	1	1	1	1	1
1	0	0	0	0	1	1	0	1	1	1	1	1	1
1	0	0	0	1	0	1	1	0	1	1	1	1	1
1	0	0	0	1	1	1	1	1	0	1	1	1	1
1	0	0	1	0	0	1	1	1	1	0	1	1	1
1	0	0	1	0	1	1	1	1	1	1	0	1	1
1	0	0	1	1	0	1	1	1	1	1	1	0	1
1	0	0	1	1	1	1	1	1	1	1	1	1	0

74LS138 的输出函数表达式为

$$\overline{Y}_i = \overline{S \cdot m_i} \quad (i = 0, 1, 2, \cdots, 7)$$

其中,$S = G_1 \cdot \overline{G}_{2A} \cdot \overline{G}_{2B}$。利用译码器的使能端可以方便地扩展译码器的容量。图 9-13 所示是将两片 74LS138 扩展为 4 线-16 线译码器。其工作原理为:当 $E=1$ 时,两个译码器都禁止工作,输出全 1;当 $E=0$ 时,译码器工作。这时,如果 $A_3=0$,高位片禁止,低位片工作,输出 $Y_0 \sim Y_7$ 由输入二进制代码 $A_2A_1A_0$ 决定;如果 $A_3=1$,低位片禁止,高位片工作,输出 $Y_8 \sim Y_{15}$ 由输入二进制代码 $A_2A_1A_0$ 决定。从而实现了 4 线-16 线译码器功能。

由于译码器的每个输出端分别与一个最小项相对应,因此辅以适当的门电路,便可实现任何组合逻辑函数。

3. 二-十进制译码器

二-十进制译码器也称 BCD 译码器,它的功能是将输入的十进制 BCD 码(四位二元符号)译成 10 个高、低电平输出信号,因此也叫 4 线-10 线译码器。如图 9-14 所示。

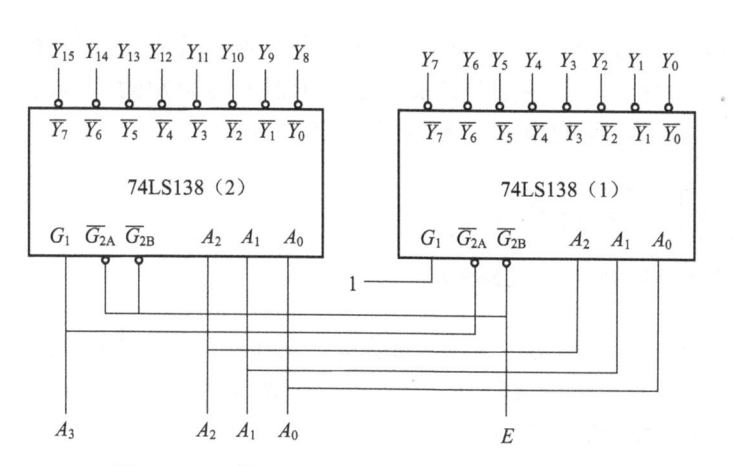

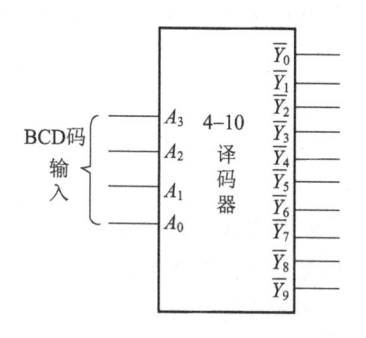

图 9-13　两片 74LS138 扩展为 4 线-16 线译码器　　　　图 9-14　4 线-10 线译码器

74LS42 就是 8421BCD 码译码器，其真值表如表 9-9 所示。

表 9-9　二-十进制译码器 74LS42 的真值表

序号	输入 A_3	A_2	A_1	A_0	输出 $\overline{Y_0}$	$\overline{Y_1}$	$\overline{Y_2}$	$\overline{Y_3}$	$\overline{Y_4}$	$\overline{Y_5}$	$\overline{Y_6}$	$\overline{Y_7}$	$\overline{Y_8}$	$\overline{Y_9}$
0	0	0	0	0	0	1	1	1	1	1	1	1	1	1
1	0	0	0	1	1	0	1	1	1	1	1	1	1	1
2	0	0	1	0	1	1	0	1	1	1	1	1	1	1
3	0	0	1	1	1	1	1	0	1	1	1	1	1	1
4	0	1	0	0	1	1	1	1	0	1	1	1	1	1
5	0	1	0	1	1	1	1	1	1	0	1	1	1	1
6	0	1	1	0	1	1	1	1	1	1	0	1	1	1
7	0	1	1	1	1	1	1	1	1	1	1	0	1	1
8	1	0	0	0	1	1	1	1	1	1	1	1	0	1
9	1	0	0	1	1	1	1	1	1	1	1	1	1	0

由真值表写出逻辑函数表达式为

$\overline{Y_0} = \overline{\overline{A_3}\,\overline{A_2}\,\overline{A_1}\,\overline{A_0}} = \overline{m_0}$　　$\overline{Y_1} = \overline{\overline{A_3}\,\overline{A_2}\,\overline{A_1}\,A_0} = \overline{m_1}$　　$\overline{Y_2} = \overline{\overline{A_3}\,\overline{A_2}\,A_1\,\overline{A_0}} = \overline{m_2}$

$\overline{Y_3} = \overline{\overline{A_3}\,\overline{A_2}\,A_1\,A_0} = \overline{m_3}$　　$\overline{Y_4} = \overline{\overline{A_3}\,A_2\,\overline{A_1}\,\overline{A_0}} = \overline{m_4}$　　$\overline{Y_5} = \overline{\overline{A_3}\,A_2\,\overline{A_1}\,A_0} = \overline{m_5}$

$\overline{Y_6} = \overline{\overline{A_3}\,A_2\,A_1\,\overline{A_0}} = \overline{m_6}$　　$\overline{Y_7} = \overline{\overline{A_3}\,A_2\,A_1\,A_0} = \overline{m_7}$　　$\overline{Y_8} = \overline{A_3\,\overline{A_2}\,\overline{A_1}\,\overline{A_0}} = \overline{m_8}$　　$\overline{Y_9} = \overline{A_3\,\overline{A_2}\,\overline{A_1}\,A_0} = \overline{m_9}$

二、显示译码器

在数字系统中，常常需要将数字、字母、符号等直观地显示出来，供人们读取或监视系统的工作情况。能够显示数字、字母或符号的器件称为数字显示器。

在数字电路中，数字量都是以一定的代码形式出现的，所以这些数字量要先经过译码，才能送到数字显示器去显示。这种能把数字量翻译成数字显示器所能识别的信号的译码器称为数字显示译码器。数字显示电路的组成框图如图9-15所示。

图9-15 数字显示电路框图

常用的数字显示器有多种类型。按显示方式分，有字型重叠式、点阵式、分段式等。按发光物质分，有半导体显示器，又称发光二极管（LED）显示器、荧光显示器、液晶显示器、气体放电管显示器等，常见的显示器如图9-16所示。

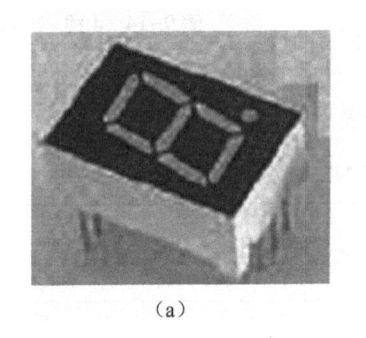

图9-16 显示器
(a) 数码显示管；(b) 液晶显示屏

1. 七段数字显示器原理

七段数字显示器就是将7个发光二极管（加小数点为8个）按一定的方式排列起来，七段a、b、c、d、e、f、g（小数点DP）各对应一个发光二极管，利用不同发光段的组合，显示不同的阿拉伯数字。

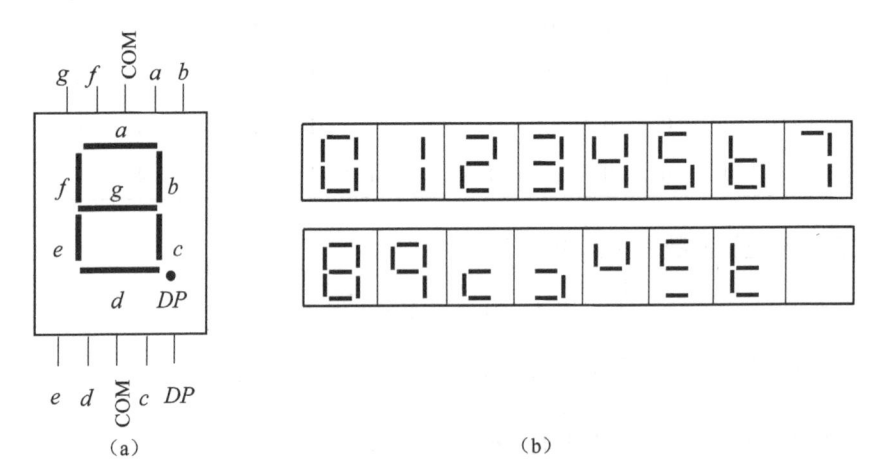

图9-17 七段数字显示器及发光段组合图
(a) 显示器；(b) 段组合图

按内部连接方式不同，七段数字显示器分为共阴极和共阳极两种。如图9-18所示。

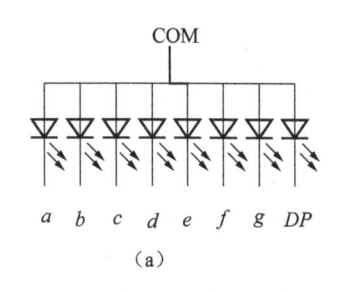

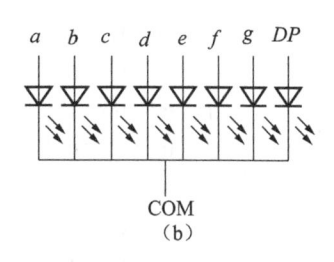

图 9-18 半导体数字显示器的内部接法
(a) 共阳极接法；(b) 共阴极接法

半导体显示器的优点是工作电压较低（1.5~3 V）、体积小、寿命长、亮度高、响应速度快、工作可靠性高。缺点是工作电流大，每个字段的工作电流约为 10 mA。

2. 七段显示译码器 74LS48

七段显示译码器 74LS48 是一种与共阴极数字显示器配合使用的集成译码器，它的功能是将输入的 4 位二进制代码转换成显示器所需要的 7 个段信号 $a \sim g$。如图 9-19 所示。

表 9-10 为它的逻辑功能表。$a \sim g$ 为译码输出端。另外，它还有 3 个控制端：试灯输入端 LT、灭零输入端 RBI、特殊控制端 BI/RBO。其功能为：

（1）正常译码显示。$LT=1$，$BI/RBO=1$ 时，对输入为十进制数 1~15 的二进制码（0001~1111）进行译码，产生对应的七段显示码。

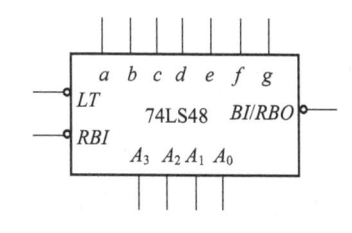

图 9-19 七段显示译码器 74LS48

（2）灭零。当输入 $RBI=0$，而输入为 0 的二进制码 0000 时，则译码器的 $a \sim g$ 输出全 0，使显示器全灭；只有当 $RBI=1$ 时，才产生 0 的七段显示码。所以 RBI 称为灭零输入端。

（3）试灯。当 $LT=0$ 时，无论输入怎样，$a \sim g$ 输出全 1，数码管七段全亮。由此可以检测显示器 7 个发光段的好坏。LT 称为试灯输入端。

（4）特殊控制端 BI/RBO。BI/RBO 可以作输入端，也可以作输出端。

作输入端使用时：如果 $BI=0$ 时，不管其他输入端为何值，$a \sim g$ 均输出 0，显示器全灭，因此 BI 称为灭灯输入端。

作输出端使用时：受控于 RBI。当 $RBI=0$，输入为 0 的二进制码 0000 时，$RBO=0$，用以指示该片正处于灭零状态。所以，RBO 又称为灭零输出端。

将 BI/RBO 和 RBI 配合使用，可以实现多位数显示时的"无效 0 消隐"功能。

在多位十进制数码显示时，整数前和小数后的 0 是无意义的，称为"无效 0"。

表 9-10 七段显示译码器 74LS48 的逻辑功能表

功能 （输入）	输入						输入/输出	输出							显示 字形
	LT	RBI	A_3	A_2	A_1	A_0	BI/RBO	a	b	c	d	e	f	g	
0	1	1	0	0	0	0	1	1	1	1	1	1	1	0	0
1	1	×	0	0	0	1	1	0	1	1	0	0	0	0	1
2	1	×	0	0	1	0	1	1	1	0	1	1	0	1	2
3	1	×	0	0	1	1	1	1	1	1	1	0	0	1	3
4	1	×	0	1	0	0	1	0	1	1	0	0	1	1	4
5	1	×	0	1	0	1	1	1	0	1	1	0	1	1	5
6	1	×	0	1	1	0	1	0	0	1	1	1	1	1	6
7	1	×	0	1	1	1	1	1	1	1	0	0	0	0	7
8	1	×	1	0	0	0	1	1	1	1	1	1	1	1	8
9	1	×	1	0	0	1	1	1	1	1	0	0	1	1	9
10	1	×	1	0	1	0	1	0	0	0	1	1	0	1	
11	1	×	1	0	1	1	1	0	0	1	1	0	0	1	
12	1	×	1	1	0	0	1	0	1	0	0	0	1	1	
13	1	×	1	1	0	1	1	1	0	0	1	0	1	1	
14	1	×	1	1	1	0	1	0	0	0	1	1	1	1	
15	1	×	1	1	1	1	1	0	0	0	0	0	0	0	
灭订	×	×	×	×	×	×	0	0	0	0	0	0	0	0	
灭零	1	0	0	0	0	0	0	0	0	0	0	0	0	0	
试灯	0	×	×	×	×	×	1	1	1	1	1	1	1	1	8

常见的译码显示电路如图 9-20 所示。

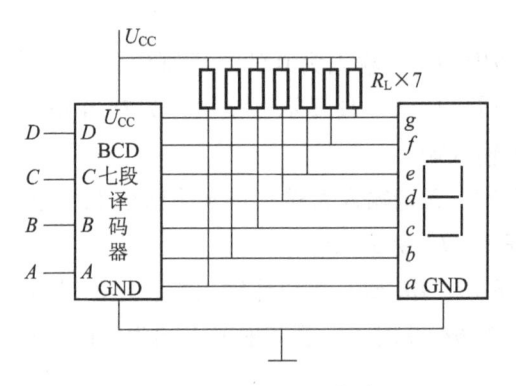

图 9-20 译码显示电路

第四节 数据选择器和数据分配器

在多路数据传送过程中，能够根据需要将其中任意一路选出来的电路，叫作数据选择器，也称多路选择器或多路开关。数据选择器（MUX）的逻辑功能是在地址选择信号的控制下，从多路数据中选择一路数据作为输出信号。其逻辑功能图如图 9-21 所示。

所以，数据选择器有 4 选 1 数据选择器、8 选 1 数据选择器、16 选 1 数据选择器等。

一、4 选 1 数据选择器

4 选 1 数据选择器就是从 4 个输入数据中选择一个数据作为输出进行传输，如图 9-22 所示为 4 选 1 数据选择器的逻辑功能图，其中 D_0、D_1、D_2、D_3 为 4 个输入数据，S_1、S_0 为地址信号输入端，Y 为数据选择器的数据输出，$\overline{E}$ 为使能端，也称为选通端，低电平有效。$\overline{E}=0$ 时，数据选择器工作；$\overline{E}=1$ 时，$Y=0$ 输出无效。

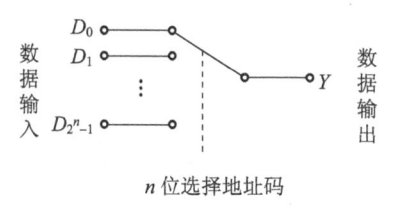

图 9-21 数据选择器示意图

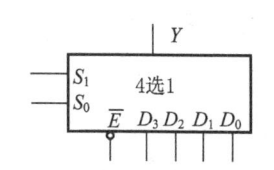

图 9-22 4 选 1 数据选择器逻辑功能图

其功能表如表 9-11 所示。

表 9-11 4 选 1 数据选择器功能表

$\overline{E}$	S_1	S_0	Y
0	0	0	D_0
0	0	1	D_1
0	1	0	D_2
0	1	1	D_3
1	×	×	0

由功能表可写出 4 选 1 的数据选择器的逻辑函数为

$$Y = [D_0(\overline{S_1}\overline{S_0}) + D_1(\overline{S_1}S_0) + D_2(S_1\overline{S_0}) + D_3(S_1S_0)] \cdot \overline{E}$$

常见的 4 选 1 的数据选择器集成电路有集成双 4 选 1 数据选择器 74LS153、CC14539 等。74LS153 的逻辑功能示意图如图 9-23 所示，功能表如表 9-12 所示。

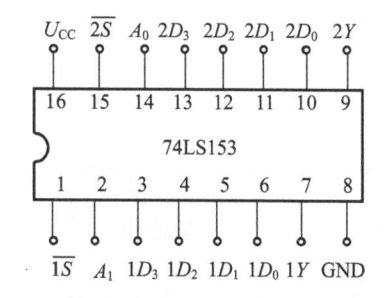

图 9-23 双 4 选 1 数据选择器 74LS153 的逻辑功能示意图

表 9-12 双 4 选 1 数据选择器 74LS153 的功能表

输入				输出
S	D	A_1	A_0	Y
1	×	×	×	0
0	D_0	0	0	D_0
0	D_1	0	1	D_1
0	D_2	1	0	D_2
0	D_3	1	1	D_3

二、8 选 1 数据选择器

8 选 1 数据选择器就是从 8 个输入数据中选择一个数据作为输出进行传输，如图 9-24 所示为 8 选 1 数据选择器 74LS151 的逻辑功能示意图，其中 D_0、D_1、D_2、D_3…一共 8 个输入数据，A_2、A_1、A_0 为地址信号输入端，Y 和 $\overline{Y}$ 为数据选择器的互补输出端，$\overline{S}$ 为使能端，也称为选通端，低电平有效。$\overline{S}=0$ 时，数据选择器工作；$\overline{S}=1$ 时，输出端输出无效。

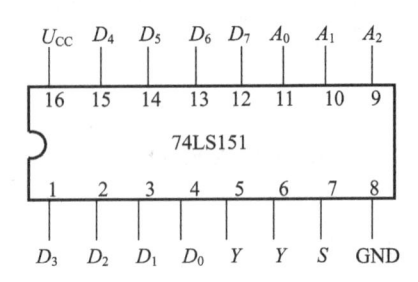

图 9-24 74LS151 的逻辑功能示意图

其逻辑功能表如表 9-13 所示。

表 9-13 74LS151 的逻辑功能表

输入					输出	
D	A_2	A_1	A_0	$\overline{S}$	Y	$\overline{Y}$
×	×	×	×	1	0	1
D_0	0	0	0	0	D_0	$\overline{D_0}$
D_1	0	0	1	0	D_1	$\overline{D_1}$
D_2	0	1	0	0	D_2	$\overline{D_2}$
D_3	0	1	1	0	D_3	$\overline{D_3}$
D_4	1	0	0	0	D_4	$\overline{D_4}$
D_5	1	0	1	0	D_5	$\overline{D_5}$
D_6	1	1	0	0	D_6	$\overline{D_6}$
D_7	1	1	1	0	D_7	$\overline{D_7}$

由逻辑功能表可写出当 $\overline{S}=0$ 时，其逻辑函数表达式为

$$Y = D_0 \overline{A_2}\,\overline{A_1}\,\overline{A_0} + D_1 \overline{A_2}\,\overline{A_1}A_0 + \cdots + D_7 A_2 A_1 A_0 = \sum_{i=0}^{7} D_i m_i$$

$$\overline{Y} = \overline{D}_0\,\overline{A}_2\,\overline{A}_1\,\overline{A}_0 + \overline{D}_1\,\overline{A}_2\,\overline{A}_1 A_0 + \cdots + \overline{D}_7 A_2 A_1 A_0 = \sum_{i=0}^{7} \overline{D}_i m_i$$

三、数据选择器的应用

从 74LS151 的逻辑图可以看出，当使能端 $\overline{S}=0$ 时，Y 是 A、B、C 和输入数据 $D_0 \sim D_7$ 的与或函数，它的表达式可以写成

$$Y = \sum_{i=0}^{7} m_i D_i$$

式中，m_i 是 A、B、C 构成的最小项。

显然。当 $D_i=1$ 时，其对应的最小项 m_i 在与或表达式中出现，当 $D_i=0$ 时，对应的最小项就不出现。利用这一点，不难实现组合逻辑函数。

例 9-5 试用 8 选 1 数据选择器 74LS151 实现逻辑函数：

$$Y(A,B,C,D) = \sum m(0,3,4,5,9,10,11,12,13)$$

解：选用 8 选 1 数据选择器 74LS151，设 $A_2=A$、$A_1=B$、$A_0=C$。

画出连线图，如图 9-25 所示。

四、数据分配器

根据地址信号的要求能够将 1 个输入数据，根据需要传送到多个输出端的任何一个输出端的电路，叫作数据分配器，又称为多路分配器，其逻辑功能正好与数据选择器相反。其功能示意图如图 9-26 所示。

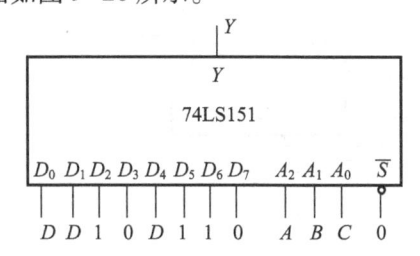

图 9-25 8 选 1 数据选择器 74LS151 的逻辑功能示意图

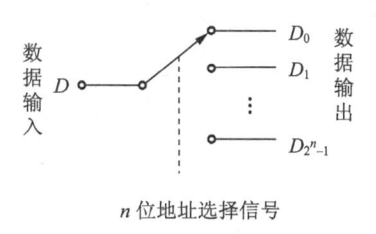

图 9-26 数据分配器功能

如 1 路-4 路分配器，其逻辑功能表如表 9-14 所示。

表 9-14 1 路-4 路分配器功能表

输入			输出			
	A_1	A_0	Y_0	Y_1	Y_2	Y_3
D	0	0	D	0	0	0
	0	1	0	D	0	0
	1	0	0	0	D	0
	1	1	0	0	0	D

由功能表写出其逻辑表达式为

$$Y_0 = D\,\overline{A}_1\,\overline{A}_0 \quad Y_1 = D\,\overline{A}_1 A_0$$
$$Y_2 = DA_1\,\overline{A}_0 \quad Y_3 = DA_1 A_0$$

数据分配器就是带选通控制端即使能端的二进制译码器。只要在使用中，把二进制译码器的选通控制端当作数据输入端，二进制代码输入端当作选择控制端就可以了，如用 3 线-8 线译码器可以把一个数据信号分配到 8 个不同的通道上去。用 74LS138 作为数据分配器的逻辑原理图如图 9-27 所示。

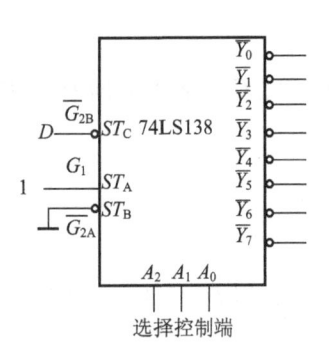

图 9-27 数据分配器原理图

由 74LS138 译码器的输出表达式

$$\overline{Y_i} = \overline{G_1 G_{2A} G_{2B} \cdot m_i} \quad (i=0, 1, 2, \cdots, 7)$$

所以 74LS138 构成的分配器的输出为：

$$\overline{Y_i} = \overline{G_1 G_{2A} D \cdot m_i} \quad (i=0, 1, 2, \cdots, 7)$$

很显然，当选择控制端为 000 时，$\overline{Y_0} = \overline{D}$，把数据 D 分配给了 Y_0。

数据分配器和数据选择器一起构成数据分时传送系统，如图 9-28 所示。

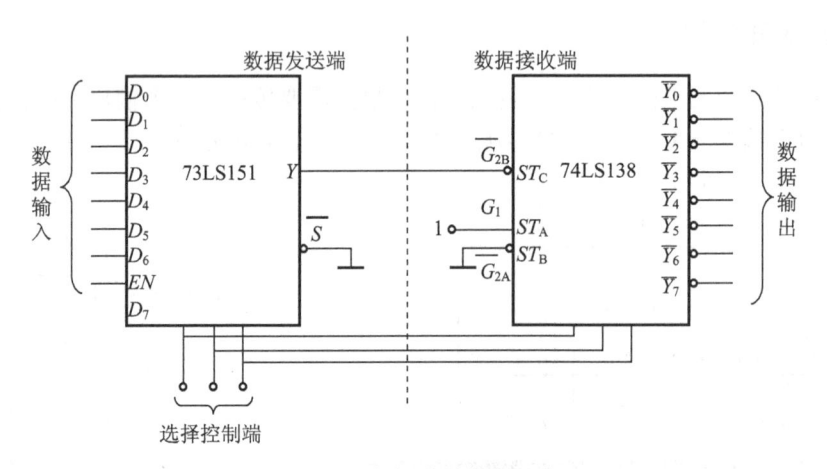

图 9-28 数据分时传送系统

习 题 九

9-1 某产品有 A、B、C、D 四项指标。规定 A 是必须满足的要求，其他 3 项中只有满足任意两项要求，产品就算合格。试用与非门构成产品合格的逻辑电路。

9-2 分析图 9-29 所示电路图的逻辑功能。

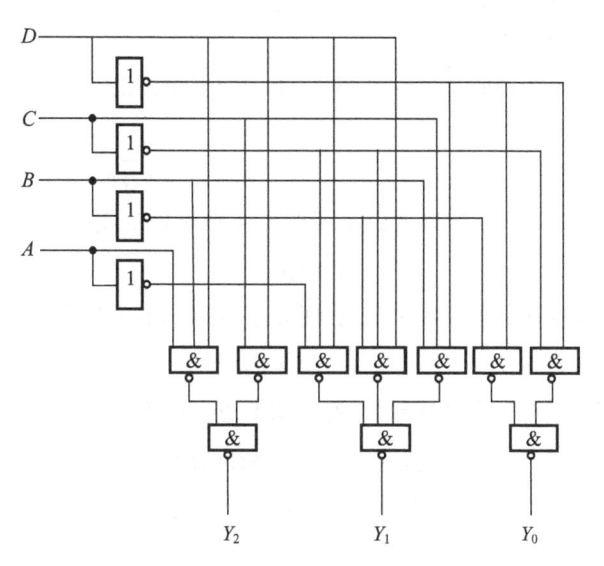

图 9-29　习题 9-1 的图

9-3　分析图 9-30 所示组合逻辑电路。

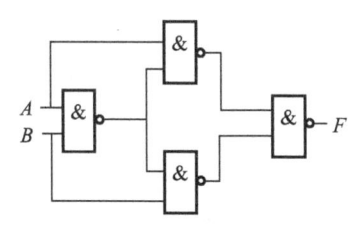

图 9-30　习题 9-3 的图

9-4　用与非门设计一个举重裁判表决电路。设举重比赛有 3 个裁判，一个主裁判和两个副裁判。只有当两个或两个以上裁判判明成功，并且其中有一个为主裁判时，表明举重成功。

9-5　分析图 9-31 所示电路图的逻辑功能。

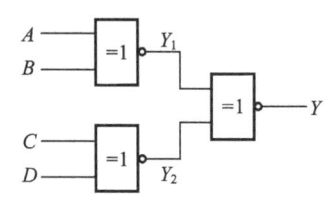

图 9-31　习题 9-5 的图

9-6　有一火灾报警系统，设有烟感、温感和紫外光感 3 种不同类型的火灾探测器。为了防止误报警，只有当其中有两种或两种类型以上的探测器发出火灾探测信号时，报警系统才产生报警控制信号，试设计产生报警控制信号的电路。

9-7　某董事会有一位董事长和三位董事，就某项议题进行表决，当满足以下条件时决议通过：有三人或三人以上同意；或者有两人同意，但其中一人必须是董事长。试用两输入与非门设计满足上述要求的表决电路。

9-8 试利用 3 线-8 线译码器 74LS138 设计一个多输出的组合逻辑电路。输出的逻辑函数式为：

$$Z_1=\overline{A}\,\overline{B}\,\overline{C}+AB \qquad Z_2=\overline{A}C+A\,\overline{B}\,\overline{C}$$

9-9 用 4 选 1 数据选择器 74LS153 实现如下逻辑函数的组合逻辑电路：

$$Y=\overline{A}B+A$$

9-10 用 8 选 1 数据选择器 74LS151 实现如下逻辑函数的组合逻辑电路：

$$Y=\overline{A}B+A\,\overline{B}$$

9-11 用 4 选 1 数据选择器 74LS153 实现如下逻辑函数的组合逻辑电路：

$$Y=\overline{A}C+B\,\overline{C}+A\,\overline{B}C+ABC$$

9-12 用 74LS138 译码器和与非门实现逻辑函数：

$$F_1=\sum m(1,\ 2,\ 4,\ 7)$$

$$F_2=\sum m(0,\ 1,\ 4,\ 7)$$

第十章 触发器

触发器（Flip Flop，FF）是具有记忆功能的单元电路，由门电路构成，专门用来接收存储输出0、1代码。双稳态触发器的输出有两个稳定状态，即"0"态和"1"态，无外触发时可维持稳态；外触发下，两个稳态可相互转换（称为翻转），已转换的稳定状态可长期保存，即具有记忆、存储功能；有两个互补输出端，分别用 Q 和 $\bar{Q}$ 表示。

触发器的逻辑功能用特性表、激励表、特征方程和波形图（又称时序图）来描述。

双稳态触发器按其逻辑功能不同可分为 RS 触发器、JK 触发器、D 触发器、T 触发器和 T′型触发器；按其电路结构形式的不同可分为基本触发器、同步触发器、主从触发器、维持阻塞触发器和边沿型触发器；按有无动作的同一时间节拍（时钟脉冲）划分有基本触发器（无时钟触发器）和时钟触发器；按其触发工作方式不同分为上升沿、下降沿触发器和高电平、低电平触发器；按其存储数据原理的不同可分为动态触发器和静态触发器，其中通过MOS管栅极输入电容上存储电荷来存储数据者称为动态触发器，通过电路状态的自锁来存储数据者称为静态触发器。

第一节 基本 RS 触发器

一、电路组成

基本 RS 触发器是一种最简单的触发器，是构成各种触发器的基础。它由两个与非门（或者或非门）的输入和输出交叉连接而成，如图 10-1（a）所示，有两个输入端 R 和 S（又称触发信号端）；R 为复位端，当 R 有效时，Q 变为 0，故也称 R 为置 0 端；S 为置位端，当 S 有效时，Q 变为 1，称 S 为置"1"端；还有两个互补输出端 Q 和 $\bar{Q}$：当 $Q=1$，$\bar{Q}=0$；反之亦然。RS 触发器逻辑符号如图 10-1（b）、（c）所示，方框下面的两个小圆圈表示输入 R 与 S 均为低电平有效，可使触发器的输出状态转换为相应的 0 或 1。

二、功能分析

触发器有两个稳定状态。Q^n 为触发器的原状态（现态），即触发信号输入前的状态；

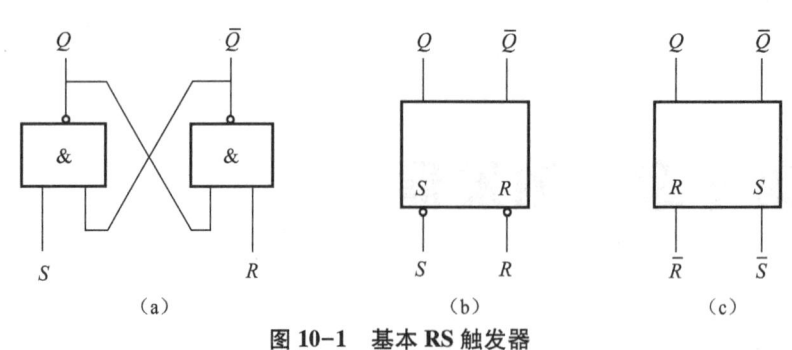

图 10-1 基本 RS 触发器
(a) 逻辑图；(b) 逻辑符号；(c) 逻辑符号

Q^{n+1} 为触发器的新状态（次态），即触发信号输入后的状态。其功能可采用状态表、特征方程式、逻辑符号图以及状态转换图、波形图或称时序图来描述。

1. 状态表

由图 10-1（a）可知：$Q^{n+1}=\overline{S\overline{Q^n}}$，$\overline{Q^{n+1}}=\overline{RQ^n}$。故有以下几种情况：

(1) 当 $R=0$，$S=1$ 时，无论 Q^n 为何种状态，$Q^{n+1}=0$。

(2) 当 $R=1$，$S=0$ 时，无论 Q^n 为何种状态，$Q^{n+1}=1$。

(3) 当 $R=1$，$S=1$ 时，由 Q^{n+1} 及 $\overline{Q^{n+1}}$ 关系式可知，触发器将保持原有的状态不变，即原来的状态被触发器存储起来，体现了触发器的记忆作用。

(4) 当 $R=0$，$S=0$ 时，Q^{n+1} 与 $\overline{Q^{n+1}}$ 全为 1，则破坏了触发器的互补关系，状态不能确定，应当避免出现。状态表如表 10-1 所示。

表 10-1 RS 触发器状态表

输入		输出		逻辑功能
R	S	Q^n	Q^{n+1}	
0	0	0	×	不定
0	0	1	×	
0	1	0	0	置 0
0	1	1	0	
1	0	0	1	置 1
1	0	1	1	
1	1	0	0	保持不变
1	1	1	1	

2. 特征方程式

化简得：$Q^{n+1}=\overline{S}+RQ^n$

$R+S=1$（约束条件）

从特征方程可知 Q^{n+1} 不仅与输入触发信号 R、S 的组合状态有关，而且与前一时刻输出状态 Q^n 有关，故触发器具有记忆作用。

3. 波形图

如图 10-2 所示，画波形图时，对应一个时刻，时刻以前为 Q^n，时刻以后则为 Q^{n+1}，故波形图上只标注 Q 与 $\overline{Q}$，因其有不定状态，故 Q 与 $\overline{Q}$ 要同时画出。画图时应根据功能表来确定各个时间段 Q 与 $\overline{Q}$ 的状态。

图 10-2 波形图

综上所述，基本 RS 触发器具有如下特点：

（1）它具有两个稳定状态，分别为 1 和 0，称双稳态触发器。如果没有外加触发信号作用，它将保持原有状态不变，触发器具有记忆作用。在外加触发信号作用下，触发器输出状态才可能发生变化，输出状态直接受输入信号的控制，也称其为直接复位-置位触发器。

（2）当 R、S 端输入均为低电平时，输出状态不定，即 $R=S=0$，$Q=\overline{Q}=1$，违犯了互补关系。当 RS 从 00 变为 11 时，则 Q（$\overline{Q}$）= 1（0），Q（$\overline{Q}$）= 0（1），状态不能确定，如图 10-2 所示。

（3）与非门构成的基本 RS 触发器的功能，可简化为表 10-2。

表 10-2 基本 RS 触发器的简化功能表

R	S	Q^{n+1}	功能
0	0	×	不定
0	1	0	置 0
1	0	1	置 1
1	1	Q^n	不变

第二节 同步触发器

前面介绍的基本 RS 触发器是由 R、S 端的输入信号直接控制的，在实际工作中，触发器的工作状态不仅要由输入端的信号来决定，而且还要求触发器按一定的节拍翻转，为此，需要加入一个时钟控制端 CP，只有在 CP 端上出现时钟脉冲时，触发器的状态才能变化。具有时钟脉冲控制的触发器称为时钟触发器，又称同步触发器（或钟控触发器）。

一、同步 RS 触发器

1. 电路组成

同步 RS 触发器的电路组成及逻辑符号如图 10-3 所示，是在基本 RS 触发器的基础上增加了两个由时钟脉冲 CP 控制的两个与非门。图中，$\overline{R_D}$、$\overline{S_D}$ 是直接置 0、置 1 端，用来设置触发器的初状态。

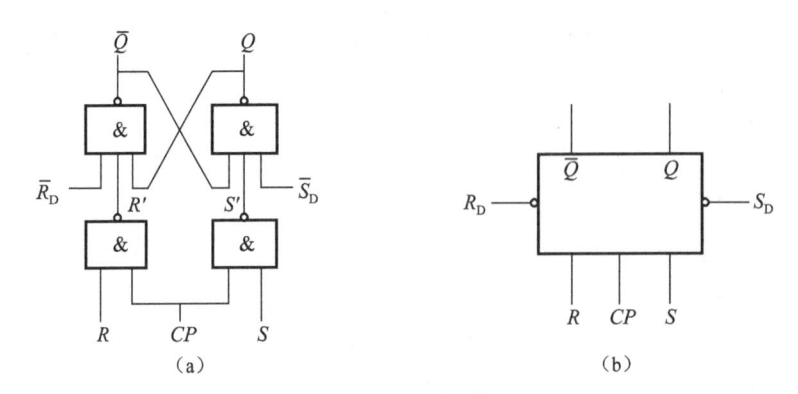

图 10-3　同步 RS 触发器

（a）逻辑图；（b）逻辑符号

2. 功能分析

同步 RS 触发器的逻辑电路和逻辑符号如图 10-3（b）所示。

当 $CP=0$，$R'=S'=1$ 时，Q 与 $\overline{Q}$ 保持不变。

当 $CP=1$ 时，$R'=\overline{R \cdot CP}=\overline{R}$，$S'=\overline{S \cdot CP}=\overline{S}$，代入基本 RS 触发器的特征方程得：

$$Q^{n+1}=S+\overline{R}Q^n$$
$$R \cdot S=0 \text{（约束条件）}$$

功能表及状态图：利用基本 RS 触发器的功能表可得同步 RS 触发器功能表如表 10-3 所示，状态图如图 10-4 所示。

表 10-3　同步 RS 触发器功能表

CP	R	S	Q^{n+1}	功能
1	0	0	Q^n	保持
1	0	1	1	置1
1	1	0	0	置0
1	1	1	×	不定

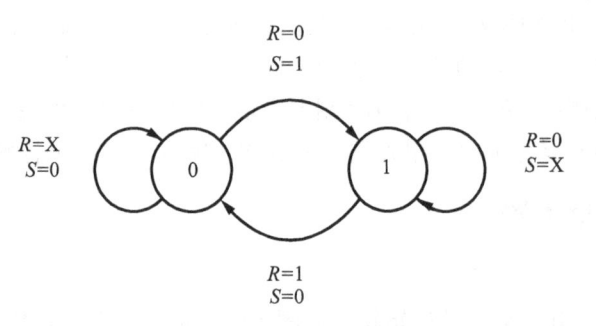

图 10-4　同步 RS 触发器状态图

同步 RS 触发器的 CP 脉冲、R、S 均为高电平有效，触发器状态才能改变。与基本 RS 触发器相比，对触发器增加了时间控制，但其输出的不定状态直接影响触发器的工作质量。

二、同步 D 触发器

1. 电路组成

为了避免同步 RS 触发器同时出现 R 和 S 都为 1 的情况，可在 R 和 S 之间接入非门 G_5，如图 10-5 所示，这种单输入的触发器称为 D 触发器。图 10-5 所示为其逻辑符号。D 为信号输入端。

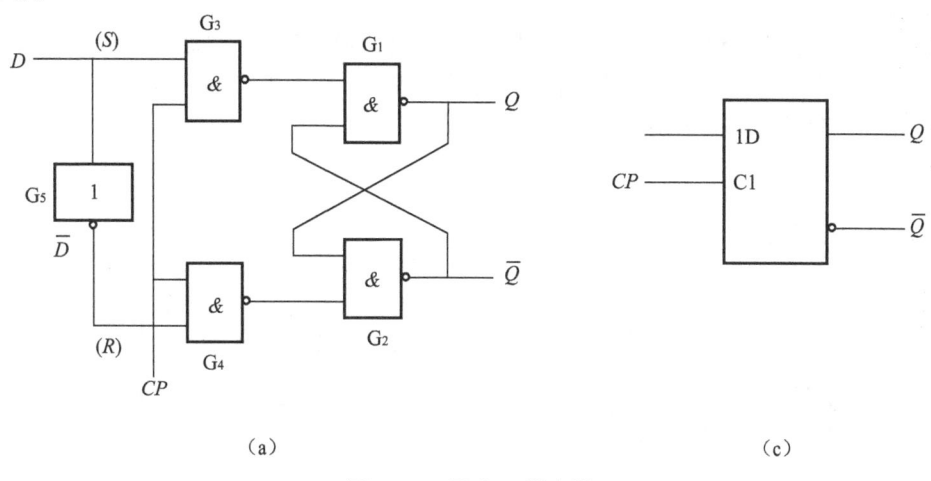

图 10-5　同步 D 触发器
（a）逻辑图；（b）逻辑符号

2. 功能分析

在 $CP=0$ 时，G_3、G_4 被封锁，都输出 1，触发器保持原状态不变，不受 D 端输入信号的控制。

在 $CP=1$ 时，G_3、G_4 解除封锁，可接收 D 端输入的信号。如 $D=1$ 时，$\overline{D}=0$，触发器翻到 1 状态，即 $Q^{n+1}=1$；如 $D=0$ 时，$\overline{D}=1$，触发器翻到 0 状态，即 $Q^{n+1}=0$。由此可列出同步 D 触发器的特性表，如表 10-4 所示。

表 10-4　同步 D 触发器的特性表

D	Q^n	Q^{n+1}	说明
0	0	0	输出状态和 D 相同
0	1	0	输出状态和 D 相同
1	0	1	输出状态和 D 相同
1	1	1	输出状态和 D 相同

由上述分析可知，同步 D 触发器的逻辑功能如下：当 CP 由 0 变为 1 时，触发器的状态翻到和 D 的状态相同；当 CP 由 1 变为 0 时，触发器保持原状态不变。

根据表 10-4 可得到在 $CP=1$ 时的同步 D 触发器的驱动表，如表 10-5 所示。

表 10-5　同步 D 触发器的驱动表

Q^n	$\rightarrow$	Q^{n+1}	D	Q^n	$\rightarrow$	Q^{n+1}	D
0		0	0	1		0	0
0		1	1	1		1	1

三、同步 JK 触发器

1. 电路组成

克服同步 RS 在 $R=S=1$ 时出现不定状态的另一种方法是将触发器输出端 Q 和 $\overline{Q}$ 的状态反馈到输入端,这样,G_3 和 G_4 的输出不会同时出现 0,从而避免了不定状态的出现,同步 JK 触发器的电路如图 10-6 所示。

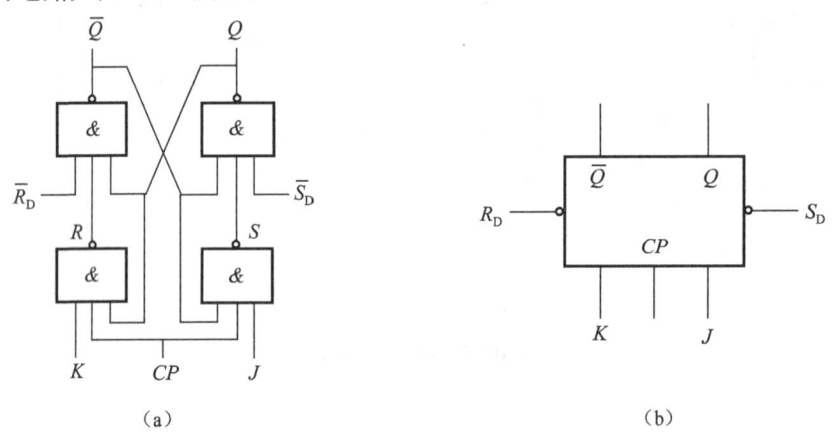

图 10-6　同步 JK 触发器
（a）逻辑图；（b）逻辑符号

2. 功能分析

同步 JK 触发器的功能分析如下:当 $CP=0$ 时,$R=S=1$,$Q^{n+1}=Q^n$,触发器的状态保持不变。

当 $CP=1$ 时,将 $R=\overline{K \cdot CP \cdot Q^n}=\overline{KQ^n}$,$S=\overline{J \cdot CP \cdot \overline{Q^n}}=\overline{J\overline{Q^n}}$,代入 $Q^{n+1}=\overline{S}+RQ^n$,可得 $Q^{n+1}=J\overline{Q^n}+\overline{KQ^n}\cdot Q^n=J\overline{Q^n}+\overline{K}Q^n$。由此可得出 JK 触发器的功能表,如表 10-6 所示。

表 10-6　同步 JK 触发器功能表

CP	J	K	Q^{n+1}	功能
1	0	0	Q^n	保持
1	0	1	0	置 0
1	1	0	1	置 1
1	1	1	$\overline{Q^n}$	翻转（计数）

四、同步触发器存在的问题

（1）空翻现象。空翻现象就是在 $CP=1$ 期间，触发器的输出状态出现翻转两次或两次以上的现象。如图 10-7 所示，第一个 $CP=1$ 期间 Q 状态变化的情况。因此，为了保证触发器可靠地工作，防止出现空翻现象，必须限制输入的触发信号在 $CP=1$ 期间不会发生改变。

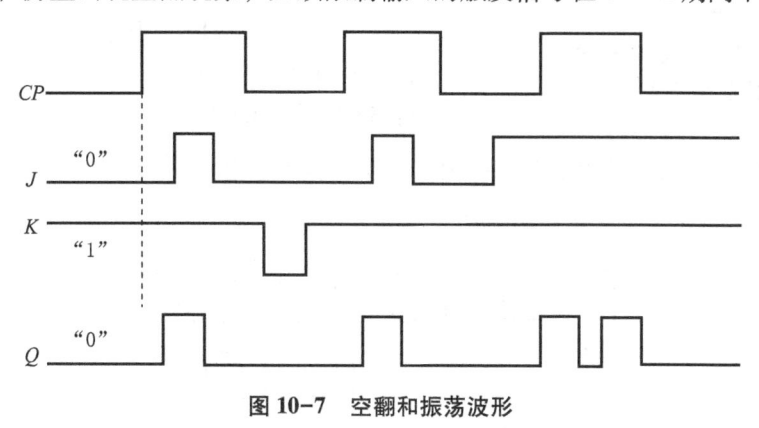

图 10-7　空翻和振荡波形

（2）振荡现象。在同步 JK 触发器中，由于在输入端引入了互补输出，即使输入信号不发生变化，由于 CP 脉冲过宽，也会产生多次翻转，称其为振荡现象。如图 10-7 所示，在 $CP=1$ 的第三个脉冲时，由于 $J=K=1$，$Q^n=0$，$\overline{Q^n}=1$，JK 触发器会使 $Q^{n+1}=1$，$\overline{Q^{n+1}}=0$，之后反馈到输入端，如果 $CP=1$ 较宽，JK 触发器会使 Q^{n+1} 继续转换为 0，依次类推，只要 CP 脉冲继续存在，触发器就会不停地翻转，产生振荡。这样就会造成工作混乱。

为了不产生振荡，似乎只要把 CP 脉冲变窄就可以了，但不是 CP 脉冲宽度越窄越好，因为任何一个逻辑门都存在一定的平均延迟时间 t_{Pd}。要保证触发器可靠地翻转，CP 脉冲宽度至少要大于 $2t_{Pd}$，为了避免再次翻转，CP 脉冲宽度应小于 $3t_{Pd}$，即 CP 脉冲宽度 t_{CPW} 应满足以下条件：

$$2t_{Pd}<t_{CPW}<3t_{Pd}$$

显然这个要求太苛刻，为此我们引出了边沿触发器。

第三节　边沿触发器

边沿触发器只有在时钟脉冲 CP 上升沿或下降沿到来时刻接收输入信号，这时，电路才会根据输入信号改变状态，而在其他时间内，电路的状态不会发生变化，从而提高了触发器的工作可靠性和抗干扰能力。它没有空翻现象。边沿触发器主要有 TTL 维持阻塞 D 触发器、边沿 JK 触发器和 CMOS 边沿触发器。

一、维持阻塞 D 触发器

图 10-8 所示为维持阻塞 D 触发器的逻辑符号，D 为信号输入端，框内 ">" 表示

动态输入，它表明用时钟脉冲 CP 上升沿触发，所以，维持阻塞 D 触发器又称为边沿 D 触发器。它的逻辑功能与前面讨论的同步 D 触发器相同，因此，它们的特性表、驱动表和特性方程也都相同，但边沿 D 触发器只有 CP 上升沿到时才有效。它的特性方程如下：

$$Q^{n+1}=D \quad (CP 上升沿到达时才有效)$$

下面举例说明维持阻塞 D 触发器的工作情况。

例 10-1 图 10-9 所示为维持阻塞 D 触发器的时钟脉冲 CP 和 D 端输入信号的波形，试画出触发器输出 Q 和 $\overline{Q}$ 的波形。设触发器的初始状态为 Q=0。

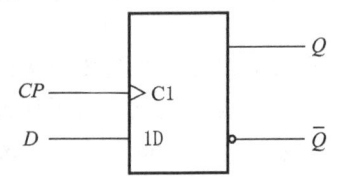

图 10-8 维持阻塞 D 触发器的逻辑符号

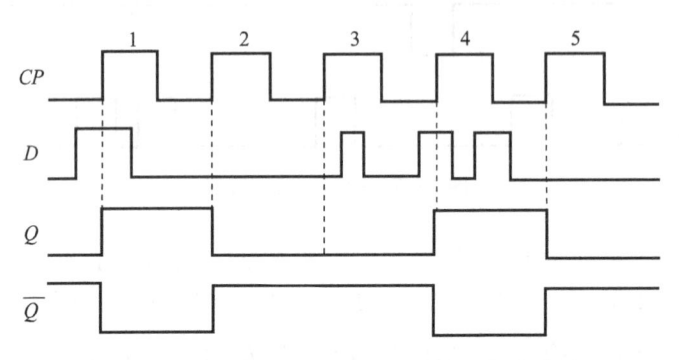

图 10-9 维持阻塞 D 触发器的输入和输出波形

解：第 1 个时钟脉冲 CP 上升沿到达时，D 端输入信号为 1，所以触发器由 0 状态翻到 1 状态，$Q^{n+1}=1$。而在 CP=1 期间 D 端输入信号虽然由 1 变为 0，但触发器的输出状态不会改变，仍保持 1 状态不变。

第 2 个时钟脉冲 CP 上升沿到达时，D 端输入信号仍为 0，触发器由 1 状态翻到 0 状态，$Q^{n+1}=0$。

第 3 个时钟脉冲 CP 上升沿到达时，由于 D 端输入信号仍为 0，所以，触发器保持 0 状态不变。在 CP=1 期间，D 端虽然出现了一个正脉冲，但触发器的状态不会改变。

第 4 个时钟脉冲 CP 上升沿到达时，D 端输入信号为 1，所以，触发器由 0 状态翻到 1 状态，$Q^{n+1}=1$。在 CP=1 期间，D 端虽然出现了负脉冲，这时，触发器的状态同样不会改变。

第 5 个时钟脉冲 CP 上升沿到达时，D 端输入信号为 0，这时，触发器由 1 状态翻到 0 状态，$Q^{n+1}=0$。

根据上述分析可画出图 10-9 所示的输出端 Q 的波形，输出端 $\overline{Q}$ 的波形为 Q 的反相波形。

通过该例分析可看到：

(1) 维持阻塞 D 触发器是用时钟脉冲 CP 上升沿触发的，也就是说只有在 CP 上升沿到达时，电路才会接收 D 端的输入信号而改变状态，而在 CP 为其他值时，不管 D 端输入为 0 还是为 1，触发器的状态不会改变。

(2) 在一个时钟脉冲 CP 作用时间内，只有一个上升沿，电路状态最多只能改变一次。因此，它没有空翻问题。

二、边沿 JK 触发器

图 10-10 所示为边沿 JK 触发器的逻辑符号，J、K 为信号输入端，框内">"左边加个小圆圈"○"表示逻辑非的动态输入，它实际上表示用时钟脉冲 CP 的下降沿触发。边沿 JK 触发器的逻辑功能和前面讨论的同步 JK 触发器的功能相同。因此它们的特性表、驱动表和特性方程也相同。但边沿 JK 触发器只有在 CP 下降沿到达时才有效。它的特性方程如下：

$$Q^{n+1}=J\overline{Q^n}+\overline{K}Q^n \quad (CP\ 下降沿到达时有效)$$

下面举例说明 JK 触发器的工作状态。

例 10-2 图 10-11 所示为边沿 JK 触发器的 CP、J、K 端的输入波形，试画出输出端 Q 的波形。设触发器的初始状态为 Q=0。

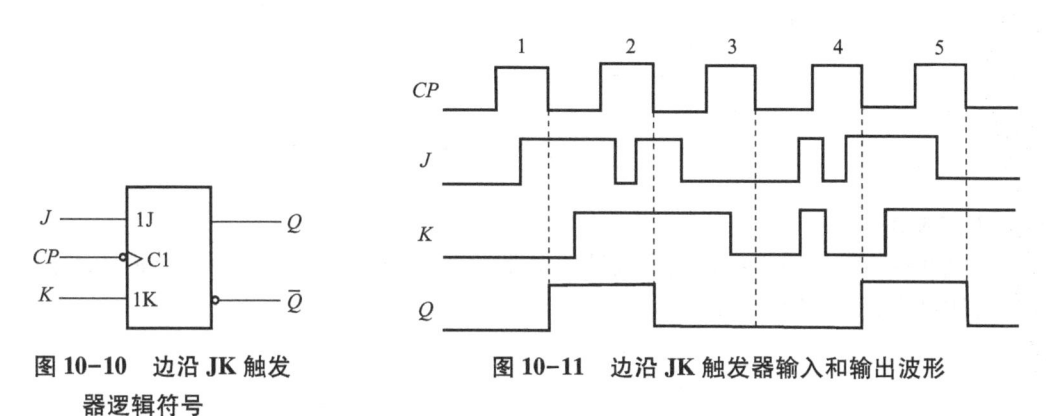

图 10-10 边沿 JK 触发器逻辑符号

图 10-11 边沿 JK 触发器输入和输出波形

解：第 1 个时钟脉冲 CP 下降沿到达时，由于 J=1、K=0，所以在 CP 下降沿作用下，触发器由 0 状态翻到 1 状态，$Q^{n+1}=1$。

第 2 个时钟脉冲 CP 下降沿到达时，由于 J=K=1，触发器由 1 状态翻到 0 状态，$Q^{n+1}=0$。

第 3 个时钟脉冲 CP 下降沿到达时，由于 J=K=0，触发器保持原来的 0 状态不变，$Q^{n+1}=Q^n=0$。

第 4 个时钟脉冲 CP 下降沿到达时，由于 J=1、K=0，触发器由 0 状态翻到 1 状态，$Q^{n+1}=1$。

第 5 个时钟脉冲 CP 下降沿到达时，由于 J=0、K=1，触发器由 1 状态再翻到 0 状态，$Q^{n+1}=0$。

通过该例分析可看到：

（1）边沿 JK 触发器是用时钟脉冲 CP 下降沿触发的，也就是说只有在 CP 下降沿到达时，电路才会接收 J、K 端的输入信号而改变状态，而在 CP 为其他值时，不管 J、K 为何值，触发器的状态都不会改变。

（2）在一个时钟脉冲 CP 作用时间内，只有一个下降沿，电路状态最多只能改变一次。因此，它没有空翻问题。

三、T 和 T′触发器

1. T 触发器

将 JK 触发器的输入端 J 与 K 相连，引入一个新的输入信号，JK 触发器变为 T 触发器。如图 10-12 所示。在 CP 脉冲作用下，根据输入信号 T 的取值，T 触发器具有保持和计数功能，其特征方程为 $Q^{n+1}=T\overline{Q^n}+\overline{T}Q^n$。由该式可知 T 触发器具有以下逻辑功能：

当 $T=1$ 时，$Q^{n+1}=\overline{Q^n}$，这时，每输入一个时钟脉冲 CP，触发器的状态变化一次，即具有翻转功能；当 $T=0$ 时，$Q^{n+1}=Q^n$，输入时钟脉冲 CP 时，触发器仍保持原来的状态不变，即具有保持功能。T 触发器常用来组成计数器。

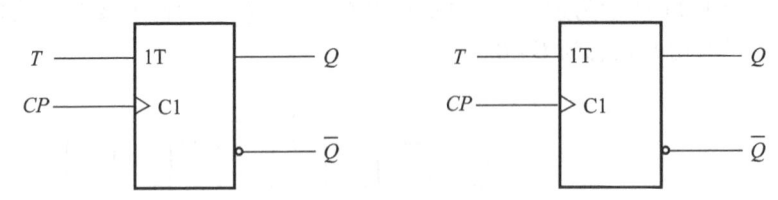

图 10-12 T 触发器

2. T′触发器

将 T 触发器的输入端 $T=1$，就构成 T′触发器，如图 10-13 所示。在 CP 脉冲作用下，触发器实现计数功能。其特征方程为

$$Q^{n+1}=\overline{Q^n}$$

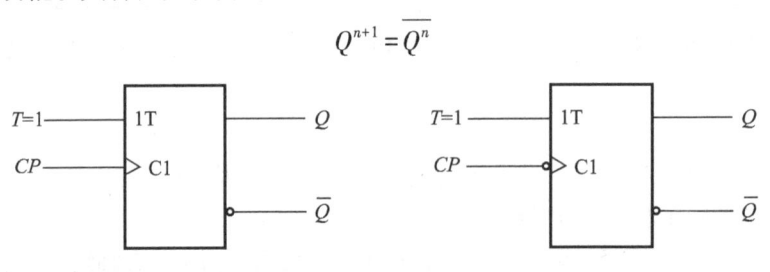

图 10-13 T′触发器

第四节 不同类型触发器之间的转换

一、转换方法与步骤

1. 转换方法

利用令已有触发器和待求触发器的特性方程相等的原则，求出转换逻辑。

2. 转换步骤

（1）写出已有触发器和待求触发器的特性方程。

（2）变换待求触发器的特性方程，使之形式与已有触发器的特性方程一致。

（3）比较已有和待求触发器的特性方程，根据两个方程相等的原则求出转换逻辑。

（4）根据转换逻辑画出逻辑电路图。

二、JK 触发器转换为 D、T 触发器

JK 触发器的特征方程为 $Q^{n+1}=J\overline{Q^n}+\overline{K}Q^n$，而 D 触发器的特征方程为 $Q^{n+1}=D$。所以，令 $J\overline{Q^n}+\overline{K}Q^n=D\overline{Q^n}+DQ^n=D$，故要将 JK 触发器装换为 D 触发器，只需要令 $D=J=\overline{K}$。

T 触发器的特征方程为 $Q^{n+1}=T\overline{Q^n}+\overline{T}Q^n$，故 JK 触发器转换为 T 触发器只需要令 $T=J=K$。

JK 触发器转换为 D 触发器、T 触发器的电路如图 10-14 所示。

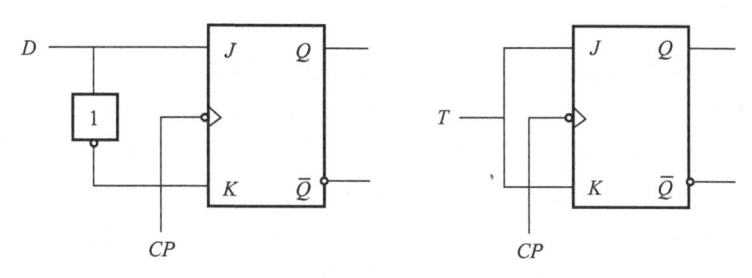

图 10-14　JK 触发器转换为 D 触发器、T 触发器的电路

若将 JK 触发器的 J 和 K 相连作为 T′ 输入端并接高电平 1，便构成了 T′ 触发器。

三、D 触发器转换为 T、T′ 触发器

T 触发器的特性方程为 $Q^{n+1}=T\overline{Q^n}+\overline{T}Q^n$，D 触发器的方程为 $Q^{n+1}=D$，令 $Q^{n+1}=D=T\overline{Q^n}+\overline{T}Q^n=T\oplus Q^n$，便可用 D 触发器构成 T 触发器，如图 10-15 所示。令 $Q^{n+1}=D=\overline{Q^n}$，便可用 D 触发器构成 T′ 触发器，如图 10-15 所示。

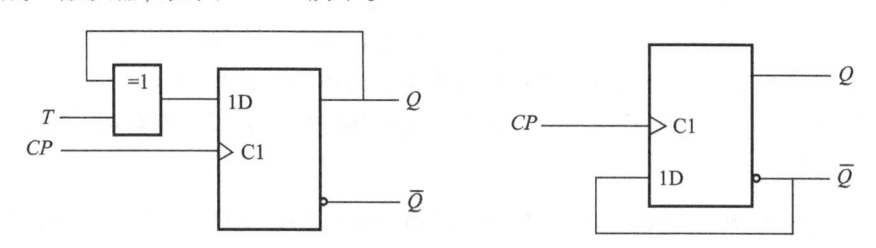

图 10-15　D 触发器转换为 T 触发器、T′ 触发器

习　题　十

一、填空题

10-1　描述触发器功能的方法有_____、_____、_____和_____。

10-2　一个由与非门组成的 RS 触发器，$\overline{R}_D$ 和 $\overline{S}_D$ 分别称为_____端和_____端，_____电平有效，通常用_____端的逻辑电平来表示触发器的状态。

10-3　基本 RS 触发器的状态有_____、_____和_____。时钟控制的触发器有_____、_____和_____三种触发方式。

10-4 通常同一时钟脉冲引起触发器两次或更多次翻转的现象称为_____现象，具有这种现象的触发器是_____触发方式的触发器，如_____。

二、选择题

10-5 触发器是_____的数字部件。

A. 组合逻辑 　　　　　　　　　　B. 具有记忆功能
C. 无记忆功能 　　　　　　　　　D. 只由与非门组成

10-6 CP 脉冲下降沿有效的主从触发器，当 CP 由高电平回到低电平时，此时是_____。

A. 主触发器接收输入信号 　　　　B. 从触发器状态不变
C. 主触发器状态改变 　　　　　　D. 从触发器接收主触发器的状态

10-7 由JK触发器组成的计数器，其中一个触发器的状态方程为 $Q^{n+1}=Q^n$，则_____。
A. $J=0$，$K=1$ 　　B. $J=K=0$ 　　C. $J=K=1$ 　　D. $J=1$，$K=0$

10-8 主从JK触发器，当 $J=K=1$ 时，每来一个 CP 脉冲，触发器将_____。
A. 翻转一次 　　B. 翻转二次 　　C. 空翻 　　D. 保持状态不变

10-9 由或非门组成的基本RS触发器，当_____时出现不定态。
A. $R=S=1$ 　　B. $R=1$，$S=0$ 　　C. $R=0$，$S=1$ 　　D. $R=S=0$

三、判断题

10-10 为了防止主从JK触发器出现一次翻转现象，必须在 CP 脉冲为1期间，保持 J、K 信号不变。（　　）

10-11 脉冲边沿触发方式的触发器，不会出现空翻，可以用于计数。（　　）

10-12 JK触发器的功能有置0、置1、保持、取反。（　　）

10-13 时钟同步的RS触发器，只要 R，S 变化，触发器状态就要变化。（　　）

10-14 维持阻塞边沿触发器在 CP 脉冲为0或1期间，允许输入信号变化。（　　）

10-15 电平触发方式的触发器存在空翻现象，可以用于计数触发器。（　　）

10-16 电平触发的触发器存在空翻现象，边沿触发的触发器无空翻和一次翻转。

四、画图题

10-17 基本RS触发器如图10-16所示，试画出 Q 对应 $\overline{R}$ 和 $\overline{S}$ 的波形（设 Q 的初态为0）。

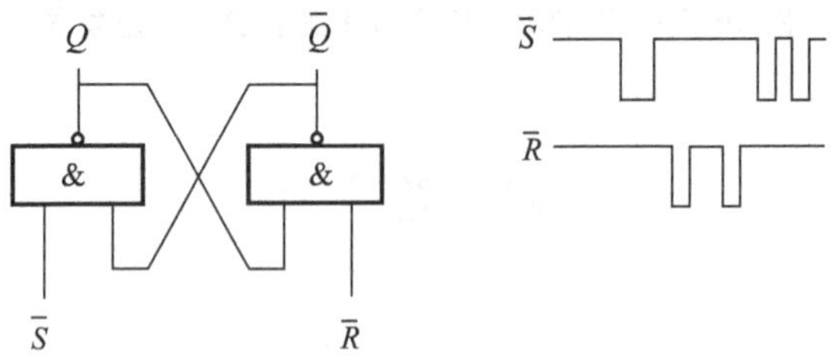

图10-16 习题10-17的图

第十一章 时序逻辑电路

时序逻辑电路简称时序电路，是数字系统中非常重要的一类逻辑电路。它主要由存储电路和组合逻辑电路两部分组成。常见的时序逻辑电路有计数器、寄存器和序列信号发生器等。

与组合逻辑电路不同，时序逻辑电路在任何一个时刻的输出不仅与电路当时的输入组合有关，而且还与前一时刻的输出状态有关。

按触发脉冲输入方式的不同，时序电路可分为同步时序电路和异步时序电路。同步时序电路是指各触发器状态的变化受同一个时钟脉冲控制；而异步时序电路中，各触发器状态的变化不受同一个时钟脉冲控制。

第一节 时序逻辑电路的分析

一、一般分析方法

分析时序电路的目的是确定已知电路的逻辑功能和工作特点。具体步骤如下。
（1）写相关方程式。
根据给定的逻辑电路图写出电路中各个触发器的时钟方程、驱动方程和输出方程。
①时钟方程：时序电路中各个触发器 CP 脉冲的逻辑关系。
②驱动方程：时序电路中各个触发器的输入信号之间的逻辑关系。
③输出方程：时序电路的输出 $Z=f(A, Q)$，若无输出时此方程可省略。
（2）求各个触发器的状态方程。
将时钟方程和驱动方程代入相应触发器的特征方程式中，求出触发器的状态方程。
（3）求出对应状态值。
①列状态表：将电路输入信号和触发器现态的所有取值组合代入相应的状态方程，求得相应触发器的次态，列表得出。
②画状态图（反映时序电路状态转换规律及相应输入、输出信号取值情况的几何图形）。
③画时序图（反映输入、输出信号及各触发器状态的取值在时间上对应关系的波形图）。
（4）归纳上述分析结果，确定时序电路的功能。

二、分析实例

例 11-1 试分析如图 11-1 所示逻辑电路的功能。

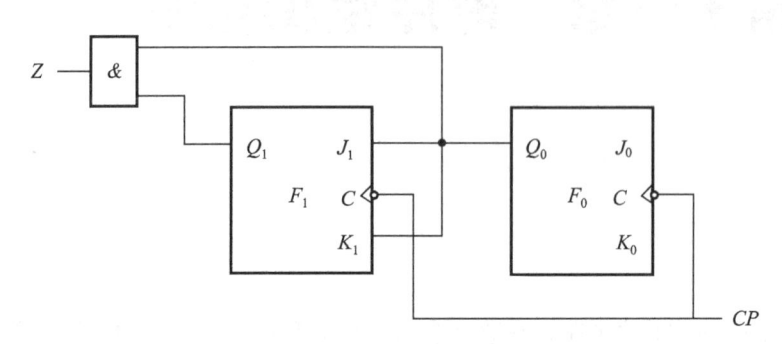

图 11-1 例 11-1 的图

解：(1) 写相关方程式。

①时钟方程：
$$CP_0 = CP_1 = CP \downarrow$$

②驱动方程：
$$J_0 = K_0 = 1 \qquad J_1 = K_1 = Q_0^n$$

③输出方程：
$$Z = Q_1 Q_0$$

(2) 求各个触发器的状态方程。

JK 触发器特性方程为 $Q^{n+1} = J\overline{Q^n} + \overline{K}Q^n$（$CP \downarrow$），将对应驱动方程分别代入特性方程，进行化简变换可得状态方程为

$$Q_0^{n+1} = 1 \cdot \overline{Q_0^n} + \overline{1} \cdot Q_0^n = \overline{Q_0^n} \quad (CP \downarrow)$$

$$Q_1^{n+1} = J_1 \overline{Q_1^n} + \overline{K_1} Q_1^n = Q_0^n \overline{Q_1^n} + \overline{Q_0^n} Q_1^n \quad (CP \downarrow)$$

(3) 求出对应状态值。

①列状态表：列出电路输入信号和触发器原态的所有取值组合，代入相应的状态方程，求得相应的触发器次态及输出，列表得到状态表 11-1 所示。

②画状态图如图 11-2（a）所示，画时序图如图 11-2（b）所示。状态表 11-1 所示。

表 11-1 例 11-1 的状态表

CP	Q_1^n	Q_0^n	Q_1^{n+1}	Q_0^{n+1}	Z
↓	0	0	0	1	0
↓	0	1	1	0	0
↓	1	0	1	1	1
↓	1	1	0	0	0

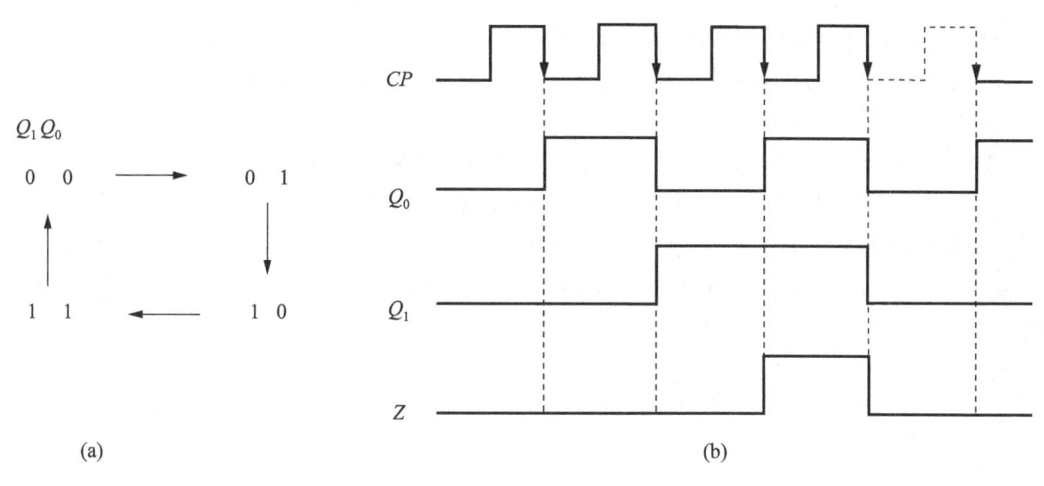

图 11-2 时序电路对应图形

(a) 状态图；(b) 时序图

（4）归纳上述分析结果，确定该时序电路的逻辑功能。从时钟方程可知该电路是同步时序电路。

从图 11-2 (a) 所示状态图可知：随着 CP 脉冲的递增，不论从电路输出的哪一个状态开始，触发器输出 Q_1Q_0 的变化都会进入同一个循环过程，而且此循环过程中包括 4 个状态，并且状态之间是递增变化的。

当 $Q_1Q_0 = 11$ 时，输出 $Z=1$；当 Q_1Q_0 取其他值时，输出 $Z=0$；在 Q_1Q_0 变化一个循环过程中，$Z=1$ 只出现一次，故 Z 为进位输出信号。

综上所述，此电路是带进位输出的同步四进制加法计数器电路。

第二节 计 数 器

一、概念及分类

用以统计计数脉冲 CP 个数的电路叫计数器。计数器累计输入脉冲的最大数目称为计数器的"模"，用 M 表示。如 $M=6$ 的计数器，又称六进制计数器。所以计数器的"模"实际上为电路的有效状态数。计数器的种类很多，特点各异。它的主要分类如下。

（1）按计数进制可分为二进制计数器、十进制计数器和任意进制计数器。

二进制计数器：按二进制运算规律进行计数的电路称为二进制计数器。即 $N=2^n$，其中 N 代表计数器的进制数，n 代表计数器触发器的个数。

十进制计数器和任意进制计数器都是非二进制计数器，即 $N \neq 2^n$。十进制计数器是指按十进制运算规律进行计数的电路；二进制计数器和十进制计数器之外的其他进制计数器统称为任意进制计数器。如五进制计数器、六十进制计数器等。

(2) 按数字的增减趋势可分为加法计数器、减法计数器和加/减计数器。

加法计数器：随着计数脉冲的输入作递增计数的电路称作加法计数器。

减法计数器：随着计数脉冲的输入作递减计数的电路称作减法计数器。

加/减计数器：在加减控制信号作用下，可递增计数，也可递减计数的电路，称作加/减计数器，又称可逆计数器。

(3) 按计数器中触发器翻转是否与计数脉冲同步分为同步计数器和异步计数器。

异步计数器：计数脉冲只加到部分触发器的时钟脉冲输入端上，而其他触发器的触发信号则由电路内部提供，应翻转的触发器状态更新有先有后的计数器，称作异步计数器。

同步计数器：计数脉冲同时加到所有触发器的时钟信号输入端，使应翻转的触发器同时翻转的计数器，称作同步计数器。显然，它的计数速度要比异步计数器快得多。

二、异步二进制计数器的分析

1. 分析实例

例 11-2 异步三位二进制计数器电路如图 11-3 所示。

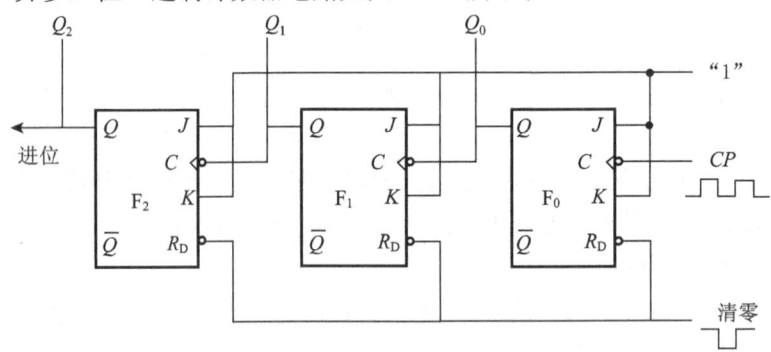

图 11-3 例 11-2 图

分析步骤如下：

(1) 写相关方程式。

时钟方程为：$CP_0 = CP\downarrow$　　$CP_1 = Q_0\downarrow$　　$CP_2 = Q_1\downarrow$

驱动方程为：$J_0 = K_0 = 1$　　$J_1 = K_1 = 1$　　$J_2 = K_2 = 1$

(2) 求各个触发器的状态方程。JK 触发器特性方程为：$Q^{n+1} = J\overline{Q^n} + \overline{K}Q^n$（$CP\downarrow$），将对应驱动方程式分别代入特性方程式，进行化简变换可得状态方程为

$$Q_0^{n+1} = J_0\overline{Q_0^n} + \overline{K_0}Q_0^n = \overline{Q_0^n}\ (CP\downarrow)$$

$$Q_1^{n+1} = J_1\overline{Q_1^n} + \overline{K_1}Q_1^n = \overline{Q_1^n}\ (Q_0\downarrow)$$

$$Q_2^{n+1} = J_2\overline{Q_2^n} + \overline{K_2}Q_2^n = \overline{Q_2^n}\ (Q_1\downarrow)$$

(3) 求出对应状态值。

列状态表如表 11-2 所示。

表 11-2 例 11-1 状态表

CP	Q_2^n	Q_1^n	Q_0^n	Q_2^{n+1}	Q_1^{n+1}	Q_0^{n+1}
1	0	0	0	0	0	1
2	0	0	1	0	1	0
3	0	1	0	0	1	1
4	0	1	1	1	0	0
5	1	0	0	1	0	1
6	1	0	1	1	1	0
7	1	1	0	1	1	1
8	1	1	1	0	0	0

画出状态图和时序图如图 11-4 所示。

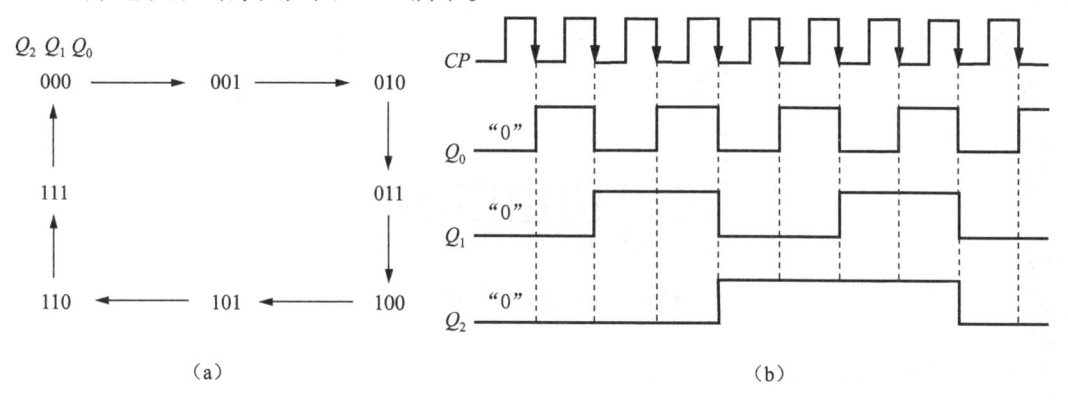

图 11-4 状态图及时序波形图

（a）状态图；（b）波形图

我们把一组多位数码中每一位的构成方法以及从低位到高位的进位规则称为数制。按进位的原则进行计数，称为进位计数制。每一种进位计数制都有一组特定的数码，例如十进制数有 10 个数码，二进制数只有两个数码，而十六进制数有 16 个数码，每种进位计数制中允许使用的数码总数称为基数或底数。

（4）归纳分析结果，确定该时序电路的逻辑功能。

由时钟方程可知该电路是异步时序电路。

从状态图可知随着 CP 脉冲的递增，触发器输出 $Q_2Q_1Q_0$ 值是递增的，经过 8 个 CP 脉冲完成一个循环过程。综上所述，此电路是异步三位二进制（或一位八进制）加法计数器。

2. 异步二进制计数器的规律和特点

用触发器构成异步 n 位二进制计数器的连接规律如表 11-3 所示。

表 11-3 异步二进制计数器的连接规律

规律\功能	$CP_0=CP\downarrow$	$CP_0=CP\uparrow$
	$J_i=K_i=1$ $T_i=1$ $D_i=\overline{Q_i}$ （$0\leq i\leq(n-1)$）	
加法计数	$CP_i=Q_{i-1}$ （$i\geq 1$）	$CP_i=\overline{Q_{i-1}}$ （$i\geq 1$）
减法计数	$CP_i=\overline{Q_{i-1}}$ （$i\geq 1$）	$CP_i=Q_{i-1}$ （$i\geq 1$）

三、集成异步计数器 74LS290

1. 芯片介绍

74LS290 芯片的管脚排列如图 11-5 所示。其中，$S_{9(1)}$、$S_{9(2)}$ 称为置"9"端，$R_{0(1)}$、$R_{0(2)}$ 称为置"0"端；CP_0、CP_1 端为计数时钟输入端，$Q_3Q_2Q_1Q_0$ 为输出端，NC 表示空脚。

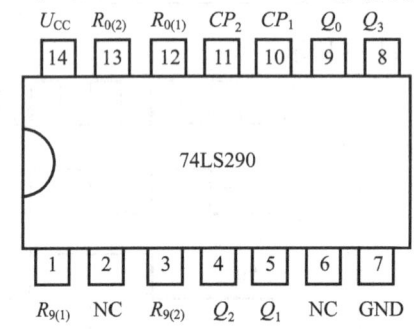

图 11-5 74LS290 芯片的管脚排列

74LS290 逻辑功能如表 11-4 所示。

表 11-4 74LS290 逻辑功能表

复位输入		置位输入		时钟	输出				工作模式
$R_{0(1)}$	$R_{0(2)}$	$S_{9(1)}$	$S_{9(2)}$	CP	Q_3	Q_2	Q_1	Q_0	
1	1	0	×	×	0	0	0	0	异步清零
1	1	×	0	×	0	0	0	0	
×	×	1	1	×	1	0	0	1	异步置数
0	×	0	×	↓	计	数			加法计数
0	×	×	0	↓	计	数			
×	0	0	×	↓	计	数			
×	0	×	0	↓	计	数			

置"9"功能：当 $S_{9(1)}=S_{9(2)}=1$ 时，不论其他输入端状态如何，计数器输出 $Q_3Q_2Q_1Q_0=1001$，而 $(1001)_2=(9)_{10}$，故又称异步置数功能。

置"0"功能：当 $S_{9(1)}$ 和 $S_{9(2)}$ 不全为 1，并且 $R_{0(1)}=R_{0(2)}=1$ 时，不论其他输入端状态如何，计数器输出 $Q_3Q_2Q_1Q_0=0000$，故又称异步清零功能或复位功能。

计数功能：当 $S_{9(1)}$ 和 $S_{9(2)}$ 不全为 1，并且 $R_{0(1)}$ 和 $R_{0(2)}$ 不全为 1，输入计数脉冲 CP 时，计数器开始计数。

2. 任意（N）进制计数器

构成十进制以内任意计数器：

利用一片 74LS290 集成计数器芯片，可构成二进到十进制之间任意进制的计数器。74LS290 构成二进制、五进制和十进制计数器如图 11-6 所示。

二进制计数器：CP 由 CP_0 端输入，Q_0 端输出，如图 11-6（a）所示。

五进制计数器：CP 由 CP_1 端输入，$Q_3Q_2Q_1$ 端输出，如图 11-6（b）所示。

十进制计数器（8421 码）：Q_0 和 CP_1 相连，以 CP_0 为计数脉冲输入端，$Q_3Q_2Q_1Q_0$ 端输出，如图 11-6（c）所示。

十进制计数器（5421 码）：Q_3 和 CP_0 相连，以 CP_1 为计数脉冲输入端，$Q_0Q_3Q_2Q_1$ 端输出，如图 11-6（d）所示。

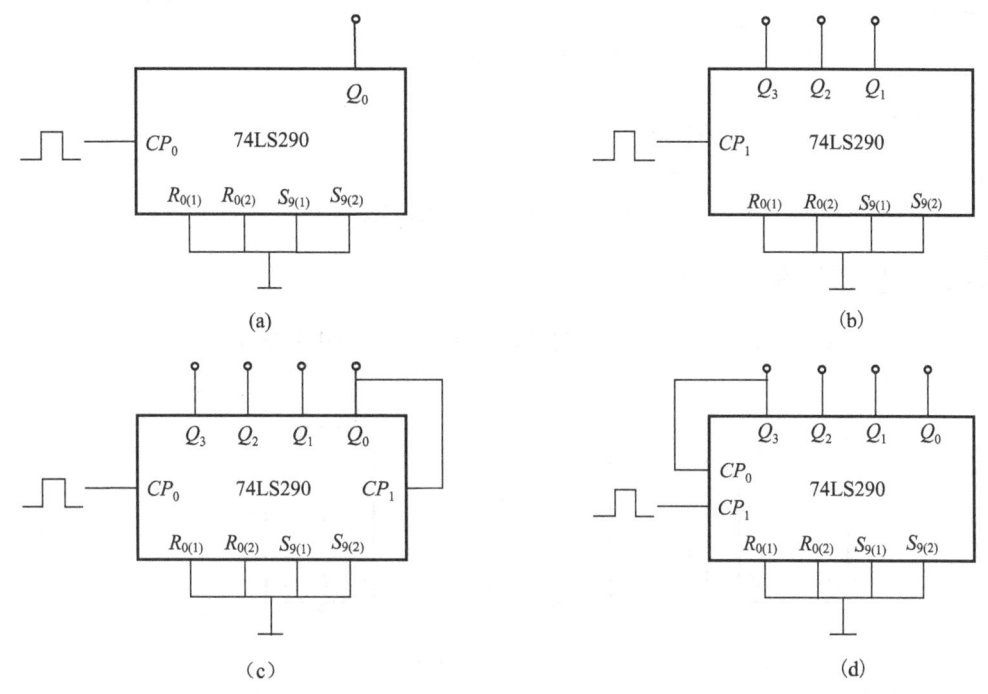

图 11-6　74LS290 构成二进制、五进制和十进制计数器
（a）二进制；（b）五进制；（c）十进制（8421 码）；（d）十进制（5421 码）

若构成十进制以内其他进制，可以采用直接清零法，即利用芯片的异步置"0"端和与门，将 N 进制的 N 值所对应的二进制代码中等于"1"的输出反馈到置 0 端 $R_{0(1)}$ 和 $R_{0(2)}$ 来实现 N 进制计数。具体步骤如下：

（用 S_1，S_2，$\cdots$，S_N 表示输入 1，2，$\cdots$，N 个计数脉冲 CP 时计数器的状态。）

（1）写出 N 进制计数器状态 S_N 的二进制代码。

（2）写出反馈归零函数。这实际上是根据 S_N 写置 0 端的逻辑表达式。

（3）画连线图。主要根据反馈归零函数画连线图。

例 11-3　试用 74LS290 构成六进制计数器。

解：（1）写出 S_6 的二进制代码：$S_6 = 0110$。

（2）写出反馈归零函数。由于 74LS290 的异步置 0 信号为高电平 1，因此只有在 $R_{0(1)}$ 和 $R_{0(2)}$ 同时为高电平 1 时，计数器才能被置 0，所以 $R_0 = R_{0(1)} \cdot R_{0(2)} = Q_2 \cdot Q_1$。

（3）画连线图。由上式可知，要实现六进制计数，应将 $R_{0(1)}$ 和 $R_{0(2)}$ 分别接 Q_2、Q_1，同时将 $S_{9(1)}$ 和 $S_{9(2)}$ 接 0。由于计数容量为 6，大于 5，还应将 Q_0 和 CP_1 相连，连线电路如图 11-7 所示。

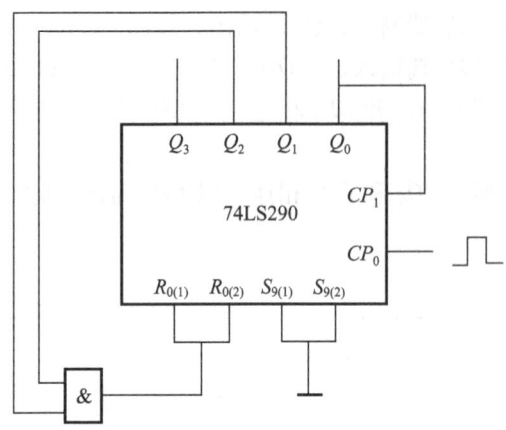

图 11-7 例 11-3 的连线图

四、同步二进制计数器

例 11-4 同步二进制计数器电路如图 11-8 所示，试分析其功能。

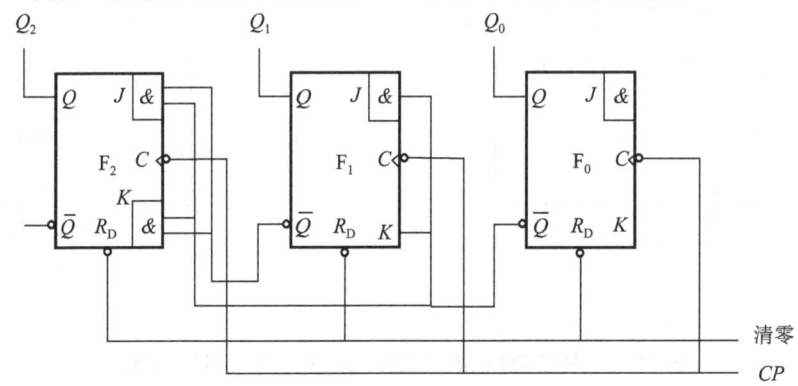

图 11-8 例 11-4 的图

分析过程：

（1）写相关方程式。

时钟方程为

$$CP_0 = CP_1 = CP_2 = CP \downarrow$$

驱动方程为

$$J_0 = K_0 = 1 \quad J_1 = K_1 = \overline{Q_0^n} \quad J_2 = K_2 = \overline{Q_0^n}\,\overline{Q_1^n}$$

（2）求各个触发器的状态方程。JK 触发器特性方程为

$$Q^{n+1} = J\overline{Q^n} + \overline{K}Q^n \quad (CP \downarrow)$$

将对应驱动方程式分别代入 JK 触发器特性方程式，进行化简变换可得状态方程为

$$Q_0^{n+1} = J_0 \overline{Q_0^n} + \overline{K_0} Q_0^n = \overline{Q_0^n} \quad (CP\downarrow)$$

$$Q_1^{n+1} = J_1 \overline{Q_1^n} + \overline{K_1} Q_1^n = \overline{Q_0^n} \overline{Q_1^n} + \overline{\overline{Q_0^n}} Q_1^n = \overline{Q_1^n} \overline{Q_0^n} + Q_1^n Q_0^n \quad (CP\downarrow)$$

$$Q_2^{n+1} = J_2 \overline{Q_2^n} + \overline{K_2} Q_2^n = \overline{Q_2^n} \overline{Q_1^n} \overline{Q_0^n} + Q_2^n \overline{Q_1^n} \overline{Q_0^n} \quad (CP\downarrow)$$

（3）求出对应状态值。列出状态表如表 11-5 所示。

表 11-5 状态表

Q_2^n	Q_1^n	Q_0^n	Q_2^{n+1}	Q_1^{n+1}	Q_0^{n+1}
0	0	0	1	1	1
1	1	1	1	1	0
1	1	0	1	0	1
1	0	1	1	0	0
1	0	0	0	1	1
0	1	1	0	1	0
0	1	0	0	0	1
0	0	1	0	0	0

画状态图如图 11-9（a）所示，画时序图如图 11-9（b）所示。

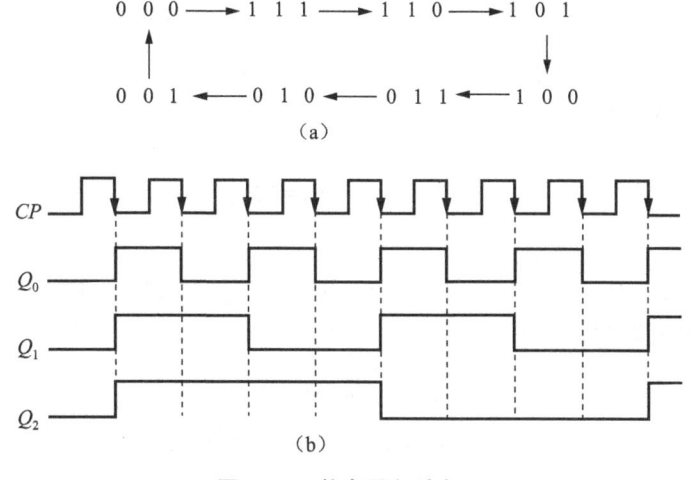

$Q_2 Q_1 Q_0$

000 → 111 → 110 → 101
↑ ↓
001 ← 010 ← 011 ← 100

（a）

（b）

图 11-9 状态图和时序图
（a）状态图；（b）时序图

（4）归纳分析结果，确定该时序电路的逻辑功能。

从时钟方程可知该电路是同步时序电路。从状态图可知随着 CP 脉冲的递增，触发器输出 $Q_2 Q_1 Q_0$ 的值是递减的，且经过 8 个 CP 脉冲完成一个循环过程。

综上所述，此电路是同步三位二进制（或一位八进制）减法计数器。从图 11-9（b）所示时序图可知：Q_0 端输出矩形信号的周期是输入 CP 信号的周期的两倍，所以 Q_0 端输出

信号的频率是输入 CP 信号频率的 $1/2$，对应 Q_1 端输出信号的频率是输入 CP 信号频率的 $1/4$，因此 N 进制计数器同时也是一个 N 分频器，所谓分频就是降低频率，N 分频器输出信号频率是其输入信号频率的 N 分之一。

同步二进制计数器的连接规律和特点：同步二进制计数器一般由 JK 触发器和门电路构成，有 N 个 JK 触发器，就是 N 位同步二进制计数器。具体的连接规律如表 11-6 所示。

表 11-6　同步二进制计数器的连接规律

	$CP_0 = CP_1 = \cdots = CP_{n-1} = CP\downarrow$ （$CP\uparrow$）（n 个触发器）
加法计数	$J_0 = K_0 = 1$ $J_i = K_i = Q_{i-1}Q_{i-2}\cdots Q_0$ （$(n-1) \geq i \geq 1$）
减法计数	$J_0 = K_0 = 1$ $J_i = K_i = \overline{Q_{(i-1)}} \cdot \overline{Q_{i-2}} \cdot \cdots Q_0$ （$(n-1) \geq i \geq 1$）

五、同步非二进制计数器

例 11-5　分析图 11-10 所示同步非二进制计数器的逻辑功能。

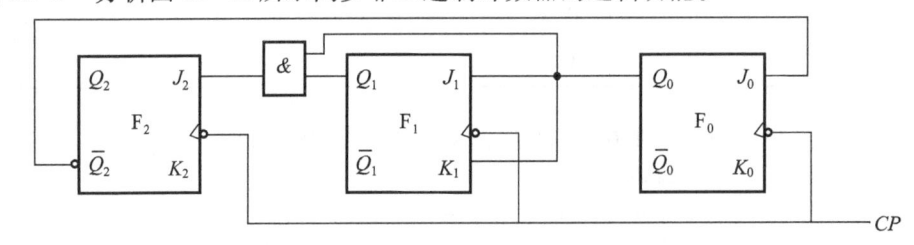

图 11-10　例 11-5 的图

解：（1）写相关方程式。

时钟方程为

$$CP_0 = CP_1 = CP_2 = CP\downarrow$$

驱动方程为

$$J_0 = \overline{Q_2^n} \quad K_0 = 1 \quad J_1 = K_1 = Q_0^n \quad J_2 = Q_0^n Q_1^n \quad K_2 = 1$$

（2）求各个触发器的状态方程。

$$Q_0^{n+1} = J_0 \overline{Q_0^n} + \overline{K_0} Q_0^n = \overline{Q_2^n}\, \overline{Q_0^n} \quad (CP\downarrow)$$

$$Q_1^{n+1} = J_1 \overline{Q_1^n} + \overline{K_1} Q_1^n = Q_0^n \overline{Q_1^n} + \overline{Q_0^n} Q_1^n \quad (CP\downarrow)$$

$$Q_2^{n+1} = J_2 \overline{Q_2^n} + \overline{K_2} Q_2^n = Q_0^n Q_1^n \overline{Q_2^n} \quad (CP\downarrow)$$

（3）求出对应状态值。

列状态表：列出电路输入信号和触发器原态的所有取值组合，代入相应的状态方程，求得相应的触发器次态及输出，列表得到状态表，如表 11-7 所示。

状态图及时序图如图 11-11（a）、(b) 所示。

表 11-7 状态表

CP	Q_2^n	Q_1^n	Q_0^n	Q_2^{n+1}	Q_1^{n+1}	Q_0^{n+1}
↓	0	0	0	0	0	1
↓	0	0	1	0	1	0
↓	0	1	0	0	1	1
↓	0	1	1	1	0	0
↓	1	0	0	0	0	0
↓	1	0	1	0	1	0
↓	1	1	0	0	1	0
↓	1	1	1	0	0	0

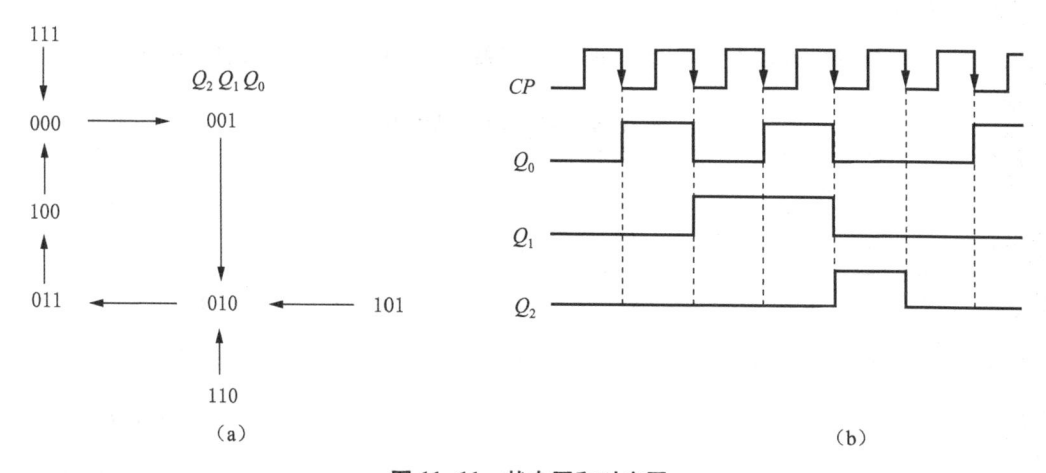

图 11-11 状态图和时序图
（a）状态图；（b）时序图

（4）归纳分析结果，确定该时序电路的逻辑功能。从时钟方程可知该电路是同步时序电路。

从表 11-7 所示状态表可知：计数器输出 $Q_2Q_1Q_0$ 共有 5 种状态 000~100。

从图 11-11（a）所示状态图可知：随着 CP 脉冲的递增，触发器输出 $Q_2Q_1Q_0$ 会进入一个有效循环过程，此循环过程包括了 5 个有效输出状态，其余 3 个输出状态为无效状态，所以要检查该电路能否自启动。

检查的方法是：不论电路从哪一个状态开始工作，在 CP 脉冲作用下，触发器输出的状态都会进入有效循环圈内，此电路就能够自启动；反之，则此电路不能自启动。

综上所述，此电路是具有自启动功能的同步五进制加法计数器。

六、集成同步二进制计数器

1. 集成同步二进制计数器 74LS161 和 74LS163

如图 11-12 所示为集成 4 位同步二进制加法计数器 74LS161 的逻辑功能示意图。图中 $\overline{LD}$ 为同步置数控制端，$\overline{CR}$ 为异步置 0 控制端，CT_P 和 CT_T 为计数控制端，$D_0 \sim D_3$ 为并行数据输入端，$Q_0 \sim Q_3$ 为输出端，CO 为进位输出端。表 11-8 所示为 74LS161 的功能表。由表 11-8 可知 74LS161 有如下主要功能。

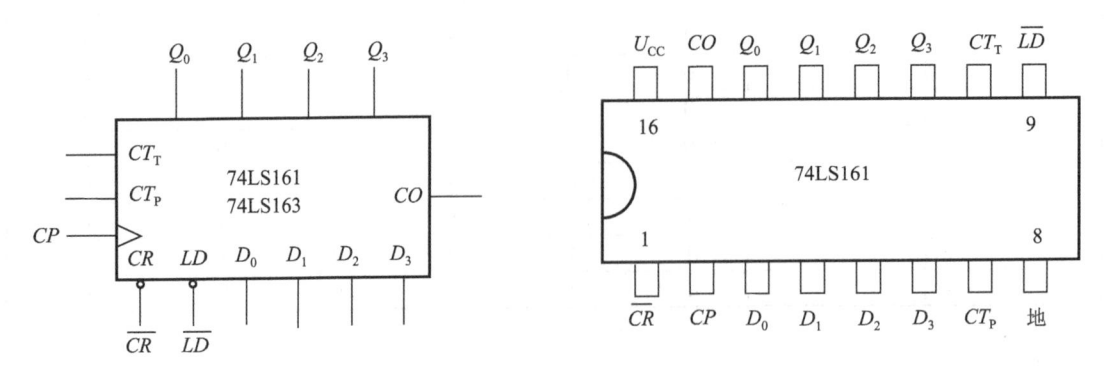

图 11-12　集成 4 位同步二进制加法计数器 74LS161/163 的逻辑功能示意图

表 11-8　74LS161 的功能表

\\	\\	输入	\\	\\	\\	\\	\\	\\	输出	\\	\\	\\	说明
$\overline{CR}$	$\overline{LD}$	$\overline{CT_P}$	CT_T	CP	D_3	D_2	D_1	D_0	Q_3	Q_2	Q_1	Q_0	CO
0	×	×	×	×	×	×	×	×	0	0	0	0	0	异步置 0
1	0	×	×	↑	d_3	d_2	d_1	d_0	d_3	d_2	d_1	d_0		$CO=CT_T \cdot Q_3Q_2Q_1Q_0$
1	1	1	1	↑	×	×	×	×		计	数			$CO=Q_3Q_2Q_1Q_0$
1	1	0	×	×	×	×	×	×		保	持			$CO=CT_T \cdot Q_3Q_2Q_1Q_0$
1	1	×	0	×	×	×	×	×		保	持		0	

(1) 异步置 0 功能。当 $\overline{CR}=0$ 时，不论有无时钟脉冲 CP 和其他信号输入，计数器被置 0，即 $Q_3Q_2Q_1Q_0=0000$。

(2) 同步并行置数功能。当 $\overline{CR}=1$、$\overline{LD}=0$ 时，在输入时钟 CP 脉冲上升沿的作用下，并行输入的数据 $d_3 \sim d_0$ 被置入计数器，即 $Q_3Q_2Q_1Q_0=d_3d_2d_1d_0$。

(3) 计数功能。当 $\overline{CR}=\overline{LD}=CT_P=CT_T=1$，$CP$ 端输入计数脉冲时，计数器进行二进制加法计数。

(4) 保持功能。当 $\overline{CR}=\overline{LD}=1$ 且 CT_P 和 CT_T 中有 0 时，则计数器保持原来的状态不变。这时，如 $CT_P=0$，$CT_T=1$ 时，则 $CO=CT_TQ_3Q_2Q_1Q_0=Q_3Q_2Q_1Q_0$，即进位输出信号 CO 不变，如 $CT_P=1$，$CT_T=0$ 时，则 $CO=0$，即进位输出为低电平 0。

集成 4 位同步二进制计数器 74LS163 的逻辑功能示意图见图 11-12，其功能表如表 11-9 所示。

表 11-9　74LS163 的功能表

\multicolumn{8}{c}{输入}	\multicolumn{5}{c}{输出}	说明
$\overline{CR}$	$\overline{LD}$	CT_P	CT_T	CP	D_3	D_2	D_1	D_0	Q_3	Q_2	Q_1	Q_0	CO	
0	×	×	×	↑	×	×	×	×	0	0	0	0	0	同步置 0
1	0	×	×	↑	d_3	d_2	d_1	d_0	d_3	d_2	d_1	d_0		$CO=CT_T \cdot Q_3Q_2Q_1Q_0$
1	1	1	1	↑	×	×	×	×	\multicolumn{4}{c}{计　数}		$CO=Q_3Q_2Q_1Q_0$
1	1	0	×	×	×	×	×	×	\multicolumn{4}{c}{保　持}		$CO=CT_T \cdot Q_3Q_2Q_1Q_0$
1	1	×	0	×	×	×	×	×	\multicolumn{4}{c}{保　持}	0	

由表 11-9 可知 74LS163 为同步置 0，这就是说在同步置 0 控制端 $\overline{CR}$ 为低电平 0 时，这时计数器并不能被置 0，还需再输入一个计数脉冲 CP 才能被置 0，而 74LS161 则为异步置 0，这是这两种集成芯片的主要区别，它们的其他功能及逻辑功能示意图完全相同。

2. 利用同步置数功能获得 N 进制计数器

利用计数器的同步置数功能也可获得 N 进制计数器。这时，应在计数器的并行数据输入端 $D_0 \sim D_3$ 输入计数起始数据，并置入计数器。这样，再输入第 $N-1$ 个计数脉冲 CP 时，通过控制电路使同步置数控制端上获得一个置数信号，这时计数器并不能将 $D_0 \sim D_3$ 端的数据置入计数器，但它为置数创造了条件，所以，在输入第 N 个计数脉冲 CP 时，$D_0 \sim D_3$ 端输入的数据被置入计数器，使电路返回到初始的预置状态，从而实现了 N 进制计数。因此，利用同步置数功能获得 N 进制计数器的方法如下：

（1）写出 N 进制计数状态 S_{N-1} 的二进制代码。
（2）写出反馈置数函数，即根据 S_{N-1} 写出同步置数控制端的逻辑表达式。
（3）根据反馈置数函数画连线图。

例 11-6　试用 74LS161 构成十进制计数器。

解：74LS161 设有同步置数控制端，可利用它来实现十进制计数。设计数从 $Q_3Q_2Q_1Q_0=0000$ 状态开始，由于采用反馈置数法获得十进制计数器，因此应取 $D_3D_2D_1D_0=0000$。采用置数控制端获得 N 进制计数器一般都从 0 开始计数。

（1）写出 S_{N-1} 的二进制代码为 $S_{N-1}=S_{10-1}=S_9=1001$。
（2）写出反馈置数函数为 $\overline{LD}=\overline{Q_3Q_0}$。
（3）画连线图。根据上式和置数的要求画十进制计数器的连线图，如图 11-13（a）所示。

应当指出：反馈置数函数 $\overline{LD}$ 在 $Q_3=1$、$Q_0=1$ 时为 0。因此应采用与非门实现。

由表 11-10 可看出，例 11-6 是利用 4 位自然二进制数的前 10 个状态 0000～1001 来实现十进制计数的，如利用 4 位自然二进制数的后十个状态 0110～1111 实现十进制计数时，则根据输入端输入的数据应为 $D_3D_2D_1D_0=0110$，这时从 74LS161 的进位输出端 CO 取得反馈置数信号最简单，电路如图 11-13（b）所示。

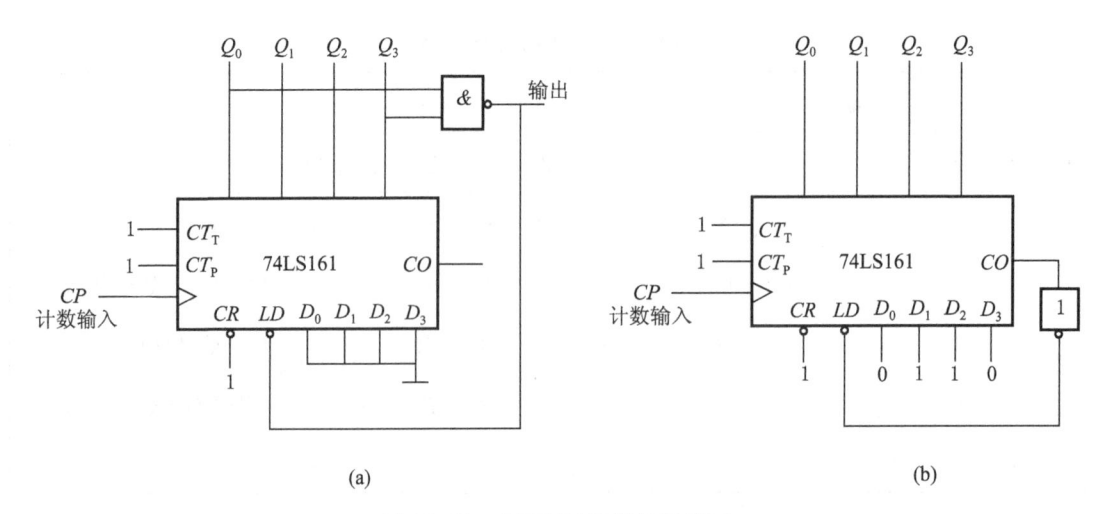

图 11-13 十进制计数器的连线图

(a) 用前 10 个有效状态；(b) 用后 10 个有效状态

表 11-10 74LS161 计数状态顺序表

计数顺序	计数器状态				计数顺序
	Q_3	Q_2	Q_1	Q_0	
0	0	0	0	0	无效状态
1	0	0	0	1	
2	0	0	1	0	
3	0	0	1	1	
4	0	1	0	0	
5	0	1	0	1	
6	0	1	1	0	0
7	0	1	1	1	1
8	1	0	0	0	2
9	1	0	0	1	3
无效状态	1	0	1	0	4
	1	0	1	1	5
	1	1	0	0	6
	1	1	0	1	7
	1	1	1	0	8
	1	1	1	1	9

例 11-7 试用 74LS161 构成十二进制计数器

解： 由于 74LS161 设有异步置 0 控制端 $\overline{CR}$ 和同步置数控制端 $\overline{LD}$，利用这两个控制端都可构成十二进制计数器，设计数器从 $Q_3Q_2Q_1Q_0 = 0000$ 状态开始计数。下面分别介绍。

(1) 利用异步置 0 控制端 $\overline{CR}$ 实现十二进制计数器。

①写出 S_{12} 的二进制代码：$S_{12} = 1100$。

②写出反馈归零函数：$\overline{CR} = \overline{Q_3 Q_2}$

③画连线图：根据上式画出连线图，如图 11-14（a）所示。应当指出，利用异步置 0 控制端 $\overline{CR}$ 实现任意进制计数时，并行数据输入端 $D_0 \sim D_3$ 可接任意数据，在本例中，$D_0 \sim D_3$ 端都接低电平 0（即地），当然也可接其他数据。

（2）利用同步置数控制端 $\overline{LD}$ 实现十二进制计数器。

设计数器从 0 开始计数。由于采用同步置数端获得十二进制计数器，因此应取 $D_3D_2D_1D_0 = 0000$。

①写出 S_{12-1} 的二进制代码：$S_{12-1} = S_{11} = 1011$。

②写出反馈置数函数：$\overline{LD} = \overline{Q_3Q_1Q_0}$。

③画连线图：根据 $\overline{LD}$ 的表达式画连线图，如图 11-14（b）所示。

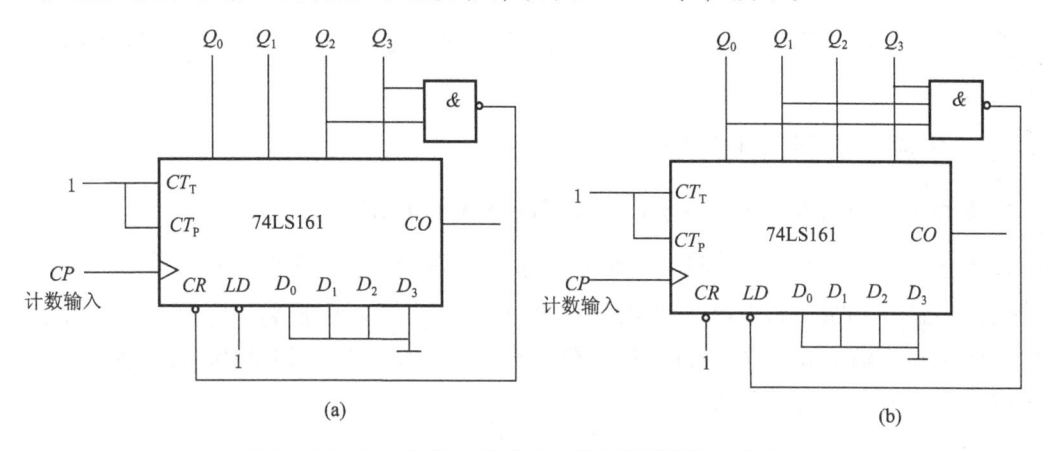

图 11-14　用 74LS161 构成十二进制计数器的两种方法

（a）用异步置 0 控制端 $\overline{CR}$ 归零法；（b）用同步置数控制端 $\overline{LD}$ 归零法

3. 利用同步置 0 功能获得 N 进制计数器

利用计数器的同步置 0 功能也可获得 N 进制计数器。它与利用异步置 0 功能实现任意进制计数不同，因为在同步置 0 控制端获得置 0 控制信号后，计数器并不能立刻被置 0，还需再输入一个计数脉冲 CP 后才能被置 0，所以，利用同步置 0 控制端获得 N 进制计数时，应在输入第 N-1 个计数脉冲 CP 后，通过控制电路使同步置 0 控制端获得置 0 信号，这样，在输入第 N 个计数脉冲时，计数器才被置 0，回到初始的 0 状态，从而实现了 N 进制计数。应当指出，利用同步置 0 功能实现任意进制计数时，其并行数据输入端 $D_0 \sim D_3$ 可为任意值，不需要接入固定的计数起始数据。

利用同步置 0 功能实现任意进制计数的方法如下：

（用 S_1，S_2，…，S_N 表示输入 1，2，…，N 个计数脉冲 CP 时计数器的状态。）

（1）写出 N 进制计数器状态 S_{N-1} 的二进制代码。

（2）写出反馈归零函数，即根据 S_{N-1} 的二进制代码写出置零控制端的逻辑表达式。

（3）根据反馈归零函数画出连线图。

例 11-8　试用 CT74LS163 的同步置 0 功能构成十进制计数器。

解：（1）写出 S_{10-1} 的二进制代码：$S_9 = 1001$。

（2）写出反馈归零函数：$\overline{CR} = \overline{Q_3Q_0}$。

（3）画连线图：根据上式画出连线图，如图11-15所示。并行数据输入端可接任意数据。

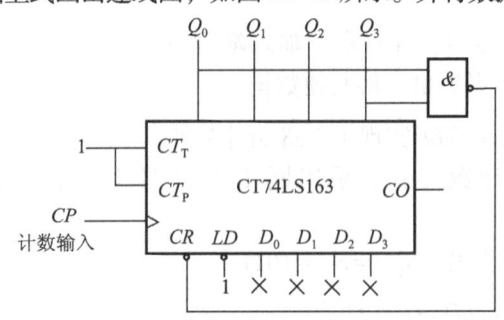

图 11-15 用 CT74LS163 构成十进制计数器

利用 CT74LS163 的同步置数功能也可构成任意进制计数器，其方法与 CT74LS161 相同，这里不再重复。

七、集成十进制同步计数器

1. 集成十进制同步加法计数器 CT74LS160 和 CT74LS162

图 11-16 所示为集成十进制同步加法计数器 CT74LS160 的逻辑功能示意图。图中 $\overline{LD}$ 为同步置数控制端，$\overline{CR}$ 为异步置 0 控制端，CT_P 和 CT_T 为计数控制端，$D_0 \sim D_3$ 为并行数据输入端，$Q_0 \sim Q_3$ 为输出端，CO 为进位输出端。表 11-11 所示为 CT74LS160 的功能表。由表可知 CT74LS160 有以下主要功能。

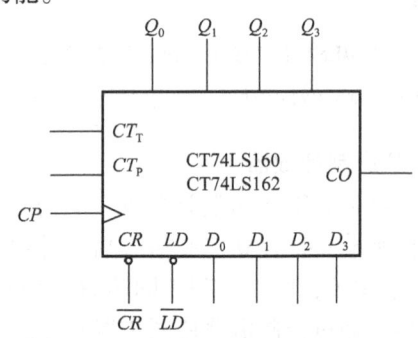

图 11-16 CT74LS160/162 逻辑功能示意图

表 11-11 CT74LS160 的功能表

输入									输出					说明
$\overline{CR}$	$\overline{LD}$	CT_P	CT_T	CP	D_3	D_2	D_1	D_0	Q_3	Q_2	Q_1	Q_0	CO	
0	×	×	×	×	×	×	×	×	0	0	0	0	0	异步置 0
1	0	×	×	↑	d_3	d_2	d_1	d_0	d_3	d_2	d_1	d_0		$CO=CT_T \cdot Q_3Q_0$
1	1	1	1	↑	×	×	×	×	计 数					$CO=Q_3Q_0$
1	1	0	×	×	×	×	×	×	保 持					$CO=CT_T \cdot Q_3Q_0$
1	1	×	0	×	×	×	×	×	保 持				0	

(1) 异步置 0 功能。当 $\overline{CR}=0$ 时，不论其他输入端有无信号输入，计数器被置 0，即 $Q_3Q_2Q_1Q_0=0000$。

(2) 同步并行置数功能。当 $\overline{CR}=1$，$\overline{LD}=0$ 时，在输入时钟 CP 脉冲上升沿到来时，并行输入的数据 $d_3 \sim d_0$ 被置入计数器，即 $Q_3Q_2Q_1Q_0=d_3d_2d_1d_0$。

(3) 计数功能。当 $\overline{CR}=\overline{LD}=CT_P=CT_T=1$，$CP$ 端输入计数脉冲时，计数器按照 8421 BCD 码的规律进行十进制加法计数。

(4) 保持功能。当 $\overline{CR}=\overline{LD}=1$ 且 CT_P 和 CT_T 中有 0 时，则计数器保持原来的状态不变。在计数器执行保持功能时，如 $CT_P=0$，$CT_T=1$ 时，则 $CO=CT_T Q_3Q_0=Q_3Q_0$；如 $CT_P=1$，$CT_T=0$ 时，则 $CO=CT_T Q_3Q_0=0$，即进位输出为低电平 0。

集成十进制同步加法计数器 CT74LS162 的逻辑功能示意图见图 11-16，其功能表如表 11-12 所示。由该表可看出：与 CT74LS160 相比，CT74LS162 除为同步置 0 外，其余功能及逻辑功能示意图都和 CT74LS160 相同。这里不再重复。

表 11-12　CT74LS162 的功能表

输入									输出				说明
$\overline{CR}$	$\overline{LD}$	CT_P	CT_T	CP	D_3	D_2	D_1	D_0	Q_3	Q_2	Q_1	Q_0	CO	
0	×	×	×	↑	×	×	×	×	0	0	0	0	0	同步置 0
1	0	×	×	↑	d_3	d_2	d_1	d_0	d_3	d_2	d_1	d_0		$CO=CT_T \cdot Q_3Q_0$
1	1	1	1	↑	×	×	×	×	计　数					$CO=Q_3Q_0$
1	1	0	×	×	×	×	×	×	保　持					$CO=CT_T \cdot Q_3Q_0$
1	1	×	0	×	×	×	×	×	保　持				0	

例 11-9　试用 CT74LS160 的同步置数功能构成七进制计数器。

解：设计数器从 $Q_3Q_2Q_1Q_0=0000$ 状态开始计数，因此应取 $D_3D_2D_1D_0=0000$。

(1) 写出 S_{7-1} 的二进制代码：$S_{7-1}=S_6=0110$。

(2) 写出反馈归零函数：$\overline{LD}=\overline{Q_2Q_1}$。

(3) 画连线图：根据上式画出连线图，同时将并行数据输入端 D_3、D_2、D_1 和 D_0 接低电平 0。电路如图 11-17 所示。

利用 CT74LS160 的异步置 0 控制端 $\overline{CR}$ 的归零也可构成七进制计数器，请读者自行设计。

利用 CT74LS162 的同步置数控制端 $\overline{LD}$ 和同步置 0 控制端 $\overline{CR}$ 也可构成任意进制计数器，其方法与 CT74LS163 相同。

2. 集成十进制同步加/减计数器

如图 11-18 所示为集成十进制同步加/减计数器 CT74LS190 的逻辑功能示意图。图中 $\overline{LD}$ 为异步置数控制端，$\overline{CT}$ 为计数控制端，$D_0 \sim D_3$ 为并行数据输入端，$Q_0 \sim Q_3$ 为输出端，$\overline{U}/D$ 为加/减计数方式控制端，CO/BO 为进位/借位输出端，RC 为行波时钟输出端。CT74LS190 没用专用置 0 输入端，但可借助数据 $D_3D_2D_1D_0=0000$ 时，实现计数器的置 0 功能。表 11-13 为 CT74LS190 的功能表。由该表可知它有以下主要逻辑功能。

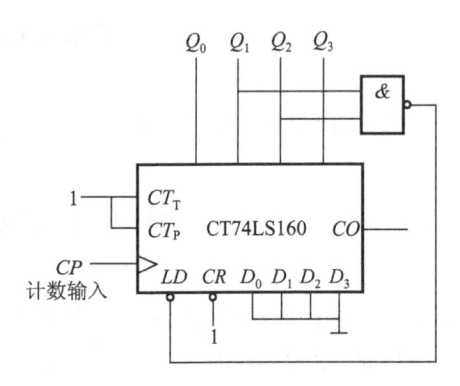

图 11-17 用 CT74LS160 构成七进制计数器

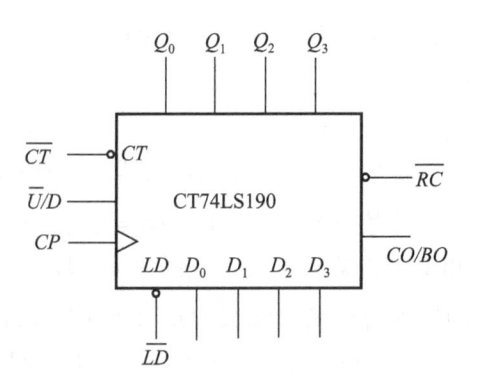

图 11-18 CT74LS190 的逻辑功能图

表 11-13 CT74LS190 的功能表

$\overline{LD}$	$\overline{CT}$	$\overline{U}/D$	CP	D_3	D_2	D_1	D_0	Q_3	Q_2	Q_1	Q_0	说明
0	×	×	×	d_3	d_2	d_1	d_0	d_3	d_2	d_1	d_0	并行异步置数
1	0	0	↑	×	×	×	×	加	计		数	$CO/BO=Q_3Q_0$
1	0	1	↑	×	×	×	×	减	计		数	$CO/BO=\overline{Q_3}\,\overline{Q_2}\,\overline{Q_1}\,\overline{Q_0}$
1	1	×	×	×	×	×	×	保		持		

（1）异步置数功能。当 $\overline{LD}=0$ 时，不论有无时钟脉冲 CP 和其他信号输入，并行输入的数据 $d_3 \sim d_0$ 被置入计数器相应的触发器中，这时 $Q_3Q_2Q_1Q_0=d_3d_2d_1d_0$。

（2）计数功能。当 $\overline{CT}=0$，$\overline{LD}=1$，$\overline{U}/D=0$ 时，在 CP 脉冲上升沿作用下，进行十进制加法计数。当 $\overline{U}/D=1$ 时，在 CP 脉冲上升沿作用下，进行十进制减法计数。

（3）保持功能。当 $\overline{CT}=\overline{LD}=1$ 时，则计数器保持原来的状态不变。

八、利用计数器的异步置数功能获得 N 进制计数器

利用计数器的异步置数功能可获得 N 进制计数器。和异步置 0 一样，异步置数和时钟脉冲 CP 没有任何关系，只要异步置数控制端出现置数信号时，并行数据输入端 $D_0 \sim D_3$ 输入的数据便被立刻置入计数器。因此利用异步置数控制端构成 N 进制计数器时，应在输入第 N 个计数脉冲 CP 时，通过控制电路产生的置数信号加到计数器的异步置数控制端上，使计数器立刻回到初始的预置数状态，从而实现了 N 进制计数。其构成 N 进制计数器的方法和前面讨论的异步置 0 法相同。但在利用异步置数功能构成 N 进制计数器时，并行数据输入端 $D_0 \sim D_3$ 必须接入计数起始数据，通常取 $D_3D_2D_1D_0=0000$。

例 11-10 试用 CT74LS190 的同步置数功能构成七进制计数器。

解：设计数器从 $Q_3Q_2Q_1Q_0=0000$ 状态开始计数，因此应取 $D_3D_2D_1D_0=0000$。

（1）写出 S_7 的二进制代码：$S_7=0111$。

（2）写出反馈归零函数：$\overline{LD}=\overline{Q_2Q_1Q_0}$。

（3）画连线图：根据上式画出连线图，如图 11-19 所示。由于是加计数，因此应取 $\overline{U}/D=0$。

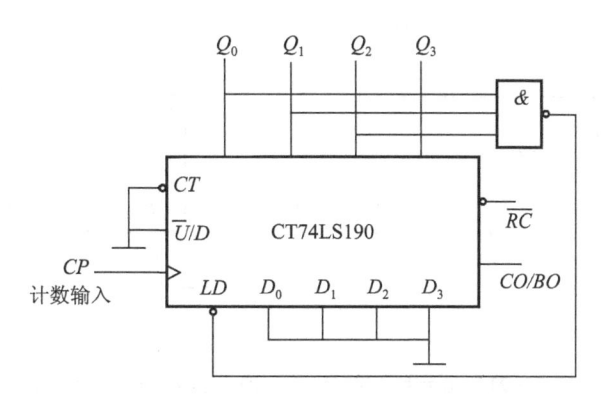

图 11-19　用 CT74LS190 构成七进制计数器

九、利用计数器的级联获得大容量 N 进制计数器

计数器的级联是将多个集成计数器串接起来，以获得计数容量更大的 N 进制计数器。一般集成计数器都设有级联用的输入端和输出端，只要正确连接这些级联端，就可获得所需进制的计数器。

图 11-20 所示为由两片 CT74LS290 级联组成的 100 进制异步加法计数器。

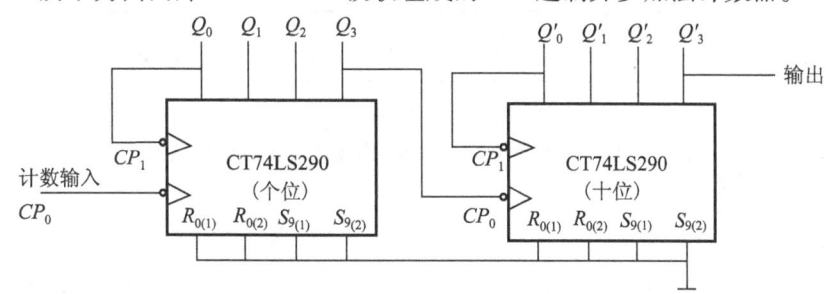

图 11-20　由两片 CT74LS290 构成的 100 进制计数器

图 11-21 所示为由两片 CT74LS160 级联成的 100 进制同步加法计数器。由图可看出：低位片 CT74LS160（1）在计到 9 以前，其进位输出 $CO=Q_3Q_0=0$，高位片 CT74LS160（2）的 $CT_T=0$，保持原状态不变。当低位片计到 9 时，其输出 $CO=1$，即高位片的 $CT_T=1$，这时，高位片才能接收 CP 端输入的计数脉冲。所以，输入第 10 个计数脉冲时，低位片回到 0 状态，同时使高位片加 1。显然如图 11-21 所示电路为 100 进制计数器。

图 11-22 所示为由两片 4 位二进制加法计数器 CT74LS161 级联成的五十进制计数器。十进制数 50 对应的二进制数为 00110010，所以，当计数器计到 50 时，计数器的状态为 $Q'_3Q'_2Q'_1Q'_0Q_3Q_2Q_1Q_0=00110010$，其反馈归零函数为 $\overline{CR}=\overline{Q'_1Q'_0Q_1}$，这时，与非门输出低电平 0，使两片 CT74LS161 同时被置 0，从而实现了五十进制计数。

图 11-23 所示为由两片 CT74LS290 构成的二十三进制计数器。当高位片 CT74LS290（2）计到 2、低位片 CT74LS290（1）计到 3 时，与非门组成的与门输出高电平 1，使计数器回到初始的 0 状态，从而实现了二十三进制计数。

图 11-24 所示为利用 4 位二进制计数器 CT74LS163 的同步置 0 功能构成的八十五进制计

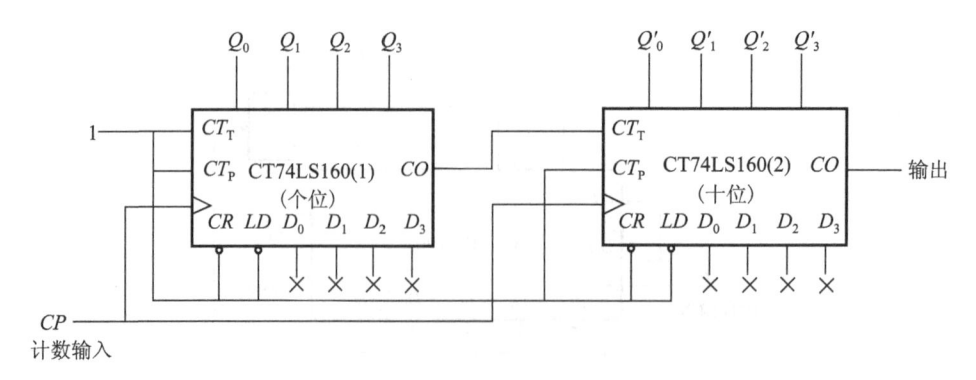

图 11-21 由两片 CT74LS160 构成的 100 进制计数器

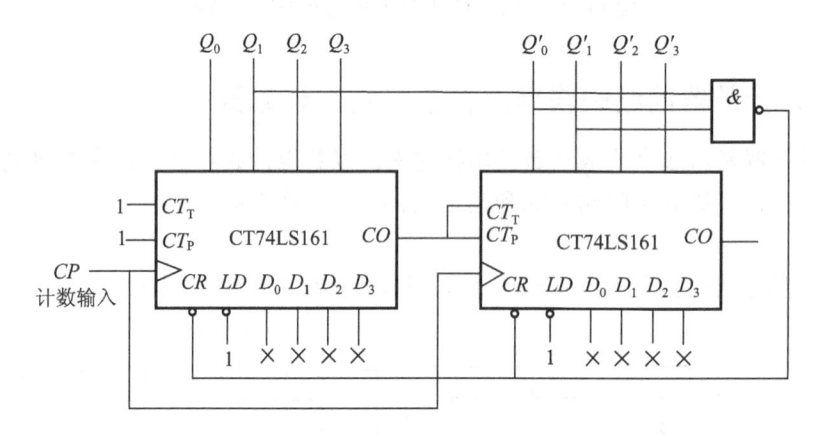

图 11-22 由两片 CT74LS161 构成的五十进制计数器

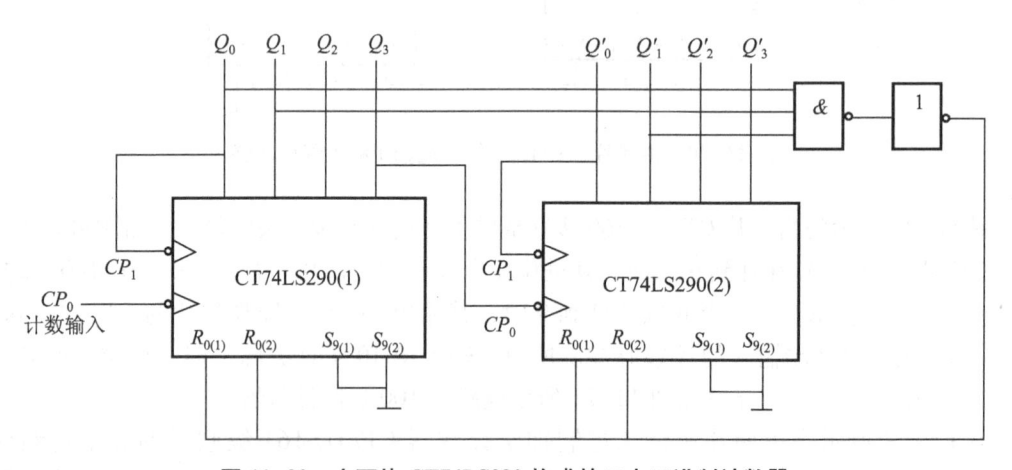

图 11-23 由两片 CT74LS290 构成的二十三进制计数器

数器，它由两片 CT74LS163 级联而成，其反馈归零函数应根据 S_{85-1} = 01010100 来写表达式，因此计数器同步置 0 端的反馈归零函数为 $\overline{CR} = \overline{Q'_2 Q'_1 Q_2}$。当计数器计到 84 时，与非门输出低电平，即 $\overline{CR} = 0$，在输入第 85 个计数脉冲 CP 时，计数器被置 0，从而实现了八十五进制计数。

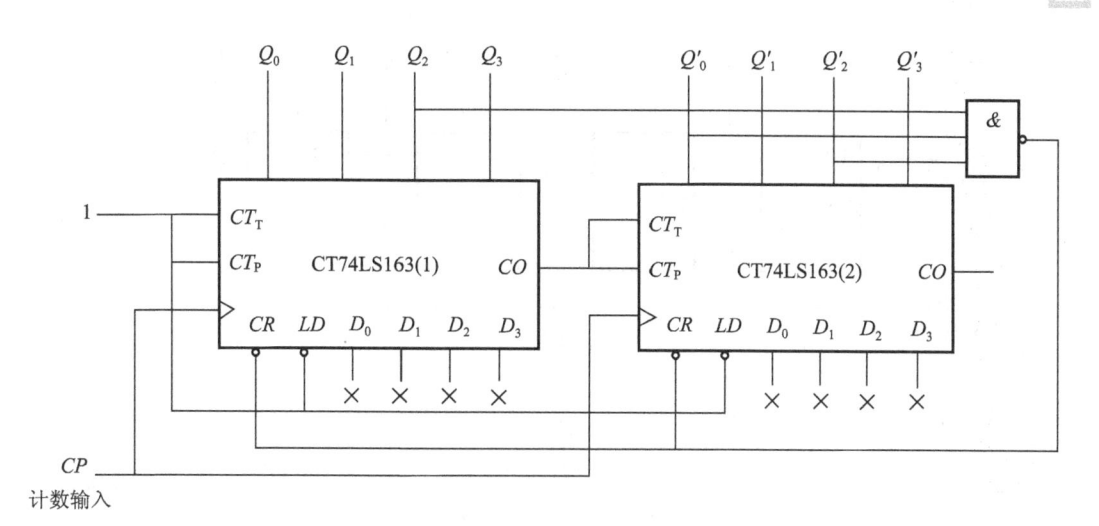

图 11-24　由两 CT74LS163 构成的八十五进制计数器

第三节　寄　存　器

寄存器是存放数码、运算结果或指令的电路。寄存器按功能可分为数据寄存器和移位寄存器。数据寄存器又称数据缓冲储存器或数据锁存器，其功能是接受、存储和输出数据，主要由触发器和控制门组成。n 个触发器可以储存 n 位二进制数据。移位寄存器又称移存器，它除了接受、存储、输出数据以外，同时还能将其中寄存的数据按一定方向进行移动。移位寄存器有单向和双向移位寄存器之分。

一、单向移位寄存器

单向移位寄存器只能将寄存的数据在相邻位之间单方向移动。按移动方向分为左移移位寄存器和右移移位寄存器两种类型。如图 11-25（a）所示为由 4 个维持阻塞 D 触发器组成的 4 位右移位寄存器。这 4 个 D 触发器共用一个时钟脉冲触发信号，因此为同步时序逻辑电路。数码由 FF_0 的 D_0 端串行输入，其工作原理如下：

设串行输入数码 $D_I=1011$，同时 $FF_0 \sim FF_3$ 都为 0 状态。当输入第一个数码 1 时，这时，则在第 1 个移位脉冲 CP 的上升沿作用下，FF_0 由 0 状态翻到 1 状态，第 1 位数码 1 存入 FF_0 中，其原来的状态 $Q_0=0$ 移入 FF_1 中，数码向右移了一位，同理 FF_1、FF_2 和 FF_3 中的数码也都依次向右移了一位。这时寄存器的状态为 $Q_3Q_2Q_1Q_0=0001$。当输入第二个数码 0 时，则在第二个移位脉冲 CP 上升沿的作用下，第二个数码 0 存入 FF_0 中，这时 $Q_0=0$，FF_0 中原来的数码 1 移入 FF_1 中，$Q_1=1$，同理 $Q_2=Q_3=0$，移位寄存器中的数码又依次向右移了一位。这样，在 4 个移位脉冲作用下，输入的 4 位串行数码 1011 全部存入了寄存器中。移位情况如表 11-14 所示。

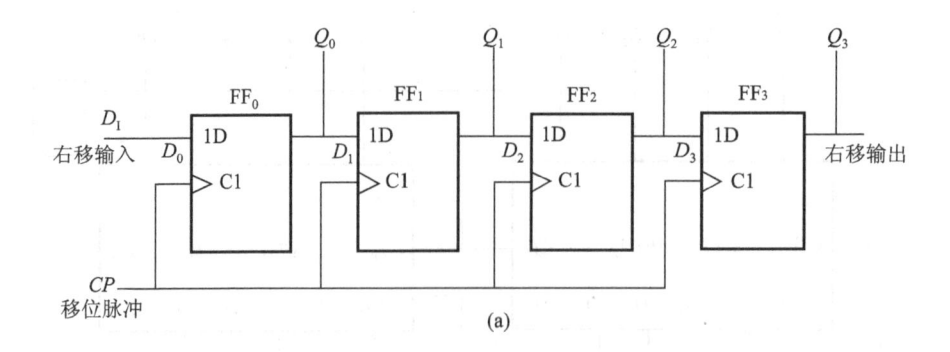

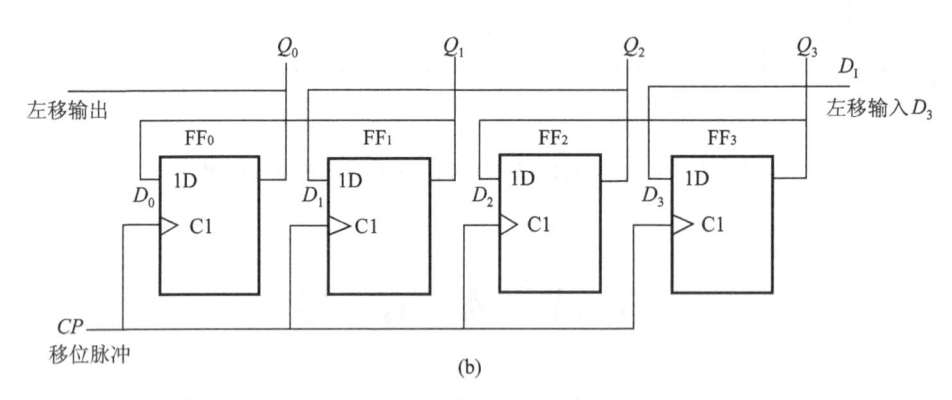

图 11-25 由 D 触发器组成的单向移位寄存器
(a) 右移位寄存器;(b) 左移位寄存器

表 11-14 右移位寄存器的状态表

移位脉冲	输入数据	移位寄存器中的数			
		Q_0	Q_1	Q_2	Q_3
0		0	0	0	0
1	1	1	0	0	0
2	0	0	1	0	0
3	1	1	0	1	0
4	1	1	1	0	1

移位寄存器中的数码可由 Q_3、Q_2、Q_1 和 Q_0 并行输出,也可从 Q_3 串行输出,但这时需要继续输入 4 个移位脉冲才能从寄存器中取出存放的 4 位数码 1011。

图 11-25(b)所示为由 4 个维持阻塞 D 触发器组成的 4 位左移位寄存器。其工作原理和右移位寄存器相同,这里不再重复。

二、双向移位寄存器

由前面讨论单向移位寄存器工作原理时可知,右移位寄存器和左移位寄存器的电路结构是基本相同的,如适当加入一些控制电路和控制信号,就可将右移位寄存器和左移位寄存器结合在一起构成双向移位寄存器。

图 11-26 所示为 4 位双向移位寄存器 CT74LS194 的逻辑功能示意图。图中$\overline{CR}$为置 0 端，$D_0 \sim D_3$ 为并行数码输入端，D_{SR} 为右移串行数码输入端，D_{SL} 为左移串行数码输入端，M_0 和 M_1 为工作方式控制端，$Q_0 \sim Q_3$ 为并行数码输出端，CP 为移位脉冲输入端。CT74LS194 的功能见表 11-15，由表可知它有以下主要功能。

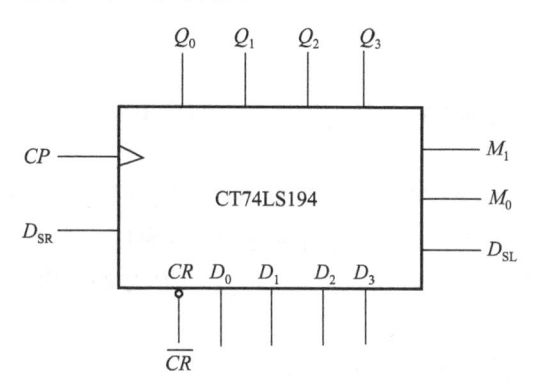

图 11-26 CT74LS194 的逻辑功能示意图

表 11-15 CT74LS194 的功能表

输入									输出				说明
$\overline{CR}$	M_1	M_0	CP	D_{SL}	D_{SR}	D_0	D_1	D_2	D_3	Q_0	Q_1	Q_2	Q_3	
0	×	×	×	×	×	×	×	×	×	0	0	0	0	置 零
1	×	×	0	×	×	×	×	×	×	保 持				
1	1	1	↑	×	×	d_0	d_1	d_2	d_3	d_0	d_1	d_2	d_3	并行置数
1	0	1	↑	×	1	×	×	×	×	1	Q_0	Q_1	Q_2	右移输入 1
1	0	1	↑	×	0	×	×	×	×	0	Q_0	Q_1	Q_2	右移输入 0
1	1	0	↑	1	×	×	×	×	×	Q_1	Q_2	Q_3	1	左移输入 1
1	1	0	↑	0	×	×	×	×	×	Q_1	Q_2	Q_3	0	左移输入 0
1	0	0	×	×	×	×	×	×	×	保 持				

（1）置 0 功能。当 $\overline{CR}=0$ 时，双向移位寄存器置 0，$Q_0 \sim Q_3$ 都为 0 状态。

（2）保持功能。当 $\overline{CR}=1$、$CP=0$，或 $\overline{CR}=1$、$M_1M_0=00$ 时，双向移位寄存器保持原状态不变。

（3）并行送数功能。当 $\overline{CR}=1$、$M_1M_0=11$ 时，在输入时钟 CP 脉冲上升沿作用下，使 $D_0 \sim D_3$ 端输入的数据 $d_3 \sim d_0$ 并行送入寄存器，显然是同步并行送数。

（4）右移串行送数功能。当 $\overline{CR}=1$、$M_1M_0=01$ 时，在 CP 上升沿作用下，执行右移功能，D_{SR} 端输入的数码依次送入寄存器。

（5）左移串行送数功能。当 $\overline{CR}=1$、$M_1M_0=10$ 时，在 CP 上升沿作用下，执行左移功能，D_{SL} 端输入的数码依次送入寄存器。

习题十一

一、填空题

11-1　时序逻辑电路的基本特点是_____。时序电路由_____和_____两部分电路组成。

11-2　存储器状态的改变在同一时钟脉冲作用下同时发生的，这种时序电路称为_____时序电路；各存储单元无统一的时钟脉冲，这种时序电路称为_____时序电路。

11-3　6 位移位寄存器串入-并出要_____个 CP 脉冲，串入-串出要_____个 CP 脉冲。

11-4　按计数器计数脉冲的引入方式不同，可分为_____计数器和_____计数器。

二、选择题

11-5　计数器的状态转换真值表如表 11-16 所示，这是一个_____计数器。

A. 模 5，能自启动　　　　　　　　B. 模 5，不能自启动
C. 模 4，能自启动　　　　　　　　D. 模 4，不能自启动

表 11-16　习题 11-5 的表

Q_3^n	Q_2^n	Q_1^n	Q_3^{n+1}	Q_2^{n+1}	Q_1^{n+1}
0	0	0	0	0	1
0	0	1	0	1	0
0	1	0	0	1	1
0	1	1	1	0	0
1	0	0	0	0	0
1	0	1	0	1	0
1	1	0	1	1	0
1	1	1	1	0	0

11-6　将模 16 的四位二进制同步计数器 74LS161 改变成计数终值为 1111 的十进制计数器，则计数起始应为_____。

A. 0000　　　B. 0100　　　C. 0101　　　D. 0110

三、判断题

11-7　用 N 级触发器构成模 2^N 的计数器，则不需要检查电路的自启动。（　　）

11-8　脉冲边沿触发方式的触发器，不会出现空翻，可以用于计数。（　　）

11-9　一个模 16 的二进制计数器需要 16 个触发器组成。（　　）

11-10　异步时序电路各触发器的 CP 端是并联在一起的。（　　）

四、分析题

11-11 分析如图 11-27 所示电路，试画出其状态转换图，画出输出波形。

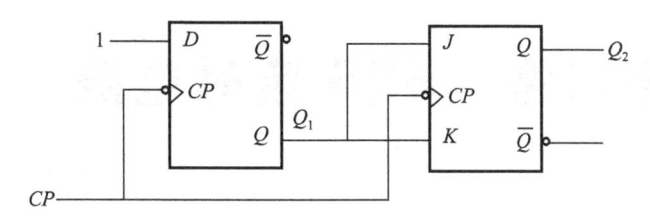

图 11-27 习题 11-11 的图

11-12 试分析如图 11-28 所示的时序电路，画出其状态转换图，画出输出波形。

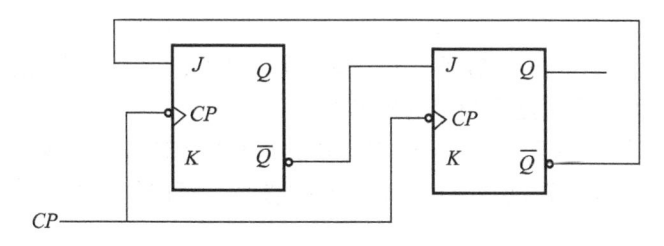

图 11-28 习题 11-12 的图

第十二章 555 定时电路

在数字系统中，除了有数字信号"1"和"0"以外，一般还存在同步脉冲控制信号（CP 信号），它是具有一定幅度和频率的矩形波。

通常得到矩形波的方法很多，目前应用较多的是利用 555 定时器来实现。555 定时器配以外部元件，既可以产生矩形波，又可以转换信号波形，还能构成多种实际应用电路。

第一节 555 定时器

一、555 定时器分类

555 定时器又称时基电路。555 定时器按照内部元件可分为双极型（又称 TTL 型）和单极型两种。双极型内部采用的是晶体管；单极型内部采用的则是场效应管。

555 定时器按单片电路中包括定时器的个数分为单时基定时器和双时基定时器。

常用的单时基定时器有双极型定时器 5G555（其管脚排列如图 12-1 所示）和单极型定时器 CC7555。双时基定时器有双极型定时器 5G556 和单极型定时器 CC7556。

二、555 定时器的电路组成

5G555 定时器内部电路如图 12-2 所示。一般由分压器、比较器、触发器和开关及输出等四部分组成。

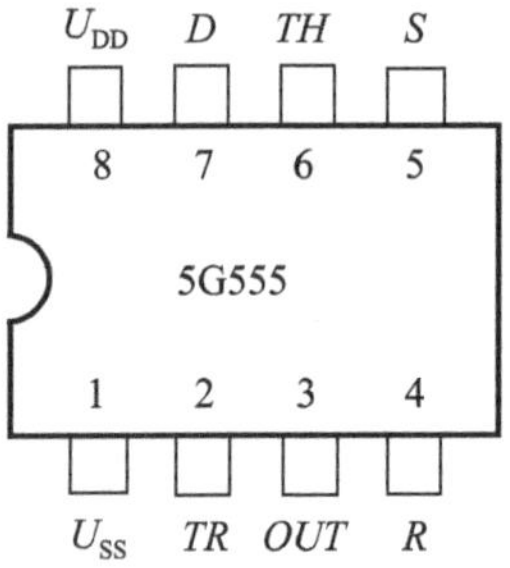

1. 分压器

分压器由 3 个等值的电阻串联而成，将电源电压 U_{DD} 分为三等份，作用是为比较器提供两个参考电压 U_{R1}、U_{R2}，若控制端 S 悬空或通过电容接地，则：$U_{R1} = \frac{2}{3}U_{DD}$，$U_{R2} = \frac{1}{3}U_{DD}$；若控制端 S 外加控制电压 U_S，则 $U_{R1} = U_S$，$U_{R2} = \frac{U_S}{2}$。

图 12-1 5G555 管脚排列

2. 比较器

比较器是由两个结构相同的集成运放 A_1、A_2 构成。A_1 用来比较参考电压 U_{R1} 和高电平触发端电压 U_{TH}，当 $U_{TH} > U_{R1}$ 时，集成运放 A_1 输出 $U_{o1} = 0$；当 $U_{TH} < U_{R1}$ 时，集成运放 A_1 输出 $U_{o1} = 1$。A_2 用来比较参考电压 U_{R2} 和低电平触发端电压 $U_{\overline{TR}}$，当 $U_{\overline{TR}} > U_{R2}$ 时，集成运放 A_2 输出 $U_{o2} = 1$；当 $U_{\overline{TR}} < U_{R2}$ 时，集成运放 A_2 输出 $U_{o2} = 0$。

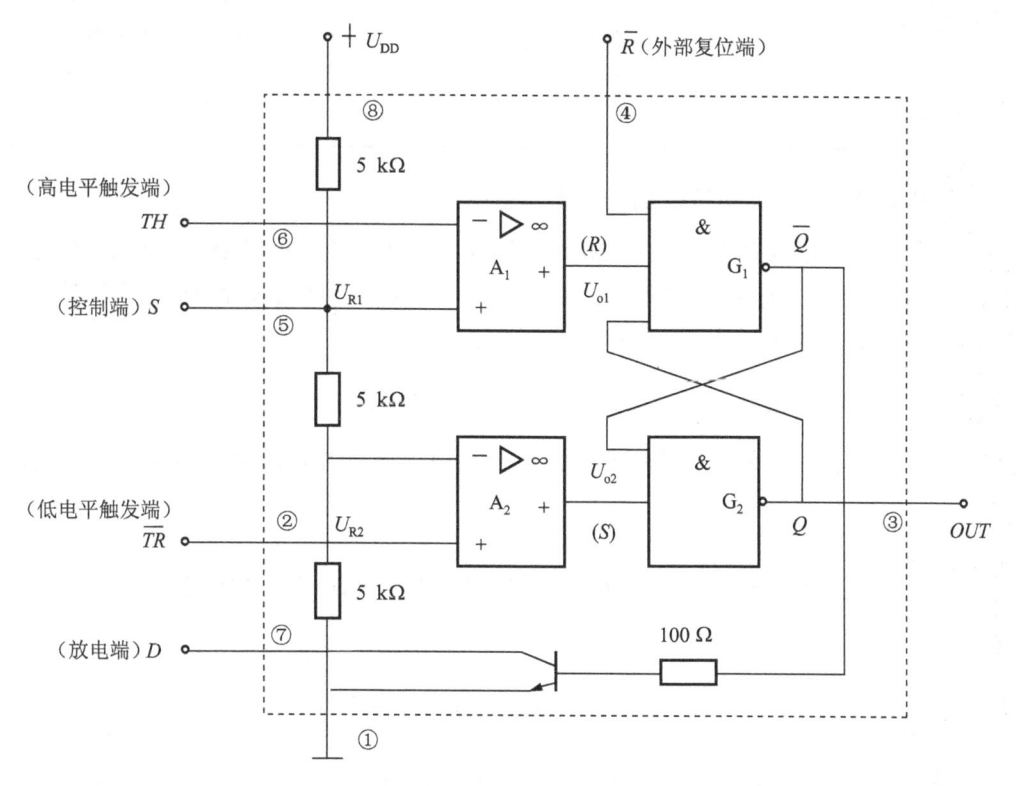

图 12-2　5G555 定时器内部电路

3. 基本 RS 触发器

当 $RS = 01$ 时，$Q = 0$，$\overline{Q} = 1$；当 $RS = 10$ 时，$Q = 1$，$\overline{Q} = 0$。

4. 开关及输出

放电开关由一个晶体三极管组成，其基极受基本 RS 触发器输出端 $\overline{Q}$ 控制。当 $\overline{Q} = 1$ 时，三极管导通，放电端 D 通过导通的三极管为外电路提供放电的通路；当 $\overline{Q} = 0$ 时，三极管截止，放电通路被截断。

与双极型定时器相比，单极型定时器多了输出缓冲级，一般它由射极输出器或源极输出器构成，主要作用是提高驱动负载的能力和隔离负载对定时器的影响。

三、555 定时器的功能

以单时基双极型国产 5G555 定时器为例，其功能如表 12-1 所示。

表 12-1　单时基双极型国产 5G555 定时器的功能

$\overline{R}$	U_{TH}	$U_{\overline{TR}}$	OUT	放电端 D
0	×	×	0	与地导通
1	$>\frac{2}{3}U_{DD}$	$>\frac{1}{3}U_{DD}$	0	与地导通
1	$<\frac{2}{3}U_{DD}$	$>\frac{1}{3}U_{DD}$	保持原状态不变	保持原状态不变
1	$<\frac{2}{3}U_{DD}$	$<\frac{1}{3}U_{DD}$	1	与地断开

从单时基双极型定时器 5G555 的功能表可见：

(1) 只要外部复位端 $\overline{R}$ 接低电平或接地，即 $\overline{R}=0$，则不论高电平触发端 U_{TH} 和低电平触发端 $U_{\overline{TR}}$ 输入何种电平，输出端 OUT 均为低电平，并且放电端 D 通过导通的三极管接地，所以定时器正常工作时，应将外部复位端 $\overline{R}$ 接高电平。

(2) 外部复位端 $\overline{R}$ 接高电平，控制端 S 悬空或通过电容接地时：

若 $U_{TH}>\frac{2}{3}U_{DD}$ 且 $U_{\overline{TR}}>\frac{1}{3}U_{DD}$，$RS=01$，$Q=0$，$\overline{Q}=1$，使 $OUT=0$，放电端 D 通过导通的三极管接地。

若 $U_{TH}<\frac{2}{3}U_{DD}$ 且 $U_{\overline{TR}}>\frac{1}{3}U_{DD}$，$RS=11$，$Q$ 和 $\overline{Q}$ 保持不变，使 OUT 和放电端 D 保持原来的状态不变。

若 $U_{TH}<\frac{2}{3}U_{DD}$ 且 $U_{\overline{TR}}<\frac{1}{3}U_{DD}$，$RS=10$，$Q=1$，$\overline{Q}=0$，使 $OUT=1$，放电端 D 与地之间断路。

(3) 外部复位端 $\overline{R}$ 接高电平，控制端 S 外接控制电压 U_S 时：

若 $U_{TH}>U_S$ 且 $U_{\overline{TR}}>\frac{1}{2}U_S$，$RS=01$，$Q=0$，$\overline{Q}=1$，使 $OUT=0$，放电端 D 通过导通的三极管接地。

若 $U_{TH}<U_S$ 且 $U_{\overline{TR}}>\frac{1}{2}U_S$，$RS=11$，$Q$ 和 $\overline{Q}$ 保持不变，使 OUT 和放电端 D 保持原来的状态不变。

若 $U_{TH}<U_S$ 且 $U_{\overline{TR}}<\frac{1}{2}U_S$，$RS=10$，$Q=1$，$\overline{Q}=0$，使 $OUT=1$，放电端 D 与地之间断路。

所以 S 端外加控制电压 U_S 可以改变两个参考电压 U_{R1}、U_{R2} 的大小。

四、555 定时器的主要参数

双极型定时器与单极型定时器相比，虽然两者在内部组成结构上存在较大差别，但是其外部引脚和外部功能完全相同，可以互换使用，但需注意其技术参数的异同。5G555（单时基双极型定时器）和 CC7555（单时基 CMOS 型定时器）的主要参数区别如下：

(1) 二者的工作电源电压范围不同。前者的为 4.5～16 V，后者为 3～18 V。

（2）双极型定时器输入输出电流较大，驱动能力强，可直接驱动负载，适宜于有稳定电源的场合使用。

（3）单极型定时器输入阻抗高，工作电流小，功耗低且精度高，多用于需要节省功耗的领域。

特别需要指出的是，CMOS 型定时器在储存、使用中要防止静电危害，注意多余输入端的处理，而双极型定时器则不必考虑这些因素。

第二节　555 定时器的应用

555 定时器的应用非常广泛，主要有 3 种基本形式：施密特触发器、单稳态触发器和多谐振荡器。

一、由 555 定时器构成的施密特触发器

施密特触发器是一种脉冲信号变换电路，用来实现整形和鉴波。它可以将符合特定条件的输入信号变为对应的矩形波，这个特定条件是：输入信号的最大幅度 U_{max} 要大于施密特触发器中 555 定时器的参考电压 U_{R1}。当定时器控制端 S 悬空或通过电容接地时，$U_{R1}=\frac{2}{3}U_{DD}$；当定时器控制端 S 外接控制电压 U_S 时，则 $U_{R1}=U_S$。

1. 电路结构

由 555 定时器构成的施密特触发器如图 12-3 所示，定时器外接直流电源和地；高电平触发端 TH 和低电平触发端 $\overline{TR}$ 直接连接，作为信号输入端；外部复位端 $\overline{R}$ 接直流电源 U_{DD}（即 $\overline{R}$ 接高电平），控制端 S 通过滤波电容接地。

2. 工作原理

设输入信号 u_i 为最常见的正弦波，正弦波幅度大于 555 定时器的参考电压 $U_{R1}=\frac{2}{3}U_{DD}$（控制端 S

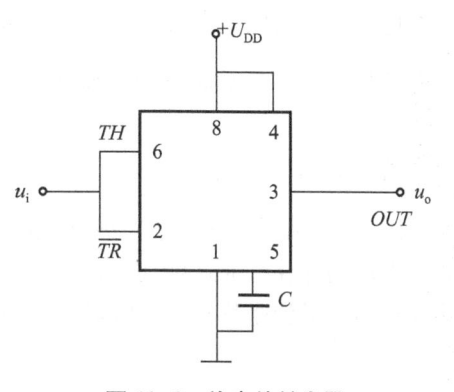

图 12-3　施密特触发器

通过滤波电容接地），电路输入/输出波形如图 12-4 所示。输入信号 u_i 从零时刻起，信号幅度开始从零逐渐增加并呈正弦形变化。

当 u_i 处于 $0<u_i<\frac{1}{3}U_{DD}$ 上升区间时，根据 555 定时器功能表 12-1 可知 OUT＝"1"。

当 u_i 处于 $\frac{1}{3}U_{DD}<u_i<\frac{2}{3}U_{DD}$ 上升区间时，根据 555 定时器功能表 12-1 可知 OUT 仍保持原状态"1"不变。

当 u_i 一旦处于 $u_i\geq\frac{2}{3}U_{DD}$ 区间时，根据 555 定时器功能表 12-1 可知 OUT 将由"1"状态变为"0"状态，此刻对应的 u_i 值称为复位电平或上限阈值电压。

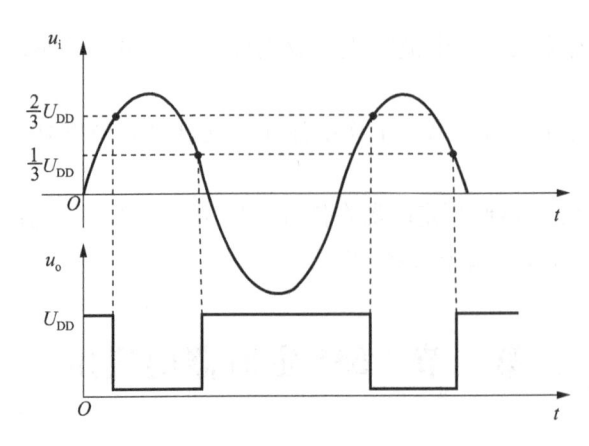

图12-4 施密特触发器输入/输出波形

当 u_i 处于 $\frac{1}{3}U_{DD} < u_i < \frac{2}{3}U_{DD}$ 下降区间时，根据555定时器功能表12-1可知 OUT 保持原来状态"0"不变。

当 u_i 一旦处于 $u_i \leq \frac{1}{3}U_{DD}$ 区间时，根据555定时器功能表12-1可知 OUT 又将"0"状态变为"1"状态，此时对应的 u_i 值称为置位电平或下限阈值电压。

从图12-4输入输出波形分析中，可以发现置位电平和复位电平二者是不等的，二者之间的电压差称为回差电压，用 ΔU_T 表示，即 $\Delta U_T = U_{R1} - U_{R2}$。

若控制端 S 悬空或通过电容接地，$U_{R1} = \frac{2}{3}U_{DD}$ 而 $U_{R2} = \frac{1}{3}U_{DD}$，则 $\Delta U_T = U_{R1} - U_{R2} = \frac{1}{3}U_{DD}$。

若控制端 S 外接控制电压 U_S，$U_{R1} = U_S$ 而 $U_{R2} = \frac{1}{2}U_S$，则 $\Delta U_T = U_{R1} - U_{R2} = \frac{1}{2}U_S$。

图12-5所示为 S 端悬空或通过电容接地的施密特触发器电压传输特性，同时也反映了回差电压的存在，而这种现象称为电路传输滞后特性。回差电压越大，施密特触发器的抗干扰性越强，但施密特触发器的灵敏度也会相应降低。

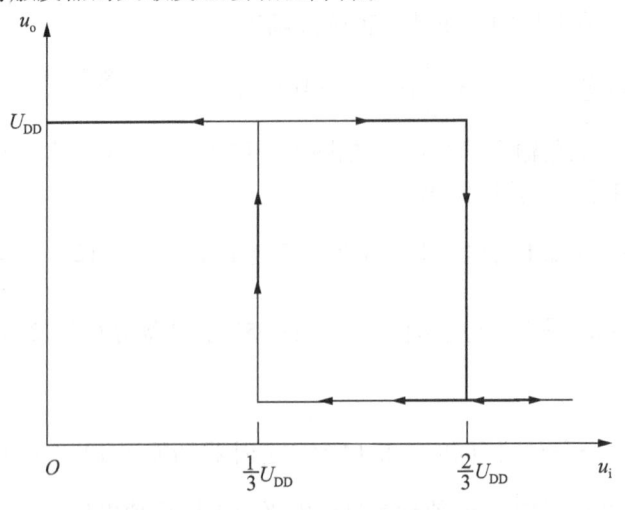

图12-5 施密特触发器电压传输特性

同理，若施密特触发器输入其他波形的信号，只要输入信号的最大幅度 U_{max} 大于施密特触发器核心 555 定时器的参考电压 U_{R1}，那么总能在输出端得到对应的矩形波。

当施密特触发器输入一定时，其输出可以保持 OUT 为"0"或"1"的稳定状态，所以施密特触发器又称为双稳态电路。

3. 典型应用

（1）波形变换。将任何符合特定条件的输入信号变为对应的矩形波输出信号。

（2）幅度鉴别。因为施密特触发器存在复位电平 U_{th}，只有输入信号的幅度大于 555 定时器的参考电压 U_{R1} 时，输出端才一定会出现 OUT 为"0"的状态，可以由输出状态是否出现 OUT 为"0"的状态判断输入信号是否超过一定值，如图 12-6 所示。

（3）脉冲整形。脉冲信号在传输过程中，如果受到干扰，其波形会产生变形，这时可利用施密特触发器进行整形，将变形的矩形波变为规则的矩形波，如图 12-7 所示。

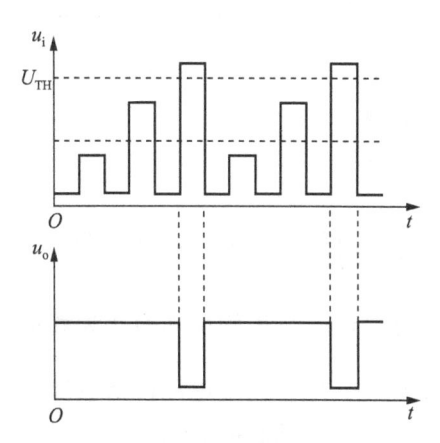

图 12-6 利用施密特触发器进行幅度鉴别

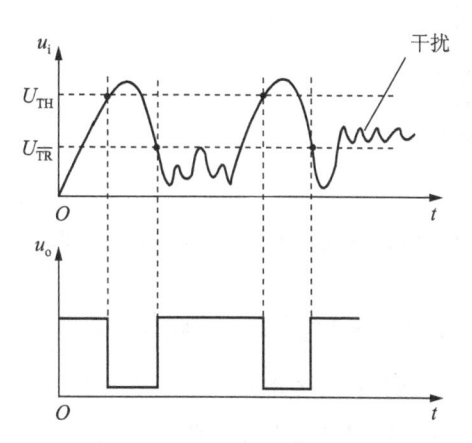

图 12-7 利用施密特触发器进行脉冲整形

二、由 555 定时器构成的单稳态触发器

单稳态触发器也有两个状态：一个是稳定状态，另一个是暂稳状态。当无触发脉冲输入时，单稳态触发器处于稳定状态；当有触发脉冲时，单稳态触发器将从稳定状态变为暂稳定状态，暂稳状态在保持一定时间后，能够自动返回到稳定状态。

1. 电路结构

单稳态触发器如图 12-8（a）所示。

2. 工作原理

当单稳态触发器无触发脉冲信号时，输入端 u_i = "1"，当直流电源 $+U_{DD}$ 接通以后，电路经过一段过渡时间后，OUT 端最后稳定输出"0"，放电端 D 通过导通的三极管接地，电容 C 两端电压为零。因高电平触发端 TH 和放电端 D 直接连接，所以高电平触发端 TH 接地，即 $U_{TH}=0<U_{R1}=\frac{2}{3}U_{DD}$，而 $U_{\overline{TR}}=u_i$ = "1" $>\frac{1}{3}U_{DD}$，根据 555 定时器功能可知，此时电路保持原态"0"不变，这种状态即是单稳态触发器的稳定状态，如图 12-8（b）所示。

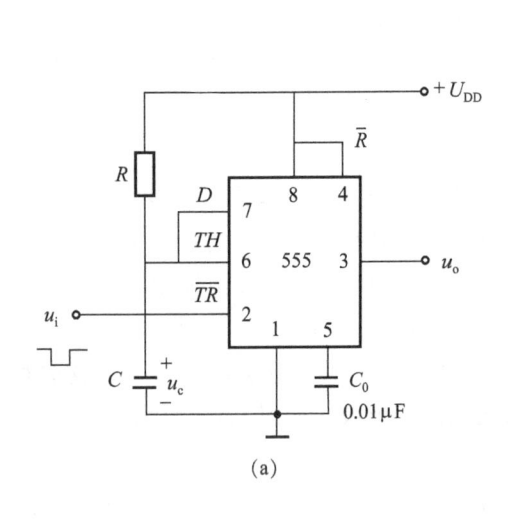

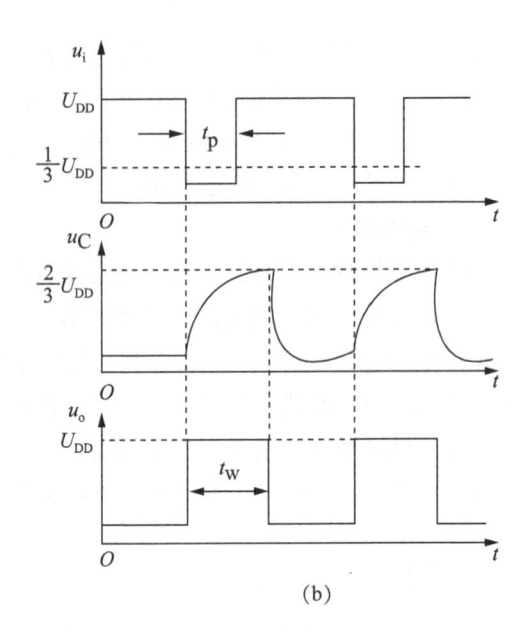

图 12-8 单稳态触发器
（a）电路；（b）输入输出波形

当单稳态触发器有触发脉冲信号（即 $u_i =$ "0" $< \frac{1}{3}U_{DD}$）时，由于 $U_{\overline{TR}} = u_i =$ "0" $< \frac{1}{3}U_{DD}$，并且 $U_{TH} = 0 < U_{R1} = \frac{2}{3}U_{DD}$，则触发器输出由 "0" 变为 "1"，三极管由导通变为截止，放电端 D 与地断开；直流电源 $+U_{DD}$ 通过电阻 R 向电容 C 充电，电容两端电压按指数规律从零开始增加（充电时间常数 $\tau = RC$）；经过一个脉冲宽度时间，负脉冲消失，输入端 u_i 恢复为 "1"，即 $U_{\overline{TR}} = u_i =$ "1" $> \frac{1}{3}U_{DD}$，由于电容两端电压 $u_C < \frac{2}{3}U_{DD}$，而 $U_{TH} = u_C < \frac{2}{3}U_{DD}$，所以输出保持原状态 "1" 不变，这种状态即是单稳态触发器的暂稳状态。

当电容两端电压 $u_C \geq \frac{2}{3}U_{DD}$ 时，$U_{TH} = u_C \geq \frac{2}{3}U_{DD}$，又有 $U_{\overline{TR}} > \frac{1}{3}U_{DD}$，那么输出就由暂稳状态 "1" 自动返回稳定状态 "0"，此时电容迅速放电，电压 $u_C = 0$。如果继续有触发脉冲输入，就会重复上面的过程，如图 12-8（b）所示。

3. 暂稳状态时间（输出脉冲宽度）

暂稳状态持续的时间又称输出脉冲宽度，用 t_W 表示。它由电路中电容两端的电压来决定，可以用三要素法求得 $t_W \approx 1.1RC$。

当一个触发脉冲使单稳态触发器进入暂稳状态以后，t_W 时间内的其他触发脉冲对触发器就不起作用；只有当触发器处于稳定状态时，输入的触发脉冲才起作用。

三、由 555 定时器构成的多谐振荡器

多谐振荡器的功能是产生一定频率和一定幅度的矩形波信号。其输出状态不断在 "1" 和 "0" 之间变换，所以它又称为无稳态电路。

1. 电路结构

如图 12-9（a）所示，高电平触发端 TH 和低电平触发端 TR 直接相连接，无外部信号输入端，放电端 D 也接在两个电阻之间。

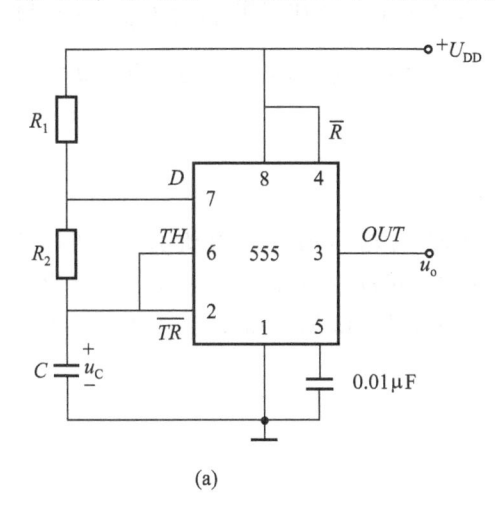

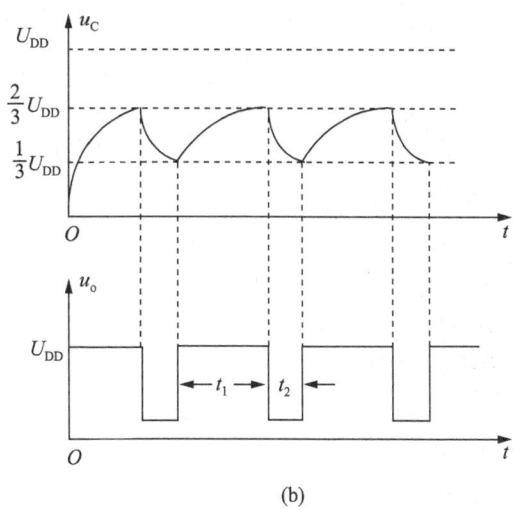

图 12-9 多谐振荡器
（a）电路；（b）输入输出波形

2. 工作原理

如图 12-9（b）所示，假定零时刻电容初始电压为零，零时刻接通电源后，因电容两端电压不能突变，则有 $U_{TH} = U_{\overline{TR}} = u_C = 0 < \frac{1}{3}U_{DD}$，OUT = "1"，放电端 D 与地断路，直流电源通过电阻 R_1、R_2 向电容充电，电容电压开始上升。

当电容两端电压 $u_C \geq \frac{2}{3}U_{DD}$ 时，$U_{TH} = U_{\overline{TR}} = u_C \geq \frac{2}{3}U_{DD}$，那么输出就由一种暂稳状态（OUT = "1" 而放电端 D 与地断路）自动返回另一种暂稳状态（OUT = "0"，而放电端 D 接地），由于充电电流从放电端 D 入地，电容不再充电，反而通过电阻 R_2 和放电端 D 向地放电，电容电压开始下降；当电容两端电压 $u_C \leq \frac{1}{3}U_{DD}$ 时，$U_{TH} = U_{\overline{TR}} = u_C \leq \frac{1}{3}U_{DD}$，那么输出就由 OUT = "0" 变为 OUT = "1"，同时放电端 D 由接地变为与地断路；电源通过 R_1、R_2 重新向 C 充电，重复上述过程。

通过分析可知，电容充电时，OUT = "1"，而电容放电时，OUT = "0"，电容不断地充放电，输出相应的矩形波。

多谐振荡器无外部信号输入，却能输出矩形波，其实质是一种能量形式变换器——将直流形式的电能变换为矩形波形式的电能。

3. 振荡周期

振荡周期 $T = t_1 + t_2$。t_1 代表充电时间（电容两端电压从 $\frac{1}{3}U_{DD}$ 上升到 $\frac{2}{3}U_{DD}$ 所需时间），$t_1 \approx 0.7(R_1 + R_2)C$，$t_2$ 代表放电时间（电容两端电压从 $\frac{2}{3}U_{DD}$ 下降到 $\frac{1}{3}U_{DD}$ 所需时间），

$t_2 \approx 0.7R_2C$。因而有
$$T = t_1 + t_2 \approx 0.7(R_1 + 2R_2)C$$

对于矩形波，除了用幅度、周期来衡量以外，还存在一个占空比参数 q，$q = \dfrac{t_P}{T}$，t_P 是脉宽，指输出一个周期内高电平所占时间。故图 12-9（a）所示电路输出矩形的占空比 q 为：
$$q = \frac{t_1}{T} = \frac{t_1}{t_1 + t_2} = \frac{R_1 + R_2}{R_1 + 2R_2}$$

4. 改进电路

图 12-9（a）所示电路只能产生占空比大于 0.5 的矩形波，而图 12-10 所示电路可以产生占空比处于 0 和 1 之间的矩形波。这是因为它的充放电的路径不同，并且电路的充放电时间可以根据需要调整（调节电位器或滑动电阻器 R_P 可改变 R_A 和 R_B 的值，从而改变充电时间和放电时间）。

输出矩形波的占空比 q 为：
$$q = \frac{R_A}{R_A + R_B}$$

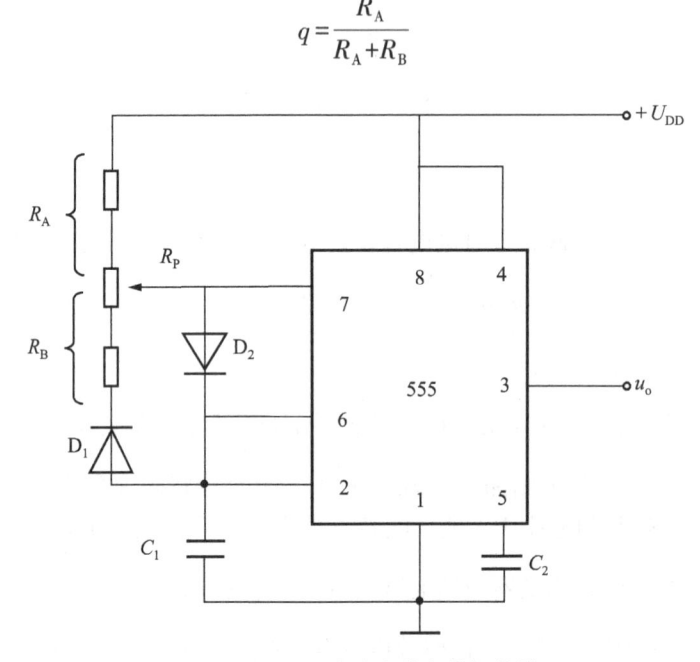

图 12-10 可调占空比的多谐振荡器

习题十二

一、填空题

12-1　555 定时器构成的单稳态电路触发脉冲的宽度 t_p 与输出脉冲的宽度 t_W 应满足_____。

12-2　5G555 定时器通常 CO 端经_____接地，以减少高频干扰。

第十二章 555 定时电路

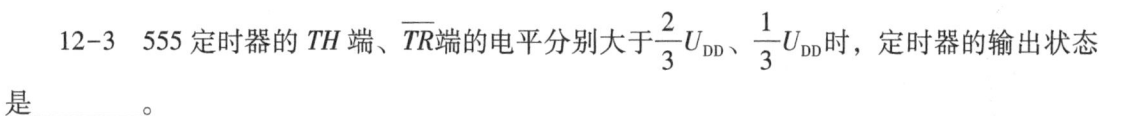

12-3 555 定时器的 TH 端、$\overline{TR}$ 端的电平分别大于 $\frac{2}{3}U_{DD}$、$\frac{1}{3}U_{DD}$ 时，定时器的输出状态是_____。

二、选择题

12-4 555 定时器的输出状态有（　　）。
A. 高阻态　　　　B. 0 和 1 状态　　　　C. 二者皆有

12-5 TTL555 定时器芯片电源电压 U_{DD} 的取值范围是（　　）。
A. 3~12 V　　　B. 5~16 V　　　C. 12~18 V　　　D. 3~18 V

12-6 555 定时器电路 $\overline{R}$ 端不用时应（　　）。
A. 接高电平　　　　　　　　B. 通过小于 500 Ω 的电阻接地
C. 接低电平　　　　　　　　D. 通过 0.01 μF 的电容接地

12-7 555 定时器电路 CO 控制端不用时，应当（　　）。
A. 接高电平　　　　　　　　B. 接低电平
C. 通过 0.01 μF 的电容接地　　D. 直接接地

12-8 555 定时器构成的多谐振荡器输出波形的占空比大小取决于（　　）。
A. 电源 U_{DD}　　　　　　　B. 充电电阻 R_1、R_2
C. 定时电容 C　　　　　　　D. 前三者

三、计算题

12-9 555 定时器的接线如图 12-11 所示，设图中 $R = 500$ kΩ，$C = 10$ μF，已知 u_i 的波形，解答下列问题：(1) 说出 555 定时器构成电路的名称。(2) 该电路正常工作时，画出与 u_i 相应的 u_C 和 u_o 的波形。(3) 输出脉冲下降沿比输入脉冲下降沿延迟了多少时间？

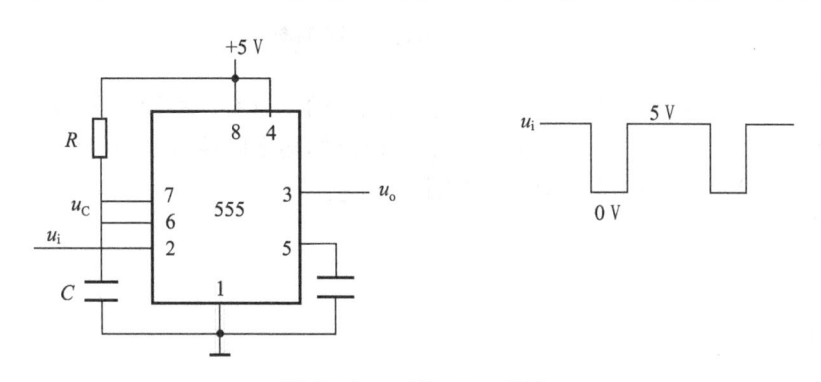

图 12-11　习题 12-9 的图

12-10 图 12-12 为 555 定时器构成的多谐振荡器，已知 $U_{DD} = 10$ V，$C = 0.1$ μF，$R_1 = 20$ kΩ，$R_2 = 80$ kΩ，求振荡周期 T，并画出相应的 u_C 和 u_o 波形。

12-11 画出由 555 定时器构成的施密特电路的电路图。若输入波形如图 12-13 所示，$U_{DD} = 15$ V，试画出电路的输出波形。如 5 脚与地之间接 5 kΩ 电阻，再画出输出波形。

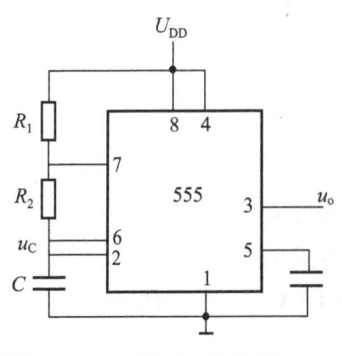

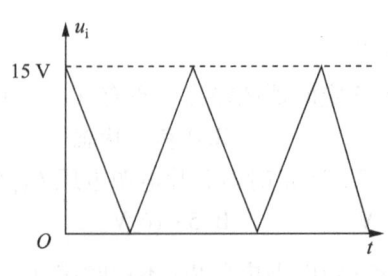

图 12-12 习题 12-10 的图

图 12-13 习题 12-11 的图

12-12 图 12-14 是用 5G555 定时器接成的脉冲鉴幅器。为了从输入信号中将幅度大于 5 V 的脉冲检出，（1）电源电压 U_{DD} 应取几伏？（2）电路的 U_{T+}、U_{T-} 和 ΔU_T 各为多少？（3）试画出输出电压 u_o 的波形。

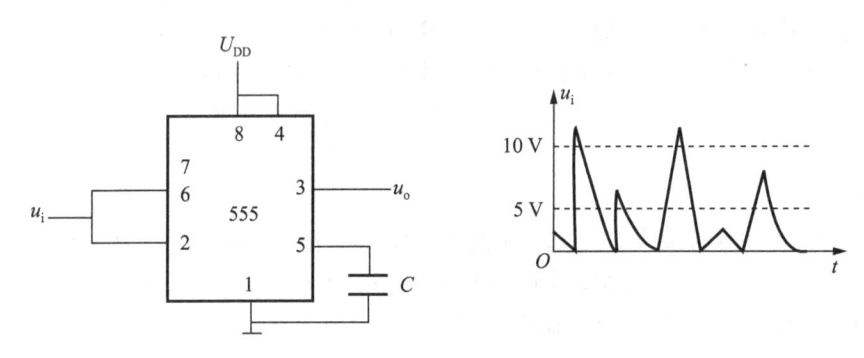

图 12-14 习题 12-12 的图

12-13 由 555 时基电路构成的单稳态电路，若 5 脚（CO）不接 0.01 μF 的电容，而改接直流正电源 U_E，当 U_E 变大和变小时，单稳态电路的输出脉冲宽度如何变化？若 5 脚通过 10 kΩ 的电阻接电源，其输出脉冲宽度又作什么变化？

第十三章 数/模和模/数转换

随着数字电子技术的飞速发展与普及，在现代工业生产过程控制、企业管理、家用电器、通信及检测领域中，对信号的处理几乎都借助于数字计算机来完成。由于系统的实际处理对象往往都是一些模拟量（如温度、压力、位移、图像等），要使计算机或数字仪表能识别和处理这些信号，必须首先将这些模拟信号转换成数字信号；而经计算机分析、处理后输出的数字量往往也必须再还原成相应的模拟量，才能实现对模拟系统的控制。因此，就涉及模拟信号与数字信号之间的相互转换电路——模/数转换电路和数/模转换电路。

从模拟信号到数字信号的转换，称模/数转换器（又称 A/D 转换），完成 A/D 转换的电路称 A/D 转换器（简称 ADC）；从数字信号到模拟信号的转换称数/模转换（又称 D/A 转换），完成 D/A 转换的电路称 D/A 转换器（简称 DAC）。A/D 转换器和 D/A 转换器已经成为计算机系统中不可缺少的接口电路。

第一节 数/模转换

一、DAC 的基本原理

数字量是用代码按数位组合起来表示的，对于有权码，每位代码都有一定的权。为了将数字量转换成模拟量，必须将每 1 位的代码按其权的大小转换成相应的模拟量，然后将这些模拟量相加，即可得到与数字量成正比的总模拟量，从而实现了数字——模拟转换。

图 13-1 所示是 D/A 转换器的输入输出关系框图，$D_0 \sim D_{n-1}$ 是输入的 n 位二进制数，u_o 是与输入二进制数成比例的输出电压。

图 13-2 所示是一个输入为 3 位二进制数时 D/A 转换器的转换特性，它具体而形象地反映了 D/A 转换器的基本功能。

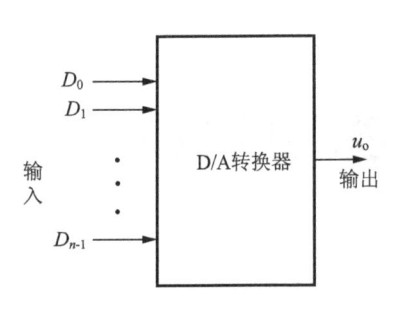

图 13-1 D/A 转换器的输入输出关系框图

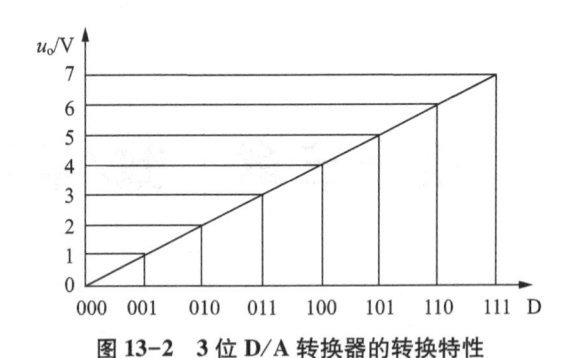

图 13-2 3 位 D/A 转换器的转换特性

二、DAC 的主要技术指标

1. 分辨率

DAC 的分辨率是说明 DAC 输出最小电压的能力。它是指最小输出电压（对应的输入数字量仅最低位为 1）与最大输出电压（对应的输入数字量各有效位全为 1）之比：

$$分辨率 = \frac{1}{2^n - 1}$$

式中　n——输入数字量的位数。

位数越多，能分辨最小输出电压的能力也越强，分辨率就越高。但要指出，分辨率是一个设计参数，不是测试参数。如对于一个 10 位的 D/A 转换器，其分辨率是 0.000 978。

2. 转换精度

转换精度是指 DAC 实际输出模拟电压值与理论输出模拟电压值之差以最大静态转换误差的形式给出，这个误差包含非线性误差、比例系数误差、漂移误差等。通常差值越小，电路的转换精度越高。

3. 转换时间

转换时间是指 DAC 从输入数字信号开始转换到输出模拟电压或电流达到稳定值时所用的时间。它是反映 DAC 工作速度的指标。转换时间越小，工作速度就越高。

三、集成 DAC 举例

根据 DAC 的位数、速度不同，集成电路可以有多种型号。DAC0832 是常用的集成 DAC，它是用 CMOS 工艺制成的双列直插式单片 8 位 DAC，可以直接与 Z80、8080、8085、MCS51 等微处理器相连接。其结构框图和管脚排列如图 13-3 所示。

DAC0832 由 8 位输入寄存器、8 位 DAC 寄存器和 8 位 D/A 转换器三大部分组成。它有两个可分别控制的数据寄存器，可以实现两次缓冲，所以使用时有较大的灵活性，可根据需要接成不同的工作方式。DAC0832 中采用的是倒 T 形 R-$2R$ 电阻网络，无运算放大器，是电流输出，一般要求输出是电压，所以还必须经过一个外接的运算放大器转换成电压。芯片中已经设置了 R_{fb}，只要将 9 号管脚接到运算放大器输出端即可。但若运算放大器增益不够时，还需外接反馈电阻。DAC0832 芯片上各管脚的名称和功能说明如下：

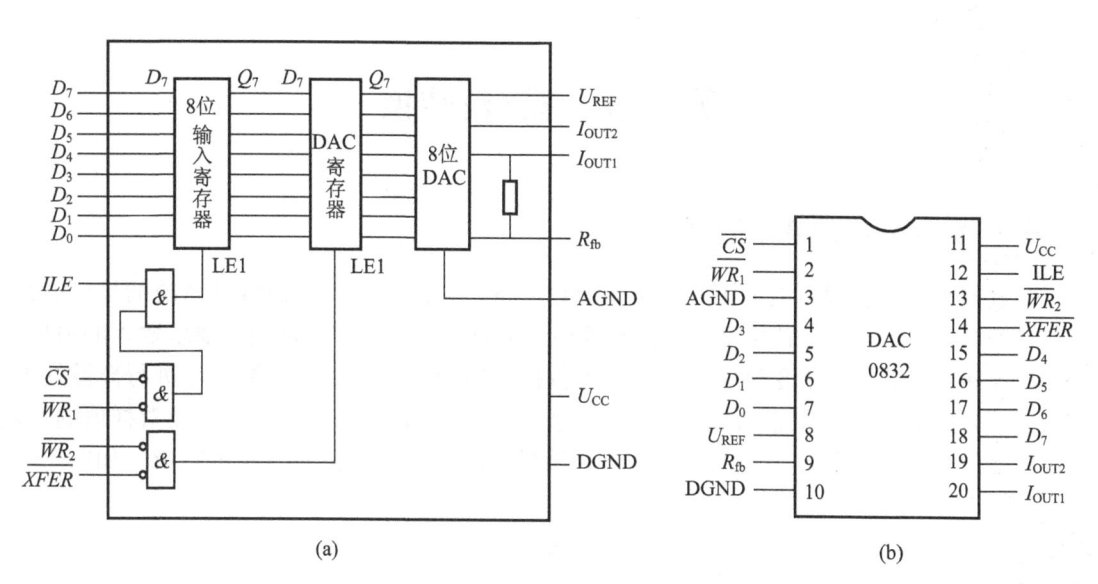

图 13-3 集成 DAC0832
(a) 结构框图；(b) 管脚排列

$\overline{CS}$ 为片选信号输入端，低电平有效。其与 ILE 相配合，可对写信号 $\overline{WR_1}$ 是否有效起控制作用。

ILE：输入锁存允许信号，高电平有效。当 ILE 为高电平，$\overline{CS}$ 为低电平，$\overline{WR_1}$ 输入低电平时，输入数据进入数据寄存器。ILE＝0 时，输入数据寄存器处于锁存状态。

$\overline{WR_1}$ 为输入数据选通信号（写信号）1，低电平有效。当 $\overline{WR_1}$、$\overline{CS}$、ILE 均有效时，可将数据写入 8 位输入数据寄存器。

$\overline{WR_2}$ 为数据传送选通信号（写信号）2，低电平有效。当 $\overline{WR_2}$ 有效时，在 $\overline{XFER}$ 传送控制信号作用下，可将所存在输入数据寄存器的 8 位数据写入 DAC 寄存器。

$\overline{XFER}$ 为数据传送控制信号，低电平有效。当 $\overline{WR_2}$、$\overline{XFER}$ 均为"0"时，DAC 寄存器处于寄存状态；$\overline{WR_2}$、$\overline{XFER}$ 均为"1"时，DAC 寄存器处于锁存状态。

$D_0 \sim D_7$：8 位输入数据信号，D_7 为最高位，D_0 为最低位。

U_{REF}：基准电压输入端，其可在±10 V 范围内调节。

I_{OUT1}：DAC 输出电流 1。此输出信号一般作为运算放大器的一个差分输入信号（一般接反相端）。

I_{OUT2}：DAC 输出电流 2。此输出信号一般作为运算放大器的另一个差分输入信号（一般接地）。

U_{CC} 是数字部分的电源输入端。U_{CC} 可在+5 V 到+15 V 范围内选取，DGND 为数字电路地，AGND 为模拟电路地。

当 DAC0832 的控制线恒处于有效电平时，芯片为直通工作方式。

DAC 集成芯片在实际电路中应用很广，它不仅可以用来作为计算机的接口电路，还可利用其电路结构特征和输入输出电量之间的关系构成数控电流源、电压源数字式可编程增益控制电路和波形产生电路。

第二节 模/数转换

一、A/D 转换的基本原理

A/D 转换用于将模拟电量转换为相应的数字量，它是模拟系统到数字系统的接口电路，按其转换原理可分为直接转换型和间接转换型。A/D 转换器在转换期间，要求输入的模拟电压保持不变，因此对连续变化的模拟信号进行模拟转换前，需要对模拟信号进行离散处理，即在一系列选定时间上对输入的模拟信号进行采样，在样值的保持期间内完成对样值的量化和编码，最后输出数字信号。A/D 转换分为采样、保持、量化和编码四步完成，如图 13-4 所示：

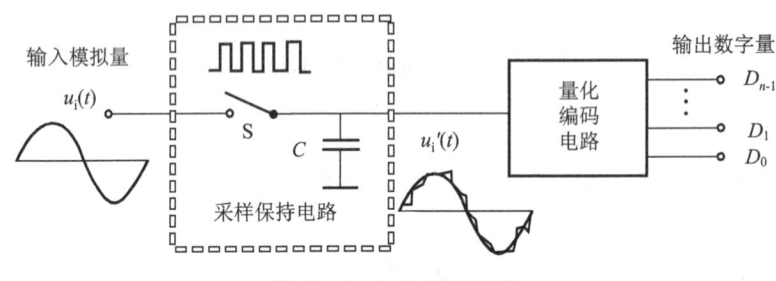

图 13-4 A/D 转换过程

采样：把时间连续变化的信号变换为时间离散的信号；
保持：保持采样信号，使有充分时间转换为数字信号；
量化：把采样保持电路的输出信号用单位量化电压的整数倍表示；
编码：把量化的结果用二进制代码表示。

二、ADC 的主要技术指标

常用 ADC 主要有并联比较型、双积分型和逐次逼近型。其中，并联比较型 ADC 转换速度最快，但价格贵；双积分型 ADC 精度高、抗干扰能力强，但速度慢；逐次逼近型速度较快、精度较高、价格适中，因而被广泛采用。

1. 分辨率

分辨率是指 DAC 输出数字量的最低位变化一个数码时，对应输入模拟量的变化量，常以输出二进制码的位数 n 来表示。

$$分辨率 = \frac{1}{2^n} FSR$$

式中 FSR——输入的满量程模拟电压。

所以 A/D 转换器的分辨率也就是指 ADC 可以分辨的最小模拟电压。例如，输入的模拟电压满量程为 10 V，8 位 ADC 可以分辨的最小模拟电压是 39.06 mV，而同量程的 10 位 ADC 可以分辨的最小模拟电压是 9.76 mV。可见 ADC 的位数越多，它的分辨率就越高。

2. 相对精度

相对精度是指 ADC 实际输出数字量与理论输出数字量之间的最大差值。通常用最低有效位 LSB 的倍数来表示。如相对精度不大于 $\frac{1}{2}LSB$，就说明实际输出数字量与理论输出数字量的最大误差不超过 $\frac{1}{2}LSB$。

3. 转换速度

转换速度是指 ADC 完成一次转换所需要的时间，即从转换开始到输出端出现稳定的数字信号所需要的时间。并联型 A/D 转换器速度最高，约为数纳秒；逐次逼近型 A/D 转换器速度次之，约为数十微秒，最高可达 0.4 μs；双积分型 A/D 转换器速度最慢，约为数十毫秒。

例 13-1 某信号采集系统要求用一片 A/D 转换集成芯片在 1 s（秒）内对 16 个热电偶的输出电压分时进行 A/D 转换。已知热电偶输出电压范围为 0~0.025 V（对应于 0~450 ℃温度范围），需要分辨的温度为 0.1 ℃，试问应选择多少位的 A/D 转换器，其转换时间为多少？

解： 对于从 0 ℃~450 ℃温度范围，信号电压范围为 0~0.025 V，分辨的温度为 0.1 ℃，这相当于 $\frac{0.1}{450}=\frac{1}{4\,500}$ 的分辨率。12 位 A/D 转换器的分辨率为 $\frac{1}{2^{12}}=\frac{1}{4\,096}$，所以必须选用 13 位的 A/D 转换器。

系统的取样速率为每秒 16 次，取样时间为 62.5 ms。对于这样慢的取样，任何一个 A/D 转换器都可以达到。可选用带有取样-保持（S/H）的逐次比较型 A/D 转换器或不带 S/H 的双积分型 A/D 转换器均可。

此外，ADC 还有一些参数，如输入模拟电压范围及输入电阻、输出数字信号的逻辑电平及带负载能力、温度系数、电源抑制、电源功率消耗等。

三、集成 ADC 举例

在单片集成 A/D 转换器中，逐次比较型使用较多，下面我们以 ADC0804 介绍 A/D 转换器及其应用。

1. ADC0804 引脚及使用说明

ADC0804 是 CMOS 集成工艺制成的逐次比较型 A/D 转换器芯片。其引脚排列如图 13-5 所示。它的分辨率为 8 位，转换时间为 100 μs，输出电压范围为 0~5 V，增加某些外部电路后，输入模拟电压可为 ±5 V。该芯片内有输出数据锁存器，当与计算机连接时，转换电路的输出可以直接连接到 CPU 的数据总线上，无须附加逻辑接口电路。

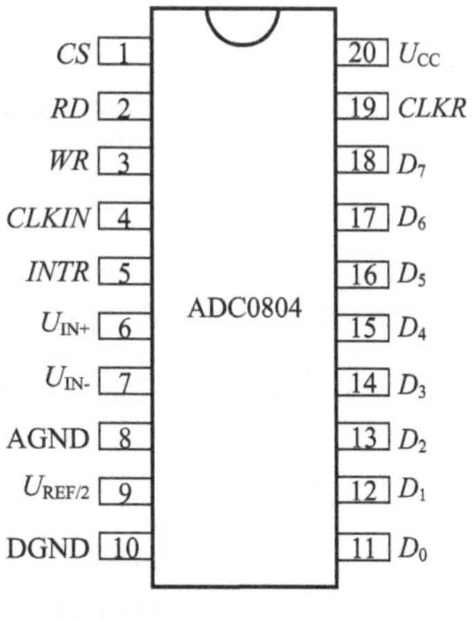

ADC0804 引脚名称及意义如下：

图 13-5 ADC0804 引脚图

U_{IN+}、U_{IN-}：ADC0804 的两模拟信号输入端，用以接收单极性、双极性和差模输入信号。

$D_7 \sim D_0$：A/D 转换器数据输出端，该输出端具有三态特性，能与微机总线相连接。

AGND：模拟信号地。

DGND：数字信号地。

CLKIN：外电路提供时钟脉冲输入端。

CLKR：内部时钟发生器外接电阻端，与 CLKIN 端配合，可由芯片自身产生时钟脉冲，其频率为 1/（1.1RC）。

CS：片选信号输入端，低电平有效，一旦 CS 有效，表明 A/D 转换器被选中，可启动工作。

WR：写信号输入，接受微机系统或其他数字系统控制芯片的启动输入端，低电平有效，当 CS、WR 同时为低电平时，启动转换。

RD：读信号输入，低电平有效，当 CS、RD 同时为低电平时，可读取转换输出数据。

INTR：转换结束输出信号，低电平有效。输出低电平表示本次转换已经完成。该信号常作为向微机系统发出的中断请求信号。

在使用时应注意以下几点：

（1）转换时序。ADC0804 控制信号的时序图如图 13-6 所示，由图可见，各控制信号时序关系为：当 CS 与 WR 同为低电平时，A/D 转换器被启动，且在 WR 上升沿后 100 μs 模/数转换完成，转换结果存入数据锁存器，同时 INTR 自动变为低电平，表示本次转换已结束。如 CS、RD 同时为低电平，则数据锁存器三态门打开，数据信号送出，而在 RD 高电平到来后三态门处于高阻状态。

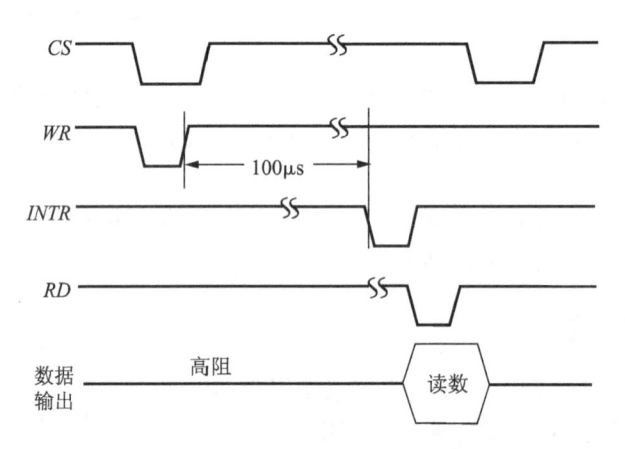

图 13-6　ADC0804 控制信号的时序图

（2）零点和满刻度调节。ADC0804 的零点无须调整。满刻度调整时，先给输入端加入电压 U_{IN+}，使满刻度所对应的电压值为

$$U_{IN+} = U_{max} - 1.5\left[\frac{U_{max} - U_{min}}{256}\right]$$

式中　U_{max}——输入电压的最大值；

U_{min}——输入电压的最小值。

当输入电压 U_{IN+} 值时，调整 $U_{REF}/2$ 端电压值，使输出码为 FEH 或 FFH。

（3）参考电压的调节。在使用 A/D 转换器时，为保证其转换精度，要求输入电压满量程使用。如输入电压动态范围较小，则可调节参考电压 U_{REF}，以保证小信号输入时 ADC0804 芯片 8 位的转换精度。

(4) 接地。模/数、数/模转换电路中要特别注意到地线的正确连接，否则干扰很严重，以致影响转换结果的准确性。A/D、D/A 及取样-保持芯片上都提供了独立的模拟地（AGND）和数字地（DGND）。在线路设计中，必须将所有器件的模拟地和数字地分别相连，然后将模拟地与数字地仅在一点上相连接。地线的正确连接方法如图 13-7 所示。

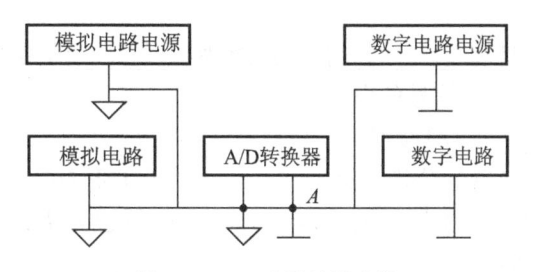

图 13-7 正确的地线连接

2. ADC0804 的典型应用

在现代过程控制及各种智能仪器和仪表中，为采集被控（被测）对象数据以达到由计算机进行实时检测、控制的目的，常用微处理器和 A/D 转换器组成数据采集系统。单通道微机化数据采集系统的示意图如图 13-8 所示。

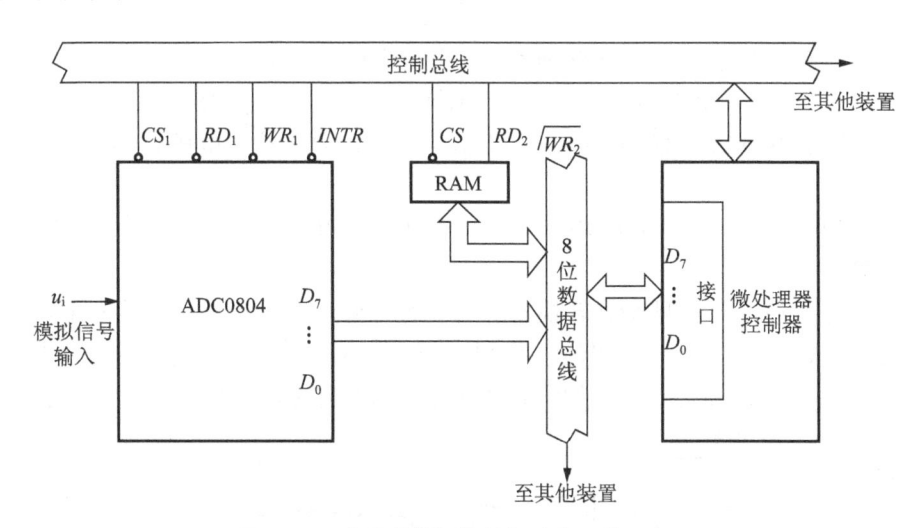

图 13-8 单通道微机化数据采集系统示意图

系统由微处理器、存储器和 A/D 转换器组成，它们之间通过数据总线（DBUS）和控制总线（CBUS）连接，系统信号采用总线传送方式。

现以程序查询方式为例，说明 ADC0804 在数据采集系统中的应用。采集数据时，首先微处理器执行一条传送指令，在指令执行过程中，微处理器在控制总线的同时产生 CS_1、WR_1 低电平信号，启动 A/D 转换器工作，ADC0804 经 100μs 后将输入模拟信号转换为数字信号存于输出锁存器，并在 INTR 端产生低电平表示转换结束，并通知微处理器可来取数。当微处理器通过总线查询到 INTR 为低电平时，立即执行输入指令，以产生 CS、RD_2 低电平信号到 ADC0804 相应引脚，将数据取出并存入存储器中。整个数据采集过程中，由微处理器有序地执行若干指令完成。

习题十三

一、填空题

13-1 A/D 转换器是将_____信号转换为_____信号的电路。D/A 转换是将_____信号转换为_____信号的电路。

13-2 DAC 是_____，ADC 是_____。

13-3 10 位 D/A 转换器的分辨率为_____，对于 T 形 D/A 转换器，若 $R_f=2R$，输入数字量 $D=1\,000\,010\,000$，输出模拟电压 $u=$_____V。（已知 $U_{REF}=10$ V）

13-4 A/D 转换器转换过程由_____、_____、_____和_____四部分组成。

13-5 A/D 转换按工作原理不同分为_____和_____两种，双积分型 A/D 转换属于_____。

二、选择题

13-6 几位 D/A 转换器的分辨率可表示为（ ）

A. $\dfrac{1}{2^n}$ B. $\dfrac{1}{2^n-1}$ C. $\dfrac{1}{2^{n-1}}$ D. $\dfrac{1}{2^{n-1}-1}$

13-7 在下面位数不同的 D/A 转换器中，分辨率最低的是（ ）

A. 4 位 B. 8 位 C. 10 位 D. 12 位

13-8 T 形电阻 D/A 转换器，$n=10$，$U_{REF}=-5$ V，要求输出电压 $u=4$ V，输入的二进制数应是（ ）

A. 1001100101 B. 1101001100 C. 1100101100 D. 1001100100

三、计算题

13-9 对逐次逼近比较型 A/D 转换器解答下列问题：(1) 若 A/D 转换器中 8 位 D/A 转换器的最大输出 $u_{omax}=9.945$ V，当输入模拟电压 $u_i=6.436$ V 时，电路的输出状态 $D=Q_7Q_6\cdots Q_0$ 是多少？(2) u_i 和 u_o 的波形如图 13-9 所示，求对应的输出状态 $Q_7Q_6\cdots Q_0$ 是多少？

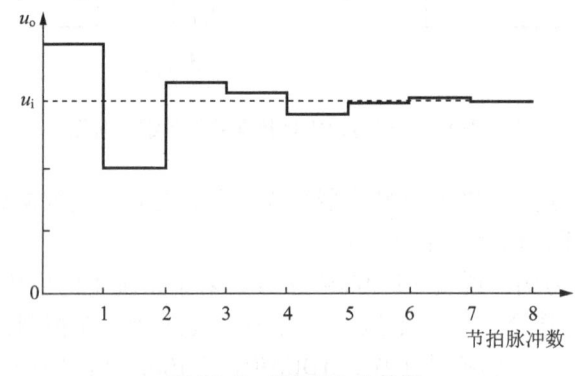

图 13-9 习题 13-9 的图

13-10 已知 T 形电阻网络 D/A 转换器中的 $R_f=3R$，$U_{REF}=10$ V，试分别求出 4 位和 8 位 D/A 转换器的输出最小电压，并说明这种 D/A 转换器最小输出电压绝对值与位数的关系。

附录一 常用符号说明

一、电流和电压

I_A、U_{BE}——大写字母、大写下标表示直流电流和直流电压

I_b、U_{be}——大写字母、小写下标表示交流电流和电压有效值

$\dot{I}_b$、$\dot{U}_{be}$——大写字母上面加点、小写下标表示电流和电压正弦值相量

i_B、u_{BE}——小写字母、大写下标表示总电流和电压瞬时值

i_b、u_{be}——小写字母、小写下标表示电流和电压交流分量瞬时值

U_{REF}——参考电压

I_+、U_+——集成运放同相输入端的电流、电压

I_-、U_-——集成运放反相输入端的电流、电压

I_f、U_f——反馈电流、电压

I_i、U_i——直流输入电流、电压

I_o、U_o——直流输出电流、电压

i_i、u_i——交流输入电流、电压

i_o、u_o——交流输出电流、电压

二、放大倍数或增益

A——放大倍数或增益的通用符号

A_c——共模电压放大倍数

A_d——差模电压放大倍数

A_i——电流放大倍数、增益

A_u——电压放大倍数、增益

A_{uf}——有反馈时（闭环）电压放大倍数、增益

A_{us}——考虑信号源内阻时的电压放大倍数、增益

A_{usf}——有反馈且考虑信号源内阻时的电压放大倍数、增益

α——共基电流增益

β——共射电流增益

三、电阻、电容和电感

R——固定电阻通用符号

R_p——电位器通用符号

R_i——输入电阻

R_o——输出电阻

R_L——负载电阻

R_s——信号源内阻

R_f——反馈电阻

R_T——热敏电阻

C——电容通用符号

C_i——输入电容

C_o——输出电容

C_F——反馈电容

L——电感通用符号

四、半导体元件及其相关参数

VT——双极型三极管、场效应管、晶闸管通用符号

VD——半导体二极管通用符号

VZ——稳压二极管通用符号

A、K——二极管的阳极、阴极

B、C、E——三极管的基极、集电极、发射极

D、G、S——场效应管的漏极、栅极、源极

f_T——三极管特征频率

I_{CM}——集电极最大容许电流

I_{DSS}——场效应管饱和漏极电流

I_S——二极管反向饱和电流

I_F——输入整流电流

I_R——反向电流

I_Z——稳压管稳定电流

P_{CM}——三极管集电极最大允许耗散功率

P_{DM}——场效应管漏极最大允许耗散功率

U_{BR}——二极管反向击穿电压

U_{CES}——三极管集电极-发射极间的饱和压降

$U_{(BR)CEO}$——三极管基极开路时集电极-发射极间的反向击穿电压

U_Z——稳压二极管稳定电压

$U_{GS(off)}$——耗尽型场效应管夹断电压

$U_{GS(th)}$——增强型场效应开启电压

五、其他符号

Q——静态工作点

f——频率通用符号

P——功率通用符号

P_o——输出功率

P_{om}——输出功率最大值

F——反馈系数通用符号

T、t——时间、周期、温度

τ——时间常数

ω——角频率

φ——相位差、相角

B_W——频带宽度

η——效率

K_{CMR}——共模抑制比

附录二　半导体器件型号命名方法

第一部分		第二部分		第三部分				第四部分	第五部分
用数字表示器件的电极数目		用汉语拼音字母表示器件的材料极性		用汉语拼音字母表示器件的类型				用数字表示器件的序号	用汉语拼音字母表示规格号
符号	意义	符号	意义	符号	意义	符号	意义		
2	二极管	A	N型，锗材料	P	普通管	D	低频大功率管 (f_a<3MHz, P_C≥1W)		
		B	P型，锗材料	V	微波管				
				W	稳压管				
		C	N型，硅材料	C	参量管	A	高频大功率管 (f_a≥3MHz, P_C≥1W)		
				Z	整流管				
		D	P型，硅材料	L	整流堆				
				S	隧道管				
				N	阻尼管	T	半导体闸流管（可控整流管）		
				U	光电器件				
				K	开关管				
3	三极管	A	PNP型，锗材料	X	低频小功率管 (f_a<3MHz, P_C<1W)	Y	体效应器件		
						B	雪崩管		
		B	NPN型，锗材料			J	阶跃恢复管		
		C	PNP型，硅材料	G	高频小功率管 (f_a≥3MHz, P_C<1W)	CS	场效应器件		
						BT	半导体特殊器件		
		D	NPN型，硅材料			FH	复合管		
						PIN	PIN管		
		E	化合物材料			JG	激光器件		

附录三 常用数字集成电路一览表

类　型	功　能	型　号	备注
与非门	4组2输入与非门	74LS00	$Y=\overline{AB}$
	4组2输入与非门（集电极开路式）	74LS01	$Y=\overline{AB}$
	4组2输入与非门（集电极开路式）	74LS03	$Y=\overline{AB}$
	3组3输入与非门	74LS10	$Y=\overline{ABC}$
	3组3输入与非门（集电极开路式）	74LS12	$Y=\overline{ABC}$
	2组4输入与非门	74LS20	$Y=\overline{ABCD}$
	2组4输入与非门（集电极开路）	74LS22	$Y=\overline{ABCD}$
	8输入与非门	74LS30	
	1组13输入与非门	74LS133	
或非门	4组2输入或非门	74LS02	$Y=\overline{A+B}$
	3组3输入或非门	74LS27	$Y=\overline{A+B+C}$
	2组5输入或非门	74LS260	
非门	6组反相器	74LS04	$Y=\overline{A}$
	6组反相器（集电极开路式）	74LS05	$Y=\overline{A}$
	反相器（集电极开路式）	74LS06	$Y=\overline{A}$
与门	4组2输入与门	74LS08	$Y=AB$
	4组2输入与门（集电极开路式）	74LS09	$Y=AB$
	3组3输入与门	74LS11	$Y=ABC$
	3组3输入与门（集电极开路式）	74LS15	$Y=ABC$
	2组4输入与门	74LS21	$Y=ABCD$
或门	4组2输入或门	74LS32	$Y=A+B$
异或门	4组2输入异或门	74LS136	$Y=A\oplus B$
	4组2输入异或门	74LS86	$Y=A\oplus B$

续表

类　型	功　能	型　号	备注
同或门	4组2输入同或门	74LS266	$Y=\overline{A\oplus B}$
与或非门	1组2-2输入、1组3-3输入与或非门	74LS51	$Y=\overline{AB+CD}$, $Y=\overline{ABC+DEF}$,
与或非门	4组2输入与或非门	74LS54	$Y=\overline{AB+CD+EF+GH}$
与或非门	2组4输入与或非门	74LS55	$Y=\overline{ABCD+EFGH}$
译码器	4线-10线译码器	74LS42	BCD码输入
译码器	BCD码-7段译码器驱动器	74LS47	OC输出
译码器	BCD码-7段译码器驱动器	74LS48	内有升压电阻输出
译码器	BCD码-7段译码器驱动器	74LS49	OC输出
译码器	3线-8线译码器	74LS137	低电平有效
译码器	3线-8线译码器	74LS138	低电平有效
译码器	2组2线至4线译码器	74LS139	低电平有效
译码器	4线-16线译码器	74LS154	低电平有效
译码器	2组2线-4线译码器	74LS155	
译码器	2组2线-4线译码器（OC型）	74LS156	
译码器	4线-16线译码器	74LS159	
译码器	七段显示译码器	74LS47	（OC、低电平有效）
译码器	七段显示译码器	74LS48	（OC、高电平有效）
译码器	七段显示译码器	74LS49	（OC、高电平有效）
译码器	七段显示译码器	74LS249	（OC、高电平有效）
全加器	4位二进制全加器	74LS83	
比较器	4位大小比较器	74LS85	
触发器	单稳态触发器	74LS121	
触发器	4组RS触发器	74LS279	
触发器	2组JK型触发器	74LS73	负边沿触发，带清除端
触发器	2组JK型触发器	74LS76	带预置、清除端
触发器	2组JK型触发器	74LS78	
触发器	2组JK型触发器	74LS107	
触发器	2组JK型触发器	74LS109	
触发器	2组JK型触发器	74LS112	负边沿触发，带预置、清除端
触发器	2组JK型触发器	74LS113	
触发器	2组JK型触发器	74LS114	
触发器	4组D触发器	74LS175	
触发器	8组D触发器	74LS273	正边沿触发，公共时钟
触发器	2组D触发器	74LS74	正边沿触发，带预置、清除端

续表

类型	功能	型号	备注
计数器	BCD 异步计数器	74LS196	
	异步十进制计数器	74LS290	二、五分频，负边沿触发
	异步十进制计数器	74LS90	
	异步 12 进位计数器	74LS92	
	异步 16 进位计数器	74LS293	二、八分频，负边沿触发
	异步 16 进位计数器	74LS93	
	同步十进制计数器	74LS160	
	4 位二进制同步计数器	74LS161	异步清零
	同步十进制计数器	74LS162	
	4 位二进制同步计数器	74LS163	
	4 位同步加/减计数器	74LS170	
	4 位同步加/减数计数器	74LS191	可逆计数
	同步十进制加/减数计数器	74LS192	可逆计数，带清除端
	同步十进制加/减数计数器	74LS193	可逆计数，带清除端
	同步十进制加/减计数器	74LS190	可逆计数
	二-八-十六进制同步计数器	74LS197	
	2 组异步十进制计数器	74LS390	负边沿触发
编码器	10 线-4 线 BCD 优先编码器	74LS147	BCD 码输出
	8 线-3 线编码器	74LS148	
数据选择器	8 选 1 数据选择器	74LS151	原、反码输出
	8 选 1 数据选择器	74LS152	反码输出
	2 组 4 选 1 数据选择器	74LS153	
	4 组 2 选 1 数据选择器	74LS157	原码输出
	2 选 1 数据选择器	74LS158	反码输出
寄存器	8 位移位寄存器	74LS164	
	8 位移位寄存器	74LS165	
	8 位移位寄存器	74LS166	
	8 位移位寄存器	74LS169	
	4 位移位寄存器	74LS194	
	4 位移位寄存器	74LS195	
	8 位移位寄存器	74LS198	

续表

类 型	功 能	型 号	备 注
	8位移位寄存器	74LS199	
	4位移位寄存器	74LS95	
	4位双稳锁存器	74LS75	电源与地非标准
多谐振荡器	单稳多谐振荡器	74LS122	可重触发
	双单稳多谐振荡器	74LS123	重触发
	双单稳多谐振荡器	74LS221	带施密特触发器
施密特触发器	双施密特触发器	4583	
	六施密特触发器	4584	
	九施密特触发器	9014	
数模转换器	A/D 转换器	ADC0804	
	D/A 转换器	DAC0832	

注：74LS系列与74HC系列型号基本一致。

说明：本附录只概括了部分常用的数字集成电路，更加详细的资料请查阅有关专用手册。

附录四　自我检测题

一、填空题

1. $(26)_{10}$ = (　　　　　)$_2$ = (　　　　　)$_8$ = (　　　　　)$_{16}$。

2. 根据逻辑功能的不同，触发器可分为_____触发器、_____触发器、_____触发器和 T 触发器。

3. 晶体三极管的输出特性曲线可以分为_____、_____和_____ 3 个工作区域。

4. 三态门有_____态、_____态和_____态三种状态。

5. 将输入的二进制代码转换成与代码对应信号的电路称为_____。

6. 基本的逻辑运算有_____运算、_____运算和_____运算。

7. 理想集成运放的主要性能指标：开环差模电压放大倍数 A_{od} = _____，差模输入电阻 r_{id} = _____，输出电阻 r_o = _____。

8. 直流稳压电源一般由交流电源、_____、_____电路、_____电路和_____电路组成。

9. 集成运放有两个输入端，一个叫_____端，另一个叫_____端。

二、单项选择题

1. 完成"输入有 0 输出为 1，输入全 1 输出为 0"运算的是_____门。
   A. 与　　　　　B. 或　　　　　C. 与非　　　　　D. 或非

2. 异或的逻辑函数表达式为_____。
   A. $A\bar{B}+\bar{A}B$　　　　B. $(\bar{A}+B)(A+\bar{B})$
   C. $\bar{A}\,\bar{B}+AB$　　　　D. $A+\bar{B}$

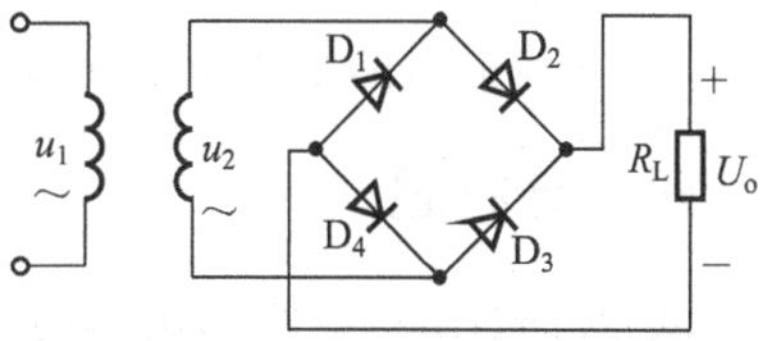

3. 如附图 4-1 所示的桥式整流电路中，若 u_2 = 14.14$\sin\omega t$ V，R_L = 100 Ω，二极管的性能为理想特性，电路输出的直流电压为_____。
   A. 14.14 V　　　　B. 10 V
   C. 12 V　　　　　D. 9 V

附图 4-1　单项选择题 3 的图

4. 选择题 3 中，流过每个二极管的平均电流为_____。
   A. 0.07 A   B. 0.05 A   C. 0.045 A   D. 0.04 A

5. 选择题 3 中，二极管的最高反向电压为_____。
   A. 14.14 V   B. 10 V   C. 9 V   D. 12 V

6. 下列_____表达式不成立。
   A. $A(\bar{A}+B)=AB$ B. $AB+A\bar{B}+\bar{A}B=A+B$
   C. $ABC+\bar{A}+\bar{B}+\bar{C}=0$ D. $AB+A\bar{B}=A$

7. 若输入变量 A、B 全为 1 时，输出 $Y=0$，则输出与输入的关系不可能是_____。
   A. 异或   B. 同或   C. 或非   D. 与非

8. 共模抑制比越大表明电路_____。
   A. 放大倍数越稳定   B. 交流放大倍数越大
   C. 输入信号中差模成分越大   D. 抑制零漂能力越大

9. 逻辑函数中有 n 个变量，则其取值组合有_____种。
   A. n B. $2n$ C. n^2 D. 2^n

10. 下列等式不成立的是_____。
    A. $A\oplus 0=A$ B. $A\oplus 1=A$ C. $A\odot A=A$ D. $A\odot 1=A$

三、判断题

1. 若要求放大电路输入电阻低，且稳定输出电流，在放大电路中应引入的负反馈类型为电流并联负反馈。（   ）

2. 由与非门构成的基本 RS 触发器，要使 $Q^{n+1}=0$，则输入信号 $S_D=1$，$R_D=0$。（   ）

3. 在两级放大电路中，$A_{u1}=20$，$A_{u2}=30$，则总的电压放大倍数 A_u 为 50。（   ）

4. 晶体三极管用于放大时，应使其发射结正向偏置、集电结反向偏置。（   ）

5. PN 结加正向电压时，空间电荷区将变宽。（   ）

6. $F=AB+BC+CA$ 的"与非"逻辑式为 $F=\bar{A}\bar{B}+\bar{B}\bar{C}+\bar{C}\bar{A}$。（   ）

7. 共模信号都是直流信号，差模信号都是交流信号。（   ）

8. 在放大电路中只要有反馈，就能产生自激振荡。（   ）

9. 抑制零点漂移最有效的电路是差动式放大电路。（   ）

10. 整流的目的是将正弦交流信号变换为脉动的直流信号。（   ）

四、分析题

试分析附图 4-2 所示逻辑电路，写出逻辑表达式和真值表，并化简成最简的"与"和"或"式。

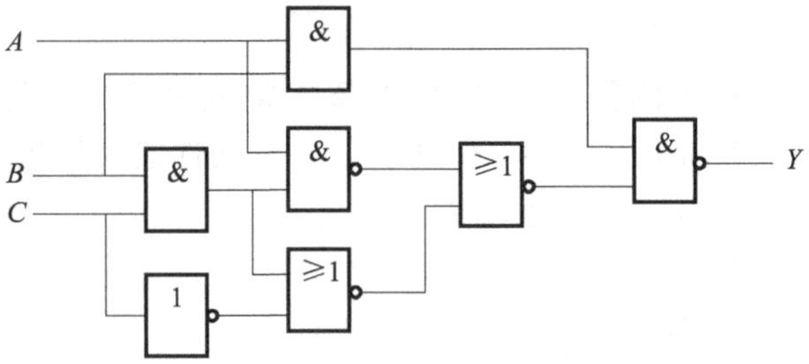

附图 4-2 分析题的图

五、计算题

1. 电路如附图 4-3 所示，（1）分析指出图中级间交流反馈的极性与反馈组态；（2）指出该反馈组态对放大电路输入电阻 r_i 和输出电阻 r_o 有何影响。

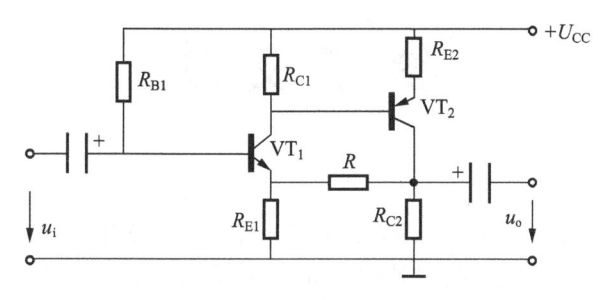

附图 4-3　计算题 1 的图

2. 集成运算放大器应用电路如附图 4-4 所示，试求出该电路输出电压的大小。

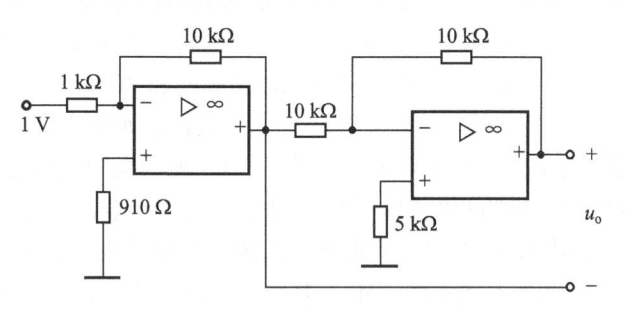

附图 4-4　计算题 2 的图

3. 根据附图 4-5 所示逻辑图，写出逻辑表达式，并化简成最简的"与"和"或"式。

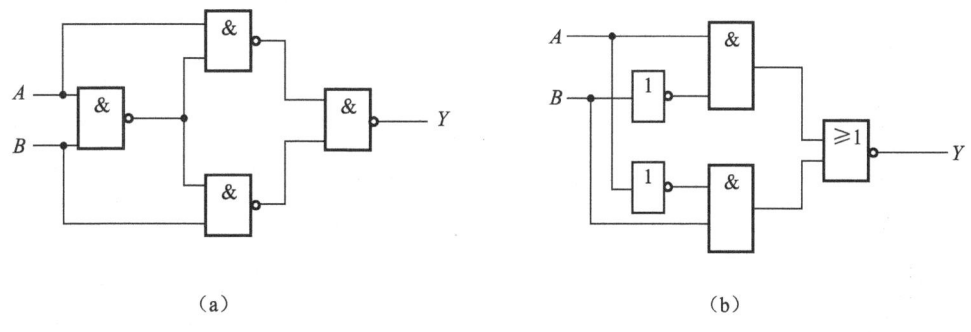

（a）　　　　　　　　　　　　　（b）

附图 4-5　计算题 3 的图

参考文献

[1] 苏丽萍. 电子技术基础 [M]. 西安：西安电子科技大学出版社，2006.
[2] 童诗白，华成英. 模拟电子技术基础 [M]. 第3版. 北京：高等教育出版社，2005.
[3] Thomas L. Floyd. 数字电子技术 [M]. 第10版. 北京：电子工业出版社，2018.
[4] 徐萍，杨保华. 电子技术基础 [M]. 西安：西安电子科技大学出版社，2017.
[5] 李雪飞. 电子技术基础 [M]. 北京：清华大学出版社，2014.
[6] 鲍宁宁，王素青. 电子实训教程 [M]. 北京：国防工业出版社，2016.
[7] 秦雯. 电子技术基础 [M]. 北京：机械工业出版社，2017.
[8] 黄淑珍. 数字电子技术 [M]. 北京：清华大学出版社，2015.
[9] 葛仁华，卢勇威. 数字电子技术 [M]. 广州：华南理工大学出版社，2007.
[10] 曹光跃. 电子技术基础项目化教程 [M]. 北京：机械工业出版社，2018.
[11] 王诗军. 数字电子技术基础 [M]. 北京：机械工业出版社，2018.
[12] 李秀玲. 电子技术基础项目教程 [M]. 北京：机械工业出版社，2010.